普通高等教育系列教材

工 程 力 学
第 2 版

主　编　钱双彬
副主编　方秀珍　刘玉丽
参　编　王国安　王青春
　　　　岳素贞　武　颖　祝乐梅　石迎爽
主　审　董军

机械工业出版社

本书根据"高等学校工科本科工程力学基本要求",并结合应用型本科教学实际,精简内容、突出重点,力求使知识点简单清晰;在淡化理论推导的同时,引入力学模块拆解、重组的教学新理念;注重与相关课程的贯通、融合与渗透,以满足广大应用型本科院校对工程力学的教学需要。

本书分静力学与材料力学两篇。静力学篇包括静力学公理和物体的受力分析、平面力系、空间力系 3 章;材料力学篇包括材料力学的基本概念、轴向拉伸与压缩、扭转、弯曲、应力状态分析与强度理论、压杆稳定 6 章。本书在每章后都配有要点总结、思考题、习题,并配有习题答案,教学视频。

全书概念严密,内容简明扼要,语言流畅易懂。与同类教材相比,本书最大的特点是着眼于培养学生应用力学知识解决工程实际问题的综合素质和能力。

本书可作为高等学校工科各专业中少学时工程力学课程的教材,也可供高职高专与成人高校师生及有关工程技术人员参考。

图书在版编目(CIP)数据

工程力学/钱双彬主编. —2 版. —北京:机械工业出版社,2023.3
(2024.9 重印)
普通高等教育系列教材
ISBN 978-7-111-72348-6

Ⅰ.①工…　Ⅱ.①钱…　Ⅲ.①工程力学-高等学校-教材　Ⅳ.①TB12

中国国家版本馆 CIP 数据核字(2023)第 028001 号

机械工业出版社(北京市百万庄大街 22 号　邮政编码 100037)
策划编辑:林　辉　　　　　责任编辑:林　辉　刘春晖
责任校对:郑　婕　王明欣　　封面设计:陈　沛
责任印制:郜　敏
北京富资园科技发展有限公司印刷
2024 年 9 月第 2 版第 3 次印刷
184mm×260mm · 16.5 印张 · 409 千字
标准书号:ISBN 978-7-111-72348-6
定价:48.00 元

电话服务　　　　　　　　　网络服务
客服电话:010-88361066　　机 工 官 网:www.cmpbook.com
　　　　　010-88379833　　机 工 官 博:weibo.com/cmp1952
　　　　　010-68326294　　金 书 网:www.golden-book.com
封底无防伪标均为盗版　机工教育服务网:www.cmpedu.com

第 2 版前言

第 1 版自 2013 年 12 月出版以来，经过 6 次重印。因严格以《理工学科大学基础力学课程教学基本要求》为依据，注重理论联系实际，取材合适，深度适宜，系统、全面地阐述了工程力学课程要求掌握的基本理论与知识，突出知识的先进性以及相互关联性，体系结构合理，系统性强，成书质量好，已被多所院校的多个专业使用，获得了广泛关注和好评，并于 2020 年获得第三届煤炭行业优秀教材二等奖。

为了适应"新工科"建设对工程力学的新需要，满足大思政教育新要求，践行教学经验融入、教学特色提炼、教学方式转变等，对第 1 版进行了修订。

本次修订保持和发扬了第 1 版着眼于培养学生应用力学知识解决工程实际问题的综合素质和能力这个最大的特点，以及强调力学模块拆解、重组的教学新理念这个最大的亮点，在引入力学模块拆解、重组的教学新理念的基础上，增加了课程思政、教学视频等新元素；根据教学要求不断调整教材内容以满足教学要求的变化，以工程力学的基本概念和原理为主线，优化课程体系，重组教学内容，以期教学内容更加层次分明，培养目标更加明确，并能充分发挥课程思政协同育人的功能。

本书在保留第 1 版上述特色的基础上，对语言的精练性、符号的一致性、叙述的准确性等进行了细致的修订，调整了部分章节的习题（补充了部分客观题），紧密结合当前大思政教育新形势，增加了部分课程思政案例，同时对配套的教学 PPT 等电子资源进行了修订与补充。

本书由钱双彬主持修订，具体由钱双彬（第 1、2 章及附录 A、B、C、D），王青春（第 3、5 章），岳素贞、武颖（第 4 章），祝乐梅（第 6 章），方秀珍（第 7 章），刘玉丽（第 8 章），王国安、石迎爽（第 9 章）执笔。

本书承北京建筑大学董军教授审阅，他提出了许多精辟且中肯的修订意见。谨在此表示衷心的感谢，对他辛勤且无私的付出表示由衷的敬意。

虽然第 1 版已使用多年，并经多次印刷修改，但限于编者的水平，本书疏漏之处仍在所难免，深望广大读者批评指正。

编　者

课程思政教学
设计与实施

第1版前言

教材作为保证和提高教学质量的重要支柱和基础，作为体现教学内容和教学方法的知识载体，在当前培养应用型人才中的作用是显而易见的。探索、建设适应新世纪我国高校应用型人才培养体系需要的教材已成为当前我国高校教学改革和教材建设工作面临的一项十分重要的任务。目前，教材建设工作中存在的问题很多，大而全、难而偏的教材很多，而适用于应用型本科人才培养的优秀教材还很少，大部分教材对一般院校，尤其是新建本科院校来说，存在起点较高，难度较大，内容较多，对学生的既往知识与后续学习能力的要求苛刻，这与应用型目标的定位差距很大，难以适应一般院校的实际教学需要，与应用型本科院校日益强化学生实践能力的培养要求相矛盾。因此，在实际教学过程中，华北科技学院力学教学课程组充分吸收已有的优秀教学改革成果，并和教学实际结合起来，认真讨论和研究教学内容和课程体系的改革，组织教研室学术水平高、教学经验丰富、实践能力较强的教师，编写了这本有特色、适应性强的教材以及与其配套的电子教案，以满足应用型本科院校工程力学教学的需要。

本书最大的亮点是强调力学模块拆解、重组的教学新理念，例如，在静力学部分以三大基本模型（简支梁、悬臂梁和三铰拱）为基本拆解模块，辅之以基本附属结构知识，立足于"还原论"和"整体论"观点，讲解结构的构造和拆解原理。与同类其他教材相比，本书最大的特点是着眼于培养学生应用力学知识解决工程实际问题的综合素质和能力。

本书分静力学与材料力学两篇。静力学篇包括静力学公理和物体的受力分析、平面力系、空间力系3章；材料力学篇包括材料力学的基本概念、轴向拉伸与压缩、扭转、弯曲、应力状态分析与强度理论、压杆稳定6章。为便于学生学习，本书在每章后均有要点总结，同时还配有大量的思考题和不同类型的习题，并在附录中给出了习题答案。

本书由钱双彬主编，由钱双彬（第1、2、6章及附录A、B、C、D），王青春（第3、5章），岳素贞、武颖（第4章），方秀珍（第7章），刘玉丽（第8章），王国安（第9章）执笔，全书由钱双彬统稿。

本书承北京建筑大学董军教授审阅，他提出了许多精辟而中肯的意见。谨在此表示衷心的感谢，对他辛勤的付出表示由衷的敬意。

由于编者水平有限，书中难免存在一些不足之处，希望读者批评指正。

编　者

目　　录

第1篇 静力学

第1章 静力学公理和物体的受力分析

静力学的基本概念、公理及物体的受力分析是研究静力学的基础。本章将介绍刚体和力的概念、静力学公理、约束和约束力，最后介绍物体的受力分析和受力图。

1.1 刚体和力的概念

1. 刚体的概念

刚体是指在力的作用下不变形的物体，即刚体内部任意两点间的距离始终保持不变。在实际问题中，任何物体在力的作用下或多或少都会产生变形，如果物体变形不大或变形对所研究的问题没有实质性影响，则可将物体抽象为刚体。由于静力学主要以刚体为研究对象，故也称为刚体静力学，它是研究变形体力学的基础。

2. 力的概念

力是物体间相互的机械作用，这种作用使物体的机械运动状态发生变化。

物体间相互的机械作用，大致可分为两类：一类是物体直接接触的作用，如机车牵引车厢的拉力、物体间的挤压力等；另一类是通过场的作用，如地球引力场对物体的引力、电场对电荷的引力或斥力等。尽管各种物体间相互作用力的来源和性质不同，但在力学中将撇开力的物理本质，只研究各种力的共同表现，即力对物体的作用效应。力对物体的作用效应主要有两方面：一方面是物体运动状态的改变，如物体运动速度的大小和方向的改变，这种效应称为力的外效应（或运动效应）；另一方面是物体形状的改变，如梁的弯曲，弹簧的伸长，这种效应称为力的内效应（或变形效应）。力对物体作用产生的这两种效应是同时出现的。静力学只研究力的运动效应，即研究力使刚体发生移动或转动的效应。

实践表明，力对物体的作用效应取决于力的三个要素：①力的大小；②力的方向；③力的作用点。

可用图 1-1 所示的一个矢量来表示力的三个要素。矢量的长度（AB）表示力的大小；矢量的方向表示力的方向；矢量的始端（点 A）表示力的作用点；矢量 $\overrightarrow{AB}$ 所沿的直线（图 1-1 中的虚线）表示力的作用线。常用黑体字母 $\boldsymbol{F}$ 表示力的矢量，而用明体字母 F 表示力的大小。在国际单位制中，力的单位是牛顿（N），工程应用中，

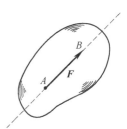

图 1-1 力的矢量表示

也常以千牛（kN）为计量单位。

1.2 静力学公理

公理是人们在生活和生产实践中长期积累的经验总结，又经过实践反复检验，被确认是符合客观实际的最普遍、最一般的规律。

公理1 力的平行四边形规则

作用在物体上同一点的两个力，可以合成为一个合力。合力的作用点也在该点，合力的大小和方向，由这两个力为边构成的平行四边形的对角线确定，如图 1-2a 所示。合力矢等于这两个力矢的矢量和，即 $F_R = F_1 + F_2$。

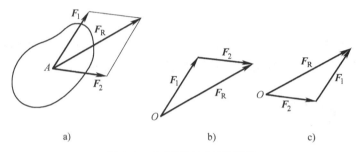

a)   b)   c)

图1-2 力的平行四边形规则

应用此公理求两汇交力合力的大小和方向（即合力矢）时，可由任一点 O 起，另作一力三角形，如图 1-2b、c 所示。力三角形的两个边分别为力矢 F_1 和 F_2，第三边为合力矢 F_R，而合力的作用点仍在汇交点 A。这个公理表明了最简单力系的简化规律，它是复杂力系简化的基础。

公理2 二力平衡条件

作用在刚体上的两个力，使刚体保持平衡的必要和充分条件是这两个力的大小相等、方向相反，且作用在同一直线上，如图 1-3 所示，即 $F_1 = -F_2$。

这个公理表明了作用于刚体上的最简单的力系平衡时所必须满足的条件。

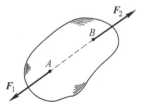

图1-3 二力平衡条件

公理3 加减平衡力系原理

在已知力系上加上或减去任意的平衡力系，并不改变原力系对刚体的作用。就是说，如果两个力系只相差一个或几个平衡力系，则它们对刚体的作用是相同的，可以等效替换。这个公理是研究力系等效替换的重要依据。

根据上述公理可以导出下列推论。

推论1 力的可传性

作用于刚体上某点的力，可以沿着它的作用线移到刚体内任意一点，并不改变该力对刚体的作用。

证明：设有力 F 作用在刚体上的点 A，如图 1-4a 所示。根据加减平衡力系原理，可在力的作用线上任取一点 B，并加上两个相互平衡的力 F_1 和 F_2，使 $F = F_2 = -F_1$，如图 1-4b

所示。由于力 F 和 F_1 也是一个平衡力系，故可除去；这样只剩下一个力 F_2，如图 1-4c 所示。于是，原来的这个力 F 与力系（F、F_1、F_2）以及力 F_2 均等效，即原来的力 F 沿其作用线移到了点 B。

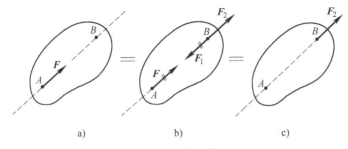

图 1-4　力的可传性

由此可见，对于刚体来说，力的作用点已经不是决定力的作用效应的要素，它已为作用线所代替。因此，作用于刚体上的力的三要素是：力的大小、方向和作用线。

推论 2　三力平衡汇交定理

刚体在三个力作用下平衡时，若其中两个力的作用线汇交于一点，则此三力必在同一平面内，且第三个力的作用线通过汇交点。

证明： 如图 1-5 所示，在刚体的 A、B、C 三点上，分别作用有三个力 F_1、F_2、F_3，使刚体平衡。根据力的可传性，将 F_1 和 F_2 移到汇交点 O，根据力的平行四边形规则，得合力 F_{12}；那么，F_3 应与 F_{12} 平衡。因为两个力平衡必须共线，所以，F_3 必定与 F_1 和 F_2 共面，且通过 F_1 与 F_2 的汇交点 O。

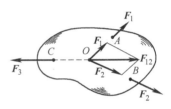

图 1-5　三力平衡汇交定理

公理 4　作用和反作用定律

作用力和反作用力总是同时存在，两力的大小相等、方向相反，沿着同一直线，分别作用在两个相互作用的物体上。若用 F 表示作用力，F' 表示反作用力，则 $F = -F'$。

这个公理概括了物体间相互作用的关系，表明作用力和反作用力总是成对出现的。必须强调的是，由于作用力与反作用力分别作用在两个物体上，因此，不能认为作用力与反作用力相互平衡，即不能将其视为平衡力系。

公理 5　刚化原理

变形体在某一力系作用下处于平衡，如将此变形体刚化为刚体，其平衡状态保持不变。

这个公理提供了把变形体看作刚体模型的条件。如图 1-6 所示，柔性绳在等值、反向、共线的两个拉力作用下处于平衡，如将柔性绳刚化成刚性杆，其平衡状态保持不变。若柔性绳在两个等值、反向、共线的压力作用下并不能平衡，这时柔性绳就不能刚化为刚

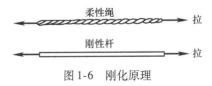

图 1-6　刚化原理

性杆。但刚性杆在上述两种力系的作用下都是平衡的。由此可见，刚体的平衡条件是变形体平衡的必要条件，而非充分条件。在刚体静力学的基础上，考虑变形体的特性，可进一步研究变形体的平衡问题。

1.3　约束和约束力

　　工程中的一些物体可以在空间自由运动，获得任意方向的位移，这些物体位移不受限制，称为自由体，如飞行的飞机、炮弹和火箭等。相反有些物体在空间的位移却要受到一定的限制，这些物体称为非自由体或受约束体，如轨道上的机车、电机中的转子、钢索悬挂的重物等。加在非自由体上使其位移受到一定限制的条件称为约束。约束一般是通过非自由体周围的物体来 实现的，因此，把这些对非自由体的某些位移起限制作用的周围物体也称为约束。例如，铁轨是机车的约束，轴承是电机转子的约束，钢索是重物的约束等。约束与非自由体接触产生了相互作用力，约束作用于非自由体上的力称为约束力。约束力的方向总是与该约束所限制的非自由体的位移方向相反。除约束力以外，作用于非自由体上的力统称为主动力，如重力、推力等。

　　研究非自由体的平衡问题时，主动力一般是已知力，而约束力往往是未知力，约束力需要通过平衡条件或其他物理定律来确定。然而，不同类型的约束具有不同的特征，约束力的特征可根据约束的特征来确定。下面介绍在工程中常遇到的几种简单的约束类型并分析其约束力的特征。

1.3.1　光滑支承面

　　物体与约束的接触面如果是光滑支承面（即可以忽略它们间的摩擦），此时，约束不能阻止物体沿接触面任何切线方向的位移，而只能限制沿接触点处公法线方向且指向约束方向的位移。所以，光滑支承面约束力沿该公法线且指向物体。例如，当忽略摩擦时，支承物体的固定面（见图 1-7a、b）、啮合齿轮的齿面（见图 1-8）等。这种约束力称为法向反力，通常用 F_N 表示，如图 1-7 所示的 F_{NA}、F_{NB} 和如图 1-8 所示的 F_{NC} 等。

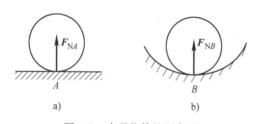

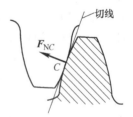

图 1-7　支承物体的固定面　　　　　　　　图 1-8　啮合齿轮的齿面

1.3.2　柔索

　　由柔软的绳索、链条、传动带、钢丝绳等所构成的约束统称为柔索。柔索的特点是柔软易变形，不能抵抗弯曲和压力，只能承受拉力，只能限制物体沿伸长方向的位移。柔索的约束力作用在与物体的连接点上，作用线沿柔索，作用方向背离物体，通常采用 F 或 F_T 表示。如图 1-9 所示，细绳悬挂重物，由于柔软的绳索本身只能承受拉力，所以，它给物体的约束力也只可能是拉力。

　　链条或传动带的约束力如图 1-10 所示，对轮子的约束力的作用方向沿轮缘的切线方向。

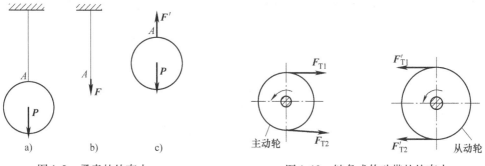

图 1-9　柔索的约束力　　　　图 1-10　链条或传动带的约束力

1.3.3　光滑铰链约束

这类约束有向心轴承、圆柱形铰链和固定铰链支座等。

1. 向心轴承（径向轴承）

图 1-11a、b 所示为向心轴承，其简图如图 1-11c 所示。轴可在孔内任意转动，也可沿孔的中心线移动；但向心轴承阻碍着轴沿径向向外的移动。忽略摩擦，当轴和轴承在某点 A 光滑接触时，轴承对轴的约束力 F_A 作用在接触点 A，且沿公法线指向轴心（见图 1-11a）。

随着轴所受的主动力不同，轴和孔的接触点的位置也随之不同。所以，当主动力未确定时，约束力的方向预先不能确定，但它的作用线必垂直于轴线并通过轴心。不能预先确定方向的约束力，通常可用通过轴心的两个大小未知的正交分力 F_{Ax}、F_{Ay} 来表示，如图 1-11b、c 所示，F_{Ax}、F_{Ay} 的指向暂可任意假定。

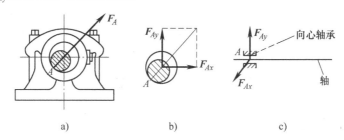

图 1-11　向心轴承约束及其约束力

2. 圆柱形铰链和固定铰链支座

图 1-12a 所示的拱形桥由两个拱形构件通过圆柱形铰链 C 以及固定铰链支座 A 和 B 连接而成。圆柱形铰链 C 是由销钉将两个钻有同样大小孔的构件连接在一起而形成的（见图 1-12c），其简图如图 1-12a 所示的铰链 C。如果铰链连接中有一个固定在地面或机架上作为支座，则这种约束称为固定铰链支座，简称固定铰支，如图 1-12c 中所示的支座 A 和 B，其简图如图 1-12a 所示的固定铰链支座 A 和 B。

在分析铰链 C 处的约束力时，通常把销钉固连在其中任意一个构件上，如构件 Ⅱ；则构件 Ⅰ、Ⅱ 互为约束。显然，当忽略摩擦时，构件 Ⅱ 上的销钉与构件 Ⅰ 的结合，实际上是轴与光滑孔的配合问题。因此，它与轴承具有同样的约束性质，即约束力的作用线不能预先定出，但约束力垂直轴线并通过铰链中心，故也可用两个大小未知的正交分力 F_{Cx}、F_{Cy} 和

F'_{Cx}、F'_{Cy}来表示，如图 1-12b 所示，其中 $F_{Cx} = -F'_{Cx}$，$F_{Cy} = -F'_{Cy}$，表明它们互为作用与反作用关系。

同理，把销钉固连在 A、B 支座上，则固定铰支 A、B 对构件 I、II 的约束力分别为 F_{Ax}、F_{Ay} 与 F_{Bx}、F_{By}，如图 1-12b 所示。

当需要分析销钉 C 的受力时，才把销钉分离出来单独研究。这时，销钉 C 将同时受到构件 I、II 上的孔对它的反作用力。$F_{C1x} = -F'_{C1x}$，$F_{C1y} = -F'_{C1y}$，为构件 I 与销钉 C 的作用力与反作用力；$F_{C2x} = -F'_{C2x}$，$F_{C2y} = -F'_{C2y}$，则为构件 II 与销钉 C 的作用力与反作用力。销钉所受到的约束力如图 1-12d 所示。

当将销钉与构件 II 固连为一体时，F_{C2x} 与 F'_{C2x}，F_{C2y} 与 F'_{C2y} 为作用在同一刚体上成对的平衡力，可以消去不画。此时，力的下角不必再区分 C1 和 C2，铰链 C 处的约束力仍如图 1-12b 所示。若将销钉与构件 I 固连，也做类似处理即可。

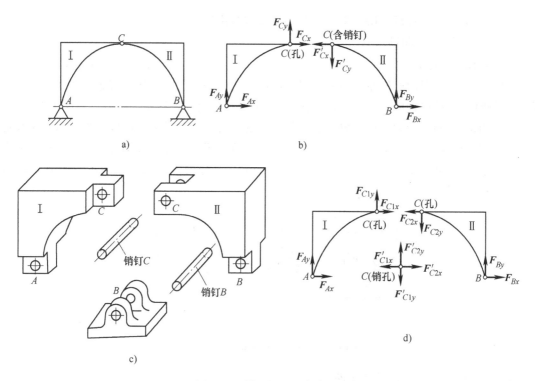

图 1-12　拱形桥的约束分析

光滑铰链约束（向心轴承、圆柱形铰链和固定铰链支座），虽然具体结构不同，但构成约束的性质是相同的，此类约束的特点是只限制两物体径向的相对移动，而不限制两物体绕铰链中心的相对转动及沿轴向的位移，故都可称为光滑铰链约束。

1.3.4　其他约束

1. 滚动支座

在桥梁、屋架等结构中经常采用滚动支座。滚动支座因在铰链支座与光滑支承面之间装有几个辊轴，故又被称为辊轴支座，其结构及简图如图 1-13 所示。它可以沿支承面移动，允许由于温度变化而引起结构跨度的自由伸长或缩短。显然，滚动支座的约束性质与光滑支承面约束相同，其约束力必垂直于支承面，且通过铰链中心，如图 1-13c 所示。

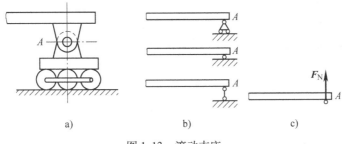

图 1-13   滚动支座

2. 球铰链

通过圆球和球壳将两个构件连接在一起的约束称为球铰链，如图 1-14a 所示。它使构件的球心不能有任何位移，但构件可绕球心任意转动。若忽略摩擦，与圆柱形铰链受力分析相似，其约束力应是通过球心但方向不能预先确定的一个空间力，可用三个正交分力 F_{Ax}、F_{Ay}、F_{Az} 表示，其简图及约束力如图 1-14b 所示。

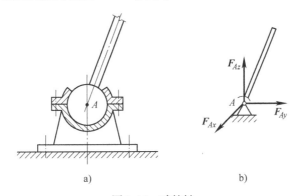

图 1-14   球铰链

3. 推力轴承

推力轴承与向心轴承不同，它除了能限制轴的径向位移以外，还能限制轴沿轴向的位移。因此，它比向心轴承多一个沿轴向的约束力，即其约束力有三个正交分量 F_{Ax}、F_{Ay}、F_{Az}。推力轴承的简图及其约束力如图 1-15 所示。

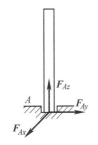

图 1-15   推力轴承的
简图及其约束力

以上内容仅介绍了几种简单的约束，在工程应用中，约束的类型远不止这些，有的约束比较复杂，分析时需要加以简化或抽象化，这将在以后的章节中做进一步介绍。

1.4   物体的受力分析和受力图

求解力学问题时，需要选择某个或某些物体为对象，分析研究其运动或平衡，来求得所需的未知量，这些被选择的物体称为研究对象。对于选出的研究对象，首先要分析其受力情况，包括其所受的全部主动力与约束力。为此，应把研究对象从与它有联系的周围物体中分离出来，得到解除约束的物体，称为分离体，而这一过程称为取分离体。分析分离体的受力情况，将分离体上所受的全部主动力与约束力用力矢量表示在相应位置的过程就称为物体的受力分析，所绘制的图形就称为物体的受力图。

对物体作受力分析，画出其受力图，是解决静力学和动力学问题的关键。画受力图时必须注意如下几点：

1）必须明确研究对象。根据求解需要，可以取单个物体为研究对象，也可以取由几个物体组成的系统为研究对象。不同研究对象的受力图是不同的。

2）正确确定研究对象受力的数目。由于力是物体之间相互的机械作用，因此，对每一个力都应明确它是哪一个施力物体施加给研究对象的，决不能凭空产生。同时，也不可漏掉一个力。一般可先画已知的主动力，再画约束力。凡是研究对象与外界接触的地方，都一定存在约束力。

3）正确画出约束力。一个物体往往同时受到几个约束的作用，这时应分别根据每个约束本身的特性来确定其约束力的方向，而不能凭主观臆测。

4）当分析两物体间相互的作用力时，应遵循作用和反作用定律。作用力的方向一经假定，则反作用力的方向应与之相反。

5）当画整个系统的受力图时，由于内力成对出现，组成平衡力系，因此不必画出，只需画出全部外力。

【**例1-1**】　用力 F 拉动碾子以压平路面，重为 P 的碾子受到一石块的阻碍，如图1-16a所示。试画出碾子的受力图。

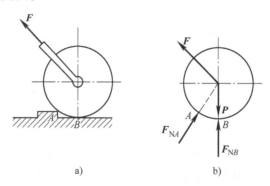

a)　　　　　　　　　　　b)

图1-16　碾子及其受力图

【**解**】　1）选取碾子为研究对象（即取分离体）。

2）画主动力。有地球的引力 P 和杆对碾子中心的拉力 F。

3）画约束力。因碾子在 A 和 B 两处受到石块和地面的约束，如不计摩擦，均为光滑表面接触，故在 A 处受石块的法向反力 F_{NA} 的作用，在 B 处受地面的法向反力 F_{NB} 的作用，它们都沿着碾子上接触点的公法线而指向圆心。碾子的受力图如图1-16b所示。

【**例1-2**】　如图1-17a所示的屋架，A 处为固定铰链支座，B 处为滚动支座，搁在光滑的水平面上。已知屋架自重 P 在屋架的 AC 边上承受了垂直于它的均匀分布的风力，单位长度上承受的力为 q。试画出屋架的受力图。

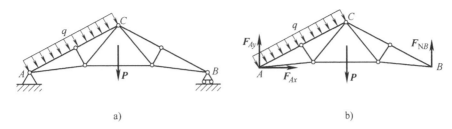

图 1-17 屋架及其受力图

【解】 1）选取屋架为研究对象。

2）画主动力。屋架的重力 P 和均匀分布的风力 q。

3）画约束力。因 A 处为固定铰链支座，其约束力通过铰链中心 A，但方向不能确定，可用两个大小未知的正交分力 F_{Ax} 和 F_{Ay} 表示。B 处为滚动支座，约束力垂直向上，用 F_{NB} 表示。屋架的受力图如图 1-17b 所示。

【例 1-3】 如图 1-18a 所示，水平梁 AB 用斜杆 CD 支撑，A、C、D 三处均为光滑铰链连接。均质梁重 P_1，其上放置一重为 P_2 的电动机。如不计杆 CD 的自重，试分别画出杆 CD 和梁 AB（包括电动机）的受力图。

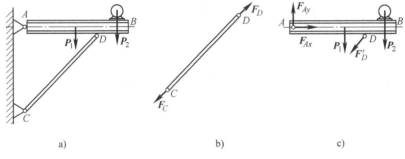

图 1-18 梁杆结构及其受力图

【解】 1）选取斜杆 CD 为研究对象，分析其受力。由于斜杆的自重不计，因此，杆只在铰链 C、D 处分别受有两个约束力 F_C、F_D。根据光滑铰链的特性，这两个约束力必定通过铰链 C、D 的中心，方向暂不确定。考虑到杆 CD 只在 F_C、F_D 二力作用下平衡，根据二力平衡条件，这两个力必定沿同一直线，且等值、反向。由此可确定 F_C 和 F_D 的作用线应沿铰链中心 C 与 D 的连线，一般先将约束力假设为拉力，其受力图如图 1-18b 所示。若根据平衡方程求得的力为正值，说明原假设力的指向正确；若为负值，则说明实际杆受力与原假设指向相反。

只在两个力作用下平衡的构件，称为二力构件，简称二力杆。它所受的两个力必定沿两力作用点的连线，且等值、反向。

2）选取梁 AB（包括电动机）为研究对象，它受有 P_1、P_2 两个主动力的作用。梁在铰链 D 处受有二力杆 CD 给它的约束力 F'_D 的作用。根据作用和反作用定律，$F'_D = -F_D$。梁在 A 处受固定铰支给它的约束力的作用，由于方向未知，可用两个大小未定的正交分力 F_{Ax} 和 F_{Ay} 表示。梁 AB 的受力图如图 1-18c 所示。

【例 1-4】 如图 1-19a 所示的三铰拱桥，由左、右两拱铰接而成。设各拱自重不计，在

拱 AC 上作用有载荷 P。试分别画出拱 AC 和 CB 的受力图。

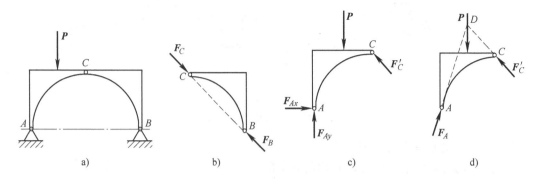

图1-19　三铰拱桥及其各部分受力图

【解】 1）选取拱 BC 为研究对象，分析其受力。由于拱 BC 自重不计，且只在 B、C 两处受到铰链约束，因此，拱 BC 为二力构件。在铰链中心 B、C 处分别受 F_B、F_C 两力的作用，且 $F_B = -F_C$，这两个力的方向如图1-19b所示。

2）选取拱 AC 为研究对象。由于自重不计，因此，主动力只有载荷 P。拱在铰链 C 处受有拱 BC 给它的约束力 F'_C 的作用，根据作用和反作用定律，$F'_C = -F_C$。拱在 A 处受有固定铰支座给它的约束力 F_A 的作用，由于方向未定，可用两个大小未知的正交分力 F_{Ax} 和 F_{Ay} 代替。拱 AC 的受力图如图1-19c所示。

另外也可对其进行更深入的分析，由于拱 AC 在 P、F'_C 和 F_A 三个力作用下平衡，故可根据三力平衡汇交定理，确定铰链 A 处约束力 F_A 的方向。点 D 为力 P 和 F'_C 作用线的交点，当拱 AC 平衡时，约束力 F_A 的作用线必通过点 D（见图1-19d）；F_A 的指向可由平衡条件确定。

【例1-5】 如图1-20a所示，梯子的两部分 AB 和 AC 在点 A 铰接，又在 D、E 两点用水平绳连接。梯子放在光滑水平面上，若其自重不计，但在 AB 的中点 H 处作用一铅直载荷 P。试分别画出绳子 DE 和梯子的 AB、AC 部分以及整个系统的受力图。

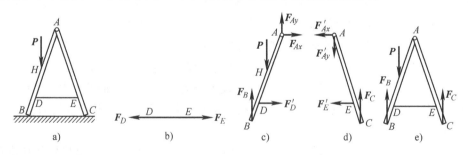

图1-20　梯子及其受力图

【解】 1）选取绳子 DE 为研究对象。绳子两端 D、E 分别受到梯子对它的拉力 F_D、F_E 的作用（见图1-20b）。

2）选取梯子 AB 部分为研究对象。它在 H 处受载荷 P 的作用，在铰链 A 处受 AC 部分给它的约束力 F_{Ax} 和 F_{Ay} 的作用。在点 D 受绳子对它的拉力 F'_D（与 F_D 互为作用力和反作用力）。在点 B 受光滑地面对它的法向反力 F_B 的作用。梯子 AB 部分的受力如图1-20c

所示。

3）选取梯子 AC 部分为研究对象。在铰链 A 处受 AB 部分对它的作用力 F'_{Ax} 和 F'_{Ay}（分别与 F_{Ax} 和 F_{Ay} 互为作用力和反作用力）。在点 E 受绳子对它的拉力 F'_E（与 F_E 互为作用力和反作用力）。在 C 处受光滑地面对它的法向反力 F_C。梯子 AC 部分的受力如图 1-20d 所示。

4）选取整个系统为研究对象。当选整个系统为研究对象时，可把平衡的整个结构刚化为刚体。内力不画，外力有载荷 P 和约束力 F_B、F_C。整个系统的受力如图 1-20e 所示。

要 点 总 结

1. 力是物体间相互的机械作用，这种作用使物体的机械运动状态发生变化（包括变形）。力的效应主要有运动效应和变形效应。

2. 静力学公理是力学的最基本、最普遍的客观规律。

公理 1　力的平行四边形规则。

公理 2　二力平衡条件。

以上两个公理阐明了作用在一个物体上最简单的力系的合成规则及其平衡条件。

公理 3　加减平衡力系原理。这个公理是研究力系等效替换的依据。

公理 4　作用和反作用定律。这个公理阐明了两个物体相互作用的关系。

公理 5　刚化原理。这个公理阐明了变形体抽象成刚体模型的条件，并指出刚体平衡的必要和充分条件只是变形体平衡的必要条件。

3. 约束和约束力。

限制非自由体某些位移的周围物体，称为约束，如绳索、光滑铰链、滚动支座、二力构件、球铰链及推力轴承等。约束对非自由体施加的力称为约束力。约束力的方向与该约束所能阻碍的位移方向相反。画约束力时，应分别根据每个约束本身的特性确定其约束力的方向。

4. 物体的受力分析和受力图是研究物体平衡和运动的前提。

画物体受力图时，首先要明确研究对象（即取分离体）。物体受的力分为主动力和约束力。当分析多个物体组成的系统受力时，要注意分清内力与外力，内力成对可不画；还要注意作用力与反作用力之间的相互关系。

思 考 题

（1）力对物体的作用效应一般分为外效应和内效应，平衡力系对刚体的作用效应是什么？

（2）若物体受到两个等值、反向、共线的力的作用，此物体是否一定平衡？

（3）四根无重杆件铰接如图 1-21 所示。在 B、D 两点加一对等值、反向、共线的力。此系统是否能够平衡？为什么？

（4）如图 1-22 所示刚体上 A 点受力 F 作用，问能否在 B 点加一个力使刚体平衡？为什么？

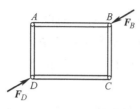

图 1-21 思考题（3）图

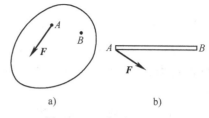

图 1-22 思考题（4）图

（5）作用在刚体上的三个力互相平衡时，这三个力的作用线是否一定在同一平面内？

（6）如果作用于刚体上的三个力汇交于一点，该刚体是否一定平衡？

（7）刚体在三个力作用下处于平衡时，这三个力是否一定汇交于一点？

（8）刚体上三力汇交于一点，但不共面，此刚体能平衡吗？

习　题

1-1　判断题

（1）力有两种作用效果，既可以使物体的运动状态发生变化，也可以使物体产生变形。

（　　）

（2）两端用光滑铰链连接的构件是二力构件。（　　）

（3）作用在一个刚体上的任意两个力形成平衡的必要与充分条件是：两个力的作用线相同，大小相等，方向相反。（　　）

（4）作用于刚体上的力可沿其作用线移动而不改变其对刚体的运动效应。（　　）

（5）三力平衡汇交定理指出：三力汇交于一点，则这三个力必然互相平衡。（　　）

（6）约束力的方向总是与约束所能阻止的被约束物体的运动方向一致。（　　）

1-2　选择题

（1）三力平衡汇交定理是（　　）。

A. 共面不平行的三个力互相平衡必汇交于一点

B. 共面三力若平衡，必汇交于一点

C. 三力汇交于一点，则这三个力必互相平衡

（2）在下述原理、法则、定理中，只适用于刚体的有（　　）。

A. 二力平衡条件　　　　　　　　B. 力的平行四边形规则

C. 加减平衡力系原理　　　　　　D. 力的可传性

E. 作用和反作用定律

（3）如图 1-23 所示，系统只受 F 作用而平衡。欲使 A 支座约束力的作用线与 AB 成 30°角，则斜面的倾角 α 应为（　　）。

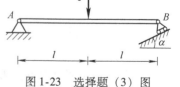

A. 0°

B. 30°

C. 45°

D. 60°

图 1-23 选择题（3）图

（4）二力 F_A、F_B 作用在刚体上，且 $F_A + F_B = 0$，则此刚体（　　）。

A. 一定平衡　　　B. 一定不平衡　　　C. 平衡与否不能判断

1-3　填空题

（1）二力平衡及作用和反作用定律中的两个力，都是等值、反向、共线的，所不同的是_____。

（2）已知力 **F** 沿直线 AB 作用，其中一个分力的作用线与 AB 成 30°角，若欲使另一个分力的大小在所有分力中为最小，则此二分力间的夹角为_____。

（3）作用在刚体上的两个力等效的条件是_____。

（4）在平面约束中，由约束本身的性质就可以确定约束力方向的约束有_____
_____，可以确定约束力方向的约束有_____，方向不能确定的约束有_____（各写出两种约束）。

1-4　作图题（画出图 1-24 所示每个标注字符的物体的受力图，未画重力的各物体的自重不计，所有接触处均为光滑接触）。

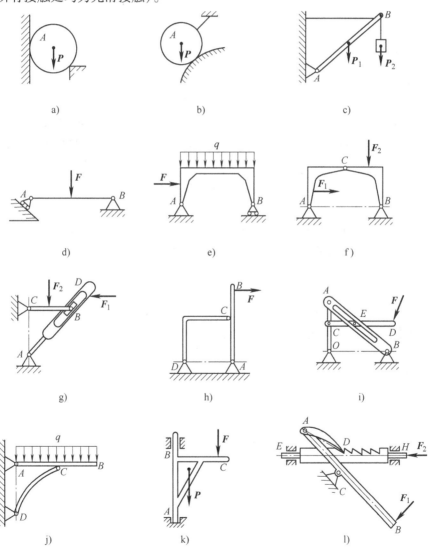

图 1-24　作图题 1-4 图

第 2 章　平面力系

当力系中各力都处于同一平面时，称该力系为平面力系。平面力系又可分为平面汇交力系、平面力偶系、平面平行力系、平面任意力系等，其中平面汇交力系和平面力偶系是两种最简单的力系，称为基本力系。研究表明任何复杂的平面力系都可以简化为一个平面汇交力系和一个平面力偶系，因此，研究这两种基本力系是研究复杂力系的基础。本章研究这些力系的简化、合成与平衡及物体系统的平衡问题。

2.1　平面汇交力系

平面汇交力系是指各力的作用线都在同一平面内且汇交于一点的力系。

1. 平面汇交力系合成的几何法——力多边形规则

设一刚体受到平面汇交力系 F_1、F_2、F_3、F_4 的作用，各力作用线汇交于点 A，根据力的可传性原理，可将各力沿其作用线移至汇交点 A，如图 2-1a 所示。

第一种方法：可根据力的平行四边形规则，逐步两两合成各力，最后求得一个通过汇交点 A 的合力 F_R。

第二种方法：任取一点 a，先作力三角形求出 F_1 与 F_2 的合力大小与方向 F_{R1}，再作力三角形合成 F_{R1} 与 F_3 得 F_{R2}，最后合成 F_{R2} 与 F_4 得 F_R，如图 2-1b 所示。多边形 $abcde$ 被称为此平面汇交力系的力多边形，矢量 $\overrightarrow{ae}$ 称为此力多边形的封闭边。封闭边矢量 $\overrightarrow{ae}$ 即表示此平面汇交力系合力 F_R 的大小与方向（即合力矢），而合力的作用线仍应通过原汇交点 A，如图 2-1a 所示的 F_R。

图 2-1b 所示力多边形的矢序规则为：各分力的矢量沿着环绕力多边形边界的同一方向首尾相接。由此组成的力多边形 $abcde$ 有一缺口，称其为不封闭的力多边形，而合力矢则应沿相反方向连接此缺口，构成力多边形的封闭边。多边形规则是一般矢量相加（几何和）的几何解释。根据矢量相加的交换律，任意变换各分力矢的作图次序，可得形状不同的力多边形，但其合力矢仍然不变，如图 2-1c 所示。

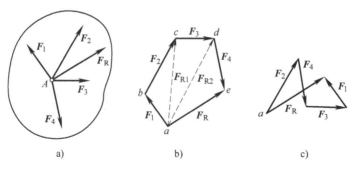

图 2-1　平面汇交力系合成的几何法

总之，平面汇交力系可简化为一合力，其合力的大小与方向等于各分力的矢量和（几何和），合力的作用线通过汇交点。设平面汇交力系包含 n 个力，以 $\boldsymbol{F}_R$ 表示它们的合力矢，则有

$$\boldsymbol{F}_R = \boldsymbol{F}_1 + \boldsymbol{F}_2 + \cdots + \boldsymbol{F}_n = \sum_{i=1}^{n} \boldsymbol{F}_i \quad^{\ominus} \tag{2-1}$$

合力矢 $\boldsymbol{F}_R$ 对刚体的作用与原力系对该刚体的作用等效。如果某力与某力系等效，则称此力为该力系的合力矢。

如力系中各力的作用线都沿同一直线，则称此力系为共线力系，它是平面汇交力系的特殊情况，它的力多边形在同一直线上。若沿直线的某一指向为正，相反为负，则力系合力的大小与方向决定于各分力的代数和，即

$$\boldsymbol{F}_R = \sum \boldsymbol{F}_i \tag{2-2}$$

2. 平面汇交力系平衡的几何条件

由于平面汇交力系可用其合力来代替，显然，平面汇交力系平衡的必要和充分条件是

$$\sum \boldsymbol{F}_i = 0 \tag{2-3}$$

在平衡情形下，力多边形中最后一个力的终点与第一个力的起点重合，此时的力多边形称为封闭的力多边形。于是，可得如下结论：平面汇交力系平衡的必要和充分条件是该力系的力多边形自行封闭。

求解平面汇交力系的平衡问题时可用图解法，即按比例先画出封闭的力多边形，然后，用尺和量角器在图上量得所要求的未知量；也可根据图形的几何关系，用三角公式计算出所要求的未知量，这种解题方法称为几何法。

【例 2-1】　支架的横梁 AB 与斜杆 DC 彼此以铰链 C 相连接，并分别以铰链 A、D 连接于铅直墙上，如图 2-2a 所示。已知 $AC = CB$；杆 DC 与水平线成 $45°$ 角；载荷 $P = 10\text{kN}$，作用于 B 处。设梁和杆的重力忽略不计，求铰链 A 的约束力和杆 DC 所受的力。

【解】　选取横梁 AB 为研究对象，其受力分析如图 2-2b 所示。

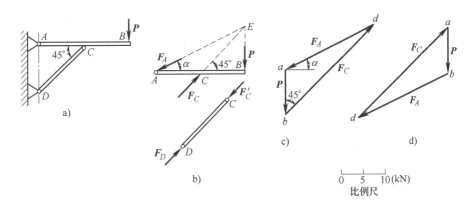

图 2-2　支架结构及其受力分析

$\ominus$　在不引起混淆时，后续内容均省略求和的上、下标。

　　根据平面汇交力系平衡的几何条件，杆 AB 所受的三个力应组成一个封闭的力三角形。按照图 2-2c 中力的比例尺，先画出已知力 $\vec{ab} = P$，再由点 a 作直线平行于 AE，由点 b 作直线平行于 CE，这两直线相交于点 d，如图 2-2c 所示。由于力三角形 abd 封闭，则可确定 $\boldsymbol{F}_C$ 和 $\boldsymbol{F}_A$ 的指向。

　　在力三角形中，线段 bd 和 da 分别表示力 $\boldsymbol{F}_C$ 和 $\boldsymbol{F}_A$ 的大小，量出它们的长度，按比例换算得

$$F_C = 28.3\text{kN}$$
$$F_A = 22.4\text{kN}$$

　　根据作用和反作用定律，作用于杆 DC 的 C 端的力 $\boldsymbol{F}'_C$ 与 $\boldsymbol{F}_C$ 的大小相等、方向相反。由此可知杆 DC 受压力作用，如图 2-2b 所示。

　　注意： 此题所作封闭力三角形也可以如图 2-2d 所示，同样可求得力 $\boldsymbol{F}_C$ 和 $\boldsymbol{F}_A$，且结果相同。

　　【例 2-2】　如图 2-3a 所示的压路碾子，自重 $P = 20\text{kN}$，半径 $R = 0.6\text{m}$，障碍物高 $h = 0.08\text{m}$。碾子中心 O 处作用一水平拉力 $\boldsymbol{F}$。试求：（1）当水平拉力 $F = 5\text{kN}$ 时，碾子对地面及障碍物的压力；（2）欲将碾子拉过障碍物，水平拉力至少应为多大；（3）力 $\boldsymbol{F}$ 沿什么方向拉动碾子最省力，此时力 $\boldsymbol{F}$ 为多大。

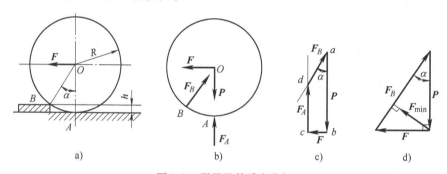

图 2-3　碾子及其受力分析

　　【解】　（1）选取碾子为研究对象，其受力图如图 2-3b 所示，各力组成平面汇交力系。根据平衡的几何条件，力 P、F、F_A 与 F_B 应组成封闭的力多边形。按比例画出已知力矢 P 与 F 如图 2-3c 所示，再从 a、c 两点分别作平行于 F_B、F_A 的平行线，相交于点 d。将各力矢首尾相接，组成封闭的力多边形，则矢量 $\vec{cd}$ 和 $\vec{da}$ 即为 A、B 两点约束力 $\boldsymbol{F}_A$、$\boldsymbol{F}_B$ 的大小与方向。

　　方法一：从图 2-3c 中按比例量得 $F_A = 11.4\text{kN}$，$F_B = 10\text{kN}$。

　　方法二：由图 2-3c 的几何关系，也可以计算 F_A、F_B 的数值。由图 2-3a，按已知条件可求得 $\cos\alpha = \dfrac{R - h}{R} = 0.886$，故 $\alpha = 30°$。再由图 2-3c 中各矢量的几何关系，可得

$$F_B\sin\alpha = F$$
$$F_A + F_B\cos\alpha = P$$

解得

$$F_B = \frac{F}{\sin\alpha} = 10\text{kN}$$

$$F_A = P - F_B\cos\alpha = 11.34\text{kN}$$

根据作用和反作用定律，碾子对地面及障碍物的压力分别等于 11.34kN 和 10kN。

（2）碾子能越过障碍物的力学条件是 $F_A = 0$，因此，碾子刚刚离开地面时，其封闭的力三角形如图 2-3d 所示。由几何关系，此时水平拉力

$$F = P\tan\alpha = 11.55\text{kN}$$

此时 B 处的约束力

$$F_B = \frac{P}{\cos\alpha} = 23.09\text{kN}$$

（3）从图 2-3d 中可以清楚地看到，当拉力与 $\boldsymbol{F}_B$ 垂直时，拉动碾子的力为最小，即

$$F_{\min} = P\sin\alpha = 10\text{kN}$$

通过以上例题，可知几何法解题的主要步骤如下：

1）选取研究对象。

2）画受力图。在研究对象上，画出它所受的全部已知力和未知力（包括约束力）。若某个约束力的作用线不能根据约束特性直接确定（如铰链），而物体又只受三个力作用，则可根据三力平衡汇交定理确定该力的作用线。

3）作力三角形或力多边形。选择适当的比例尺，作出该力系的封闭力三角形或封闭力多边形。必须注意，作图时总是从已知力开始，根据矢序规则和封闭特点，就可以确定未知力的指向。

4）求出未知量。用比例尺和量角器在图上量出未知量，或者用三角形公式计算出来即可。

3. 平面汇交力系合成与平衡的解析法

合矢量投影定理：合矢量在某一轴上的投影等于各分矢量在同一轴上投影的代数和。

解析法是通过力矢在坐标轴上的投影来分析力系的合成及其平衡条件。设由 n 个力组成的平面汇交力系作用于一个刚体上，以汇交点 O 作为坐标原点，建立直角坐标系 Oxy，如图 2-4a 所示。此汇交力系的合力 $\boldsymbol{F}_R$ 的解析表达式为

$$\boldsymbol{F}_R = F_{Rx}\boldsymbol{i} + F_{Ry}\boldsymbol{j} \tag{2-4}$$

式中　F_{Rx}、F_{Ry}——合力 $\boldsymbol{F}_R$ 在 x、y 轴上的投影，如图 2-4b 所示。

$$F_{Rx} = F_R\cos\alpha, \quad F_{Ry} = F_R\cos\beta \tag{2-5}$$

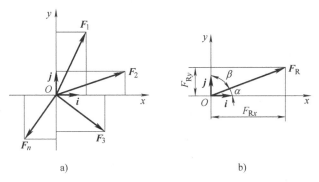

a)　　　　　　　　　　　　b)

图 2-4　力矢在坐标轴上的投影

将式(2-1) 向 x、y 轴投影，可得

$$
\left.\begin{aligned}
F_{Rx} &= F_{1x} + F_{2x} + \cdots + F_{nx} = \sum F_x \\
F_{Ry} &= F_{1y} + F_{2y} + \cdots + F_{ny} = \sum F_y
\end{aligned}\right\} \tag{2-6}
$$

合力矢的大小和方向余弦为

$$
\left.\begin{aligned}
F_R &= \sqrt{F_{Rx}^2 + F_{Ry}^2} = \sqrt{(\sum F_x)^2 + (\sum F_y)^2} \\
\cos(F_R, i) &= \frac{F_{Rx}}{F_R} = \frac{\sum F_x}{F_R}, \cos(F_R, j) = \frac{F_{Ry}}{F_R} = \frac{\sum F_y}{F_R}
\end{aligned}\right\} \tag{2-7}
$$

【例 2-3】 求解图 2-5 所示平面汇交力系的合力。

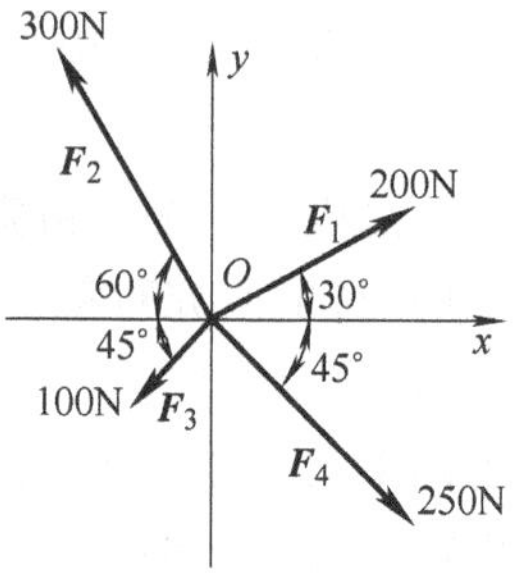

图 2-5 平面汇交力系

【解】 由平面汇交力系合成与平衡的解析法知

$$F_{Rx} = \sum F_x = F_1\cos30° - F_2\cos60° - F_3\cos45° + F_4\cos45°$$
$$= 129.3\text{N}$$

$$F_{Ry} = \sum F_y = F_1\cos60° + F_2\cos30° - F_3\cos45° - F_4\cos45°$$
$$= 112.3\text{N}$$

$$F_R = \sqrt{F_{Rx}^2 + F_{Ry}^2} = \sqrt{129.3^2 + 112.3^2}\text{N} = 171.3\text{N}$$

$$\cos\alpha = \frac{F_{Rx}}{F_R} = \frac{129.3\text{N}}{171.3\text{N}} = 0.7548,$$

$$\cos\beta = \frac{F_{Ry}}{F_R} = \frac{112.3\text{N}}{171.3\text{N}} = 0.6556$$

则合力 $\boldsymbol{F}_R$ 与 x、y 轴夹角分别为

$\alpha = 40.99°$，$\beta = 49.01°$

合力 $\boldsymbol{F}_R$ 的作用线通过汇交点 O。

4. 平面汇交力系的平衡方程

由式(2-3) 知，平面汇交力系平衡的必要和充分条件是：该力系的合力 F_R 等于零。由式(2-7) 应有 $F_R = \sqrt{(\sum F_x)^2 + (\sum F_y)^2} = 0$

则得平面汇交力系的平衡方程如下

$$
\left\{\begin{aligned}
\sum F_x = 0 \\
\sum F_y = 0
\end{aligned}\right. \tag{2-8}
$$

式(2-8) 说明，平面汇交力系平衡的必要和充分条件是：各力在坐标轴上投影的代数和分别等于零。

【例 2-4】 如图 2-6a 所示，重物 $P = 20\text{kN}$，用钢丝绳挂在支架的滑轮 B 上，钢丝绳的另一端缠绕在绞车 D 上。杆 AB 与杆 BC 铰接，并以铰链 A、C 与墙连接。不计杆和滑轮的自重，并忽略摩擦和滑轮的大小，试求平衡时杆 AB 和杆 BC 所受的力。

【解】 选取滑轮 B 为研究对象，其受力分析如图 2-6b 所示，列平衡方程如下

$$\sum F_x = 0,\quad -F_{BA} + F_1\cos60° - F_2\cos30° = 0$$

$$\sum F_y = 0,\quad -F_{BC} - F_1\cos30° - F_2\cos60° = 0$$

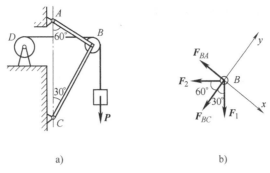

图 2-6 支架起重结构及滑轮 B 受力图

又 $F_1 = F_2 = P = 20\text{kN}$，故

$$F_{BA} = -7.32\text{kN}$$
$$F_{BC} = -27.32\text{kN}$$

负值表示该力的实际方向与图 2-6b 中力的假设方向相反。

做此类题时，应注意以下几点：

1）二力构件一般不作为研究对象，一般假设其所受的内力为拉力。若求解后为正值，表明实际受力为拉力；若为负值，则表明实际受力为压力。

2）此处因不计滑轮尺寸故可将其视为销钉，若其上所受的集中力（或表现为集中力形式的其他构件）不多于两个，则销钉一般不作为研究对象，若其上所受的集中力（或表现为集中力形式的其他构件）多于两个，则销钉一般要作为研究对象或与其他构件结合作为研究对象。

3）绳（柔索类）轮（滑轮类）在一起，绳轮不分，从绳处切开，做此处理后有益于选取研究对象。

2.2 平面力对点的矩·平面力偶

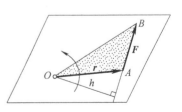

力对刚体的作用效应是使刚体的运动状态发生改变（包括移动与转动）。其中，力对刚体的移动效应可用力矢来度量；而力对刚体的转动效应可用力对点的矩（简称力矩）来度量，即力矩是度量力对刚体转动效应的物理量。

1. 力对点的矩（力矩）

如图 2-7 所示，平面上作用一力 $\boldsymbol{F}$，在同平面内任取一点 O，点 O 称为矩心，点 O 到力的作用线的垂直距离 h 称为力臂，则将平面问题中力对点的矩定义如下。

力对点的矩是一个代数量，它的绝对值等于力的大小与力臂的乘积，它的正负可按如下方法确定：力使物体绕矩心逆时针转向转动时为正，反之为负。用记号 $M_O(\boldsymbol{F})$ 表示力 $\boldsymbol{F}$ 对于点 O 的矩，则其计算公式为

$$M_O(\boldsymbol{F}) = \pm Fh \tag{2-9a}$$

由图 2-7 可知，力 $\boldsymbol{F}$ 对点 O 的矩的大小也可用三角形 OAB 面积的两倍表示，即

$$M_O(\boldsymbol{F}) = \pm 2\triangle OAB \tag{2-9b}$$

图 2-7 力对点的矩

显然，当力的作用线通过矩心，即力臂等于零时，它对矩心的力矩等于零。常用的力矩单位是 N·m 或 kN·m。

如以 r 表示由点 O 到 A 的矢径（见图 2-7），由矢量积定义，$r \times F$ 的大小就是三角形 OAB 面积的两倍。由此可见，此矢积的模 $|r \times F|$ 就等于力 F 对点 O 的矩的大小，其指向与力矩的转向符合右手法则。

2. 合力矩定理

合力矩定理：平面汇交力系的合力对于平面内任一点的矩等于所有各分力对于该点的矩的代数和。

证明：如图 2-8 所示，r 为矩心 O 到汇交点 A 的矢径，F_R 为平面汇交力系 F_1，F_2，…，F_n 的合力，即 $F_R = F_1 + F_2 + \cdots + F_n$。

用 r 对上式两端作矢积，有 $r \times F_R = r \times F_1 + r \times F_2 + \cdots + r \times F_n$。

由于力 F_1，F_2，…，F_n 与点 O 共面，上式各矢积平行，故上式矢量和可按代数和计算。而各矢量积的大小就是力对点 O 的矩，于是合力矩定理得证，即

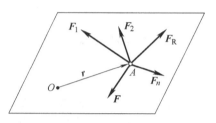

图 2-8 合力矩定理

$$M_O(F_R) = M_O(F_1) + M_O(F_2) + \cdots + M_O(F_n) = \sum M_O(F_i) \tag{2-10}$$

按力系等效概念，式(2-10)易于理解，且它适用于任何有合力存在的力系。

3. 力矩与合力矩的解析表达式

如图 2-9 所示，已知力 F_R，作用点 $A(x, y)$ 及其夹角 α。欲求力 F_R 对坐标原点 O 的矩，可按式(2-10)，通过其分力 F_x 与 F_y 对点 O 的矩得到，即

$$M_O(F_R) = M_O(F_y) + M_O(F_x) = xF_R\sin\alpha - yF_R\cos\alpha$$

或 $$M_O(F_R) = xF_y - yF_x \tag{2-11}$$

式(2-11)即为平面内力矩的解析表达式。

说明：1) x、y 为力 F_R 作用点的坐标。

2) F_x、F_y 为力 F_R 在 x、y 轴上的投影。

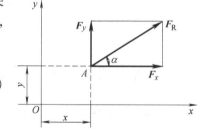

图 2-9 力在坐标轴上的投影

3) 计算时应注意使用它们的代数量代入。

将式(2-11)代入式(2-10)，可得合力 F_R 对坐标原点的矩的解析表达式，即

$$M_O(F_R) = \sum (x_i F_{iy} - y_i F_{ix}) \tag{2-12}$$

【例 2-5】 如图 2-10a 所示的圆柱直齿轮，受到啮合力 F_n 的作用。设 $F_n = 1200$N。压力角 $\alpha = 30°$，齿轮的节圆（啮合圆）的半径 $r = 80$mm，试计算力 F_n 对于轴心 O 的力矩。

【解】 方法一：如图 2-10a 所示，直接按力矩的定义计算力 F_n 对点 O 的矩

$$M_O(F_n) = F_n \cdot h = F_n r\cos\alpha = 1200 \times 80 \times \cos30° \text{N} \cdot \text{mm}$$
$$= 83136 \text{N} \cdot \text{mm} = 83.136 \text{N} \cdot \text{m}$$

方法二：如图 2-10b 所示，利用合力矩定理计算力 F_n 对点 O 的矩

$$M_O(F_n) = M_O(F) + M_O(F_r) = M_O(F) = F_n\cos\alpha \cdot r$$
$$= 1200 \times \cos30° \times 80 \text{N} \cdot \text{mm} = 83136 \text{N} \cdot \text{mm} = 83.136 \text{N} \cdot \text{m}$$

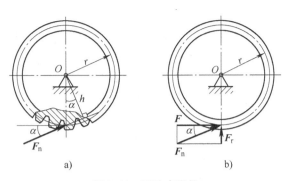

图 2-10　圆柱直齿轮

【例 2-6】　如图 2-11 所示，简支梁 AB 长 l，受按三角形分布的载荷作用，载荷的最大值为 q。试求其合力作用线的位置。

【解】　在梁上距 A 端为 x 的微段 $\mathrm{d}x$ 上，作用力的大小为 $q'\mathrm{d}x$，其中 q' 为该处的载荷强度。由图 2-11 可知，$q' = \dfrac{x}{l}q$。因此，分布载荷的合力的大小为 $P = \int_0^l q'\mathrm{d}x = \dfrac{1}{2}ql$。

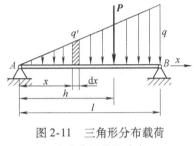

图 2-11　三角形分布载荷
合力作用线的确定

设合力 P 的作用线距 A 端的距离为 h，在微段 $\mathrm{d}x$ 上的作用力对点 A 的矩为 $q'\mathrm{d}x \cdot x$，全部载荷对点 A 的矩的代数和可用积分求出为 $\dfrac{1}{3}ql^2$，根据合力矩定理则有 $h = \dfrac{2}{3}l$。

计算结果说明：合力大小等于三角形线分布载荷的面积，合力作用线通过该三角形的几何中心。

4. 力偶与力偶矩

实践中，常见到驾驶员用双手转动转向盘（见图 2-12a）、电动机的定子磁场对转子作用电磁力使之旋转（见图 2-12b）、钳工用丝锥攻螺纹等。在转向盘、电动机转子、丝锥等物体上，都作用了成对的等值、反向且不共线的平行力。等值反向平行力的矢量和显然等于零，但是由于它们不共线而不能相互平衡，它们只能使物体改变转动状态。这种由两个大小相等、方向相反且不共线的平行力组成的力系，称为力偶，如图 2-13 所示，记作（F，F'）。力偶的两力之间的垂直距离 d 称为力偶臂，力偶所在的平面称为力偶作用面。

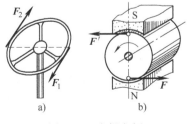

图 2-12　力偶实例

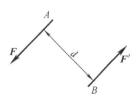

图 2-13　力偶

力偶不能合成为一个力，或用一个力来等效替换；力偶也不能用一个力来平衡。因此，力和力偶是静力学的两个基本要素。

力偶是由两个力组成的特殊力系,它的作用只改变物体的转动状态。因此,力偶对物体的转动效应,可用力偶矩来度量,即用力偶的两个力对其作用面内某点的矩的代数和来度量。

设有力偶 (F, F'),其力偶臂为 d,如图2-14所示。力偶对任意选取的点 O 的矩为 $M_O(F, F')$,则 $M_O(F, F') = M_O(F) + M_O(F') = F \cdot aO + F' \cdot bO = F(aO - bO) = Fd$

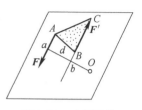

图2-14 力偶特性

由此可知,力偶的作用效应决定于力的大小和力偶臂的长短,与矩心的位置无关。力与力偶臂的乘积称为力偶矩,记作 $M(F, F')$,简记为 M。

力偶在平面内的转向不同,其作用效应也不相同。因此,平面力偶对物体的作用效应,由以下两个因素决定:①力偶矩的大小;②力偶在作用平面内的转向。

因此,力偶矩可视为代数量,即

$$M = \pm Fd \tag{2-13a}$$

于是可得结论:力偶矩是一个代数量,其绝对值等于力的大小与力偶臂的乘积,正负号表示力偶的转向(一般以逆时针转向为正,反之则为负)。力偶矩的单位与力矩相同。

由图2-14可见,力偶矩也可用三角形面积表示,即

$$M = \pm 2 \triangle ABC \tag{2-13b}$$

5. 同平面内力偶的等效定理

定理:在同平面内的两个力偶,如果力偶矩相等,则两力偶彼此等效。

证明:如图2-15所示,设在同平面内有两个力偶 (F_0, F_0') 和 (F, F') 作用,它们的力偶矩相等,且力的作用线分别交于点 A 和 B,现证明这两个力偶是等效的。首先将力 F_0 和 F_0' 分别沿它们的作用线移到点 A 和 B;然后分别沿连线 AB 和力偶 (F, F') 的两力的作用线方向分解,得到 F_1、F_2 和 F_1'、F_2' 四个力,显然,这四个力与原力偶 (F_0, F_0') 等效。由于两个力平行四边形全等,于是力 F_1' 与 F_1 大小相等、方向相反,并且共线,是一对平衡力,可以除去;剩下的两个力 F_2 与 F_2' 大小相等、方向相反,组成一个新力偶 (F_2, F_2'),并与原力偶 (F_0, F_0') 等效。连接 CB 和 DB。根据式(2-13b)计算力偶矩

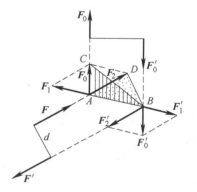

图2-15 力偶等效图

$$M(F_0, F_0') = -2 \triangle ACB$$
$$M(F_2, F_2') = -2 \triangle ADB$$

因为 CD 平行 AB,$\triangle ACB$ 和 $\triangle ADB$ 同底等高、面积相等,于是得 $M(F_0, F_0') = M(F_2, F_2')$ 即力偶 (F_0, F_0') 与 (F_2, F_2') 等效时,它们的力偶矩相等。由假设知,$M(F_0, F_0') = M(F, F')$,因此,$M(F_2, F_2') = M(F, F')$。

由图2-15可见,力偶 (F_2, F_2') 和 (F, F') 有相等的力偶臂 d 和相同的转向,于是得

$$F_2 = F, F_2' = F'$$

可见力偶（F_2，F_2'）与（F，F'）完全相等。又因为力偶（F_2，F_2'）与（F_0，F_0'）等效，所以，力偶（F，F'）与（F_0，F_0'）等效。于是定理得到证明。

上述定理给出了在同一平面内力偶等效的条件。由此可得如下两个推论：

推论 1　任一力偶可以在它的作用面内任意移转，而不改变它对刚体的作用效果。因此，力偶对刚体的作用与力偶在其作用面内的位置无关。

推论 2　只要保持力偶矩的大小和力偶的转向不变，可以同时改变力偶中力的大小和力偶臂的长短，而不改变力偶对刚体的作用效果。

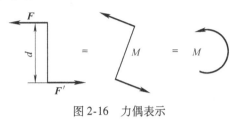

图 2-16　力偶表示

由此可见，力偶的力偶臂和力的大小都不是力偶的特征量，只有力偶矩是力偶作用的唯一量度。常用图 2-16 所示的符号表示力偶，其中 M 为力偶的矩。

6. 平面力偶系的合成和平衡条件

（1）平面力偶系的合成　设在同一平面内有两个力偶（F_1，F_1'）和（F_2，F_2'），它们的力偶臂分别为 d_1 和 d_2，如图 2-17a 所示。这两个力偶的矩分别为 M_1 和 M_2，求它们的合成结果。为此，在保持力偶矩不变的情况下，同时改变这两个力偶的力的大小和力偶臂的长短，使它们具有相同的力偶臂 d，并将它们在平面内移转，使力的作用线重合，如图 2-17b 所示。于是得到与原力偶等效的两个新力偶（F_3，F_3'）和（F_4，F_4'）。F_3 和 F_4 的大小为

$$F_3 = \frac{M_1}{d}, \quad F_4 = \frac{M_2}{d}$$

分别将作用在点 A 和 B 的力合成（设 $F_3 > F_4$），得 $F = F_3 - F_4$，$F' = F_3' - F_4'$。由于 F 与 F' 是相等的，所以构成了与原力偶系等效的合力偶（F，F'），如图 2-17c 所示，以 M 表示合力偶的矩，则有 $M = Fd = (F_3 - F_4)d = F_3d - F_4d = M_1 - M_2$。

如果有两个以上的力偶，可以按照上述方法依次合成。也就是说：在同平面内若干个力偶可合成为一个合力偶，合力偶矩等于各个力偶矩的代数和，即

$$M = \sum M_i \tag{2-14}$$

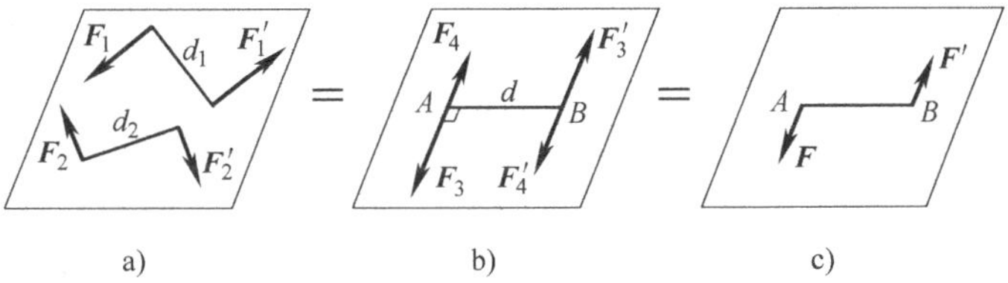

a)　　　　　　　　　　b)　　　　　　　　　c)

图 2-17　力偶合成示意图

（2）平面力偶系的平衡条件　由合成结果可知，力偶系平衡时，其合力偶的矩等于零。因此，平面力偶系平衡的必要和充分条件是：所有各力偶矩的代数和等于零，即

$$\sum M_i = 0 \tag{2-15}$$

【例 2-7】　如图 2-18a 所示的工件上作用有三个力偶，三个力偶的矩分别为 $M_1 = M_2 = 10\mathrm{N} \cdot \mathrm{m}$，$M_3 = 20\mathrm{N} \cdot \mathrm{m}$；固定螺柱 A 和 B 的距离 $l = 0.4\mathrm{m}$。求两个光滑螺柱所受的水平力。

【解】　选取工件为研究对象，其受力如图 2-18b 所示，则其平衡条件方程如下

$$\sum M = 0, F_A l - M_1 - M_2 - M_3 = 0$$

将已知数据代入解之，得 $F_A = 100N$。

因为 F_A 是正值，故所假设的方向是正确的，而螺柱 A、B 所受的力则应与 F_A、F_B 大小相等、方向相反。

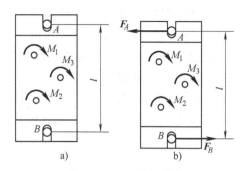

图 2-18　工件及其受力

【例 2-8】　求图 2-19a 所示两铰刚架 A、B 处的约束力。

【解】　选取刚架为研究对象，其受力如图 2-19b 所示，则其平衡方程如下

$$\sum M = 0, F_{RA} \times 4m - 8kN \cdot m = 0$$

解得 $F_{RA} = 2kN$

因 A 处和 B 处约束力共同构成一对反力偶与主动力偶相平衡，故根据力偶的性质知两处的约束力均为 2kN。

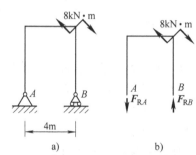

图 2-19　两铰刚架及其受力

2.3　平面任意力系的简化

工程中经常遇到平面任意力系的问题，即作用在物体上的力的作用线都分布在同一平面内（或近似地分布在同一平面内），并呈任意分布的力系。当物体所受的力都对称于某一平面时，也可将它视作平面任意力系问题。

1. 力的平移定理

定理：可以把作用在刚体上点 A 的力 F 平行移到任一点 B，但必须同时附加一个力偶，这个附加力偶的矩等于原来的力 F 对新作用点 B 的矩。

证明：图 2-20a 所示的力 F 作用于刚体的点 A。在刚体上任取一点 B，并在点 B 加上两个等值反向的力 F' 和 F''，使它们与力 F 平行，且 $F' = F''$，如图 2-20b 所示。显然，三个力 F、F'、F'' 组成的新力系与原来的一个力 F 等效。但是，这三个力可看作一个作用在点 B 的力 F' 和一个力偶（F，F''）。这样，就把作用于点 A 的力 F 平移到另一点 B，但同时附加上一个相应的力偶，这个力偶称为附加力偶（见图 2-20c）。显然，附加力偶的矩为

$$M = Fd$$

式中　d——附加力偶的力偶臂，也就是点 B 到力 F 的作用线的垂距。

因此，Fd 也等于力 F 对点 B 的矩 $M_B(F)$，也即 $M = M_B(F)$。

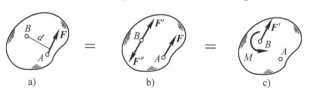

图 2-20　力的平移

反之，根据力的平移定理，也可以将平面内的一个力和一个力偶用作用在平面内另一点的力来等效替换。

力的平移定理不仅是力系向一点简化的依据，而且可用来解释一些实际问题。例如，攻螺纹时必须用两手握扳手，而且用力要相等。如图 2-21 所示，为什么不允许用一只手扳动扳手呢？因为作用在扳手 AB 一端的力 F，与作用在点 C 的一个力 F' 和一个矩为 M 的力偶等效。这个力偶使螺纹锥转动，而这个力 F' 却往往使攻螺纹不正，甚至折断螺纹锥。

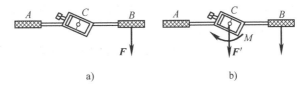

图 2-21　螺纹锥

2. 平面任意力系向作用面内一点简化·主矢和主矩

设物体上作用有三个力 F_1、F_2、F_3 组成的平面任意力系，如图 2-22a 所示。在平面内任取一点 O（称为简化中心），应用力的平移定理，把各力都平移到点 O。这样，得到作用于点 O 的力 F_1'、F_2'、F_3'，以及相应的附加力偶，其矩分别为 M_1、M_2 和 M_3，如图 2-22b 所示。这些力偶作用在同一平面内，它们的矩分别等于力 F_1、F_2、F_3 对点 O 的矩，即

$$M_1 = M_O(F_1)$$
$$M_2 = M_O(F_2)$$
$$M_3 = M_O(F_3)$$

这样平面任意力系分解成了两个简单力系：平面汇交力系和平面力偶系。然后分别合成这两个力系。平面汇交力系 F_1'、F_2'、F_3' 均可合成为作用线通过点 O 的一个力 F_R'，如图 2-22c 所示。因为各力矢 F_1'、F_2'、F_3' 分别与原力矢 F_1、F_2、F_3 相等，所以 $F_R' = F_1' + F_2' + F_3' = F_1 + F_2 + F_3$，即力矢 F_R' 等于原来各力的矢量和。

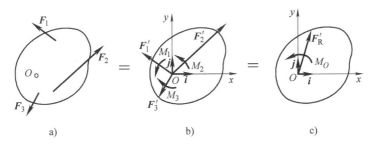

图 2-22　平面任意力系简化

矩为 M_1、M_2、M_3 的平面力偶系可合成为一个力偶，这个力偶的矩 M_O 等于各附加力偶矩的代数和。由于附加力偶矩等于力对简化中心的矩，所以

$$M_O = M_1 + M_2 + M_3 = M_O(F_1) + M_O(F_2) + M_O(F_3)$$

对于力的数目为 n 的平面任意力系，则

$$F_R' = \sum F_i \tag{2-16}$$

$$M_O = \sum M_O(F_i) \tag{2-17}$$

平面任意力系中所有各力的矢量和 F_R' 称为该力系的主矢；而这些力对于任选简化中心 O 的矩的代数和 M_O 称为该力系对于简化中心的主矩。

上面所得结果可归纳如下：

1）在一般情形下，平面任意力系向作用面内任选一点 O 简化，可得一个力和一个力偶，这个力等于该力系的主矢，作用线通过简化中心 O。这个力偶的矩等于该力系对于点 O 的主矩。

2）由于主矢等于各力的矢量和，所以，它与简化中心的选择无关。而主矩等于各力对简化中心的矩的代数和，当取不同的点为简化中心时，各力的力臂将有改变，各力对简化中心的矩也有改变，所以，在一般情况下主矩与简化中心的选择有关。故说到主矩时，必须指出是力系对于哪一点的主矩。

取坐标系 Oxy，如图 2-22 所示，i, j 为沿 x、y 轴的单位矢量，则力系主矢的解析表达式为

$$F_R' = F_{Rx}' + F_{Ry}' = \sum F_x i + \sum F_y j \tag{2-18}$$

于是主矢 F_R' 的大小和方向余弦为

$$F_R' = \sqrt{\left(\sum F_x\right)^2 + \left(\sum F_y\right)^2}$$

$$\cos(F_R', i) = \frac{\sum F_x}{F_R'}$$

$$\cos(F_R', j) = \frac{\sum F_y}{F_R'}$$

力系对点 O 的主矩的解析表达式为

$$M_O = \sum M_O(F_i) = \sum (x_i F_{iy} - y_i F_{ix}) \tag{2-19}$$

式中 x_i、y_i——力 F_i 作用点的坐标。

现利用力系向一点简化的方法，分析固定端（插入端）支座的约束力。如图 2-23a、b 所示，车刀和工件分别夹持在刀架和卡盘上固定不动，这种约束称为固定端或插入端支座，其简图如图 2-23c 所示。

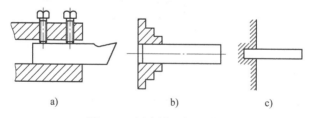

a)　　　　　　　　b)　　　　　　　　c)

图 2-23　固定端（插入端）

固定端支座对物体的作用，是在接触面上作用了一群约束力。在平面问题中，这些力为一平面任意力系，如图 2-24a 所示。将这群力向作用平面内点 A 简化得到一个力和一个力偶，如图 2-24b 所示。一般情况下这个力的大小和方向均为未知量，可用两个未知分力来代替。因此，在平面力系情况下，固定端 A 处的约束力可简化为图 2-24c 所示的两个约束力 F_{Ax}、F_{Ay} 和一个矩为 M_A 的约束力偶。

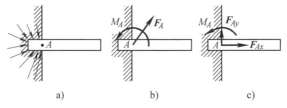

图 2-24　固定端的约束力

比较固定端支座与固定铰链支座的约束性质可见，固定端支座除了限制物体在水平方向和铅直方向移动外，还能限制物体在平面内转动。因此，除了约束力 F_{Ax}、F_{Ay} 外，还有矩为 M_A 的约束力偶。而固定铰链支座没有约束力偶，因为它不能限制物体在平面内转动。

工程中，固定端支座是一种常见的约束，除前面讲到的刀架、卡盘外，还有插入地基中的电线杆以及悬臂梁等。

3. 平面任意力系的简化结果分析

平面任意力系向作用面内一点简化的结果，可能有四种情况，即：① $F'_R = 0$，$M_O \neq 0$；② $F'_R \neq 0$，$M_O = 0$；③ $F'_R \neq 0$，$M_O \neq 0$；④ $F'_R = 0$，$M_O = 0$。下面对这四种情况做进一步的分析讨论。

（1）平面任意力系简化为一个力偶的情形　如果力系的主矢等于零，而力系对于简化中心的主矩不等于零，即

$$F'_R = 0, \quad M_O \neq 0$$

在这种情形下，作用于简化中心 O 的力 F'_1，F'_2，…，F'_n 相互平衡。但是，附加的力偶系并不平衡，可合成为一个与原力系等效的合力偶

$$M_O = \sum M_O(F_i)$$

因为力偶对于平面内任意一点的矩都相同，因此，当力系合成为一个力偶时，主矩与简化中心的选择无关。

（2）平面任意力系简化为一个合力的情形·合力矩定理　如果平面力系向点 O 简化的结果为主矢不等于零，主矩等于零，即

$$F'_R \neq 0, \quad M_O = 0$$

此时附加力偶系互相平衡，只有一个与原力系等效的力 F'_R。显然，F'_R 就是原力系的合力，而合力的作用线恰好通过选定的简化中心 O。

如果平面力系向点 O 简化的结果是主矢和主矩都不等于零，如图 2-25a 所示，即

$$F'_R \neq 0, \quad M_O \neq 0$$

现将矩为 M_O 的力偶用两个力 F_R 和 F''_R 表示，并令 $F'_R = -F''_R$（见图 2-25b）。再去掉平衡力系（F'_R、F''_R），于是就将作用于点 O 的力 F'_R 和力偶（F_R、F''_R）合成为一个作用在点 O' 的力 F_R，如图 2-25c 所示。

这个力 F_R 就是原力系的合力。合力矢等于主矢；合力的作用线在点 O 的哪一侧，需根据主矢和主矩的方向确定；合力作用线到点 O 的距离 d 可按下式计算

$$d = \frac{M_O}{F_R}$$

下面证明平面任意力系的合力矩定理。由图 2-25b 易见，合力 F_R 对点 O 的矩为

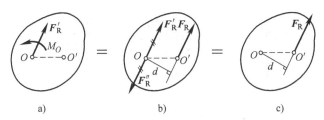

图 2-25　力和力偶简化为合力

$$M_O(\boldsymbol{F}_\mathrm{R}) = F_\mathrm{R}d = M_O$$

由式(2-17) 得

$$M_O(\boldsymbol{F}_\mathrm{R}) = \sum M_O(\boldsymbol{F}_i) \tag{2-20}$$

由于简化中心 O 是任意选取的，故式(2-20) 有普遍意义，称其为合力矩定理，可叙述如下：

平面任意力系的合力对作用面内任一点的矩等于力系中各力对同一点的矩的代数和。

（3）平面任意力系平衡的情形　如果力系的主矢、主矩均等于零，即 $\boldsymbol{F}'_\mathrm{R} = 0$，$M_O = 0$，则原力系平衡，这种情形将在下节详细讨论。

【例 2-9】　重力坝受力情形如图 2-26a 所示。设 $P_1 = 450\mathrm{kN}$，$P_2 = 200\mathrm{kN}$，$F_1 = 300\mathrm{kN}$，$F_2 = 70\mathrm{kN}$。求力系的合力 $\boldsymbol{F}_\mathrm{R}$ 的大小和方向余弦、合力与基线 OA 的交点到点 O 的距离 x，以及合力作用线方程。

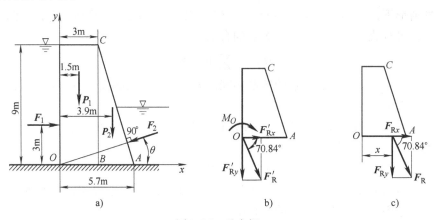

图 2-26　重力坝

【解】　1）将力系向点 O 简化，求得其主矢 $\boldsymbol{F}'_\mathrm{R}$ 和主矩 M_O（见图 2-26b）。由图 2-26a，有

$$\theta = \angle ACB = \arctan\frac{AB}{CB} = 16.7°$$

主矢 $\boldsymbol{F}'_\mathrm{R}$ 在 x、y 轴上的投影为

$$F'_{\mathrm{R}x} = \sum F_x = F_1 - F_2\cos\theta = 232.9\mathrm{kN}$$

$$F'_{\mathrm{R}y} = \sum F_y = -P_1 - P_2 - F_2\sin\theta = -670.1\mathrm{kN}$$

主矢 $\boldsymbol{F}'_\mathrm{R}$ 的大小为

$$F'_\mathrm{R} = \sqrt{\left(\sum F_x\right)^2 + \left(\sum F_y\right)^2} = 709.4\mathrm{kN}$$

主矢 F_R' 的方向余弦为

$$\cos(F_R', i) = \frac{\sum F_x}{F_R'} = 0.3283$$

$$\cos(F_R', j) = \frac{\sum F_y}{F_R'} = -0.9446$$

则有

$$\angle(F_R', i) = \pm 70.84°$$

$$\angle(F_R', j) = 180° \pm 19.16°$$

故主矢 F_R' 在第四象限内，与 x 轴的夹角为 $-70.84°$，力系对点 O 的主矩为

$$M_O = \sum M_O(F_i) = -3\text{m} \times F_1 - 1.5\text{m} \times P_1 - 3.9\text{m} \times P_2 = -2355\text{kN} \cdot \text{m}$$

2）合力 F_R 的大小和方向与主矢 F_R' 相同，其作用线位置的 x 值可根据合力矩定理求得（见图 2-26c），即

$$M_O = M_O(F_R) = M_O(F_{Rx}) + M_O(F_{Ry})$$

其中

$$M_O(F_{Rx}) = 0$$

故

$$M_O = M_O(F_{Ry}) = F_{Ry} \cdot x$$

解得

$$x = \frac{M_O}{F_{Ry}} = 3.514\text{m}$$

3）设合力作用线上任一点的坐标为 (x, y)，将合力作用于此点，则合力 F_R 对坐标原点的矩的解析表达式为

$$M_O = M_O(F_R) = xF_{Ry} - yF_{Rx} = x\sum F_y - y\sum F_x$$

将已求得的 M_O、$\sum F_x$、$\sum F_y$ 的代数值代入上式，得合力作用线方程为

$$-2355 = x(-670.1) - y(232.9)$$

即

$$670.1x + 232.9y - 2355 = 0$$

2.4　平面任意力系的平衡条件和平衡方程

现在讨论静力学中最重要的情形，即平面任意力系的主矢和主矩都等于零的情形

$$\begin{cases} F_R' = 0 \\ M_O = 0 \end{cases} \tag{2-21}$$

显然，主矢等于零，表明作用于简化中心 O 的汇交力系为平衡力系；主矩等于零，表明附加力偶系也是平衡力系，所以原力系必为平衡力系。因此，式（2-21）为平面任意力系平衡的充分条件。

由上一节分析结果可见：若主矢和主矩有一个不等于零，则力系应简化为合力或合力偶；若主矢与主矩都不等于零时，可进一步简化为一个合力。上述情况下力系都不能平衡，只有当主矢和主矩都等于零时，力系才能平衡，因此，式（2-21）又是平面任意力系平衡的

必要条件。

于是，平面任意力系平衡的必要和充分条件是：力系的主矢和对于任一点的主矩都等于零。

将式（2-17）和式（2-18）代入式（2-21），可得平面任意力系的平衡方程如下

$$\begin{cases} \sum F_x = 0 \\ \sum F_y = 0 \\ \sum M_O(\boldsymbol{F}_i) = 0 \end{cases} \qquad (2\text{-}22)$$

由此可得结论，平面任意力系平衡的解析条件是：所有各力在两个任选的坐标轴上的投影的代数和分别等于零，以及各力对于任意一点的矩的代数和也等于零。

【例2-10】　如图2-27a所示的均质简支梁 AB，长度为 $4a$，重力为 P，受均布载荷 q 及力偶矩 $M = Pa$ 的力偶作用。试求 A 和 B 处的支座反力。

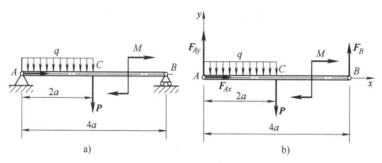

图2-27　简支梁及其受力图

【解】　选取梁 AB 为研究对象，其受力分析如图2-27b所示，建立平面直角坐标系 Axy，列平衡方程如下

$$\sum F_x = 0 , \quad F_{Ax} = 0$$
$$\sum F_y = 0 , \quad F_{Ay} - q \cdot 2a - P + F_B = 0$$
$$\sum M_A(\boldsymbol{F}) = 0 , \quad F_B \cdot 4a - M - P \cdot 2a - q \cdot 2a \cdot a = 0$$

解得

$$F_{Ax} = 0$$
$$F_{Ay} = \frac{P}{4} + \frac{3}{2}qa$$
$$F_B = \frac{3}{4}P + \frac{1}{2}qa$$

总结：简支梁是一个典型的力学模型，其解法具有代表性，以后将具有如下特征的结构均称为简支梁模型，即一个构件，两处约束，且一处为固定铰支座，另一处为滚动支座（或光滑支承面，或柔索，或滑槽约束等）。

【例2-11】　用平面任意力系平衡方程求解【例2-1】。

【解】　选取 AB 梁为研究对象，其受力分析如图2-28所示，建立平面直角坐标系 Axy，列平衡方程如下

$$\sum F_x = 0 ，F_{Ax} + F_C\cos45° = 0$$

$$\sum F_y = 0 ，F_{Ay} + F_C\sin45° - F = 0$$

$$\sum M_A(\boldsymbol{F}) = 0 ，F_C\cos45° \cdot l - F \cdot 2l = 0$$

将 $F = 10\text{kN}$ 代入上述方程解之得

$$F_{Ax} = -20\text{kN}$$

$$F_{Ay} = -10\text{kN}$$

$$F_C = 28.3\text{kN}$$

式中负号表明，约束力 $\boldsymbol{F}_{Ax}$、$\boldsymbol{F}_{Ay}$ 的方向与图 2-28 中所设的方向相反。若将力 $\boldsymbol{F}_{Ax}$、$\boldsymbol{F}_{Ay}$ 合成，得

$$F_A = \sqrt{F_{Ax}^2 + F_{Ay}^2} = 22.4\text{kN}$$

此结果与【例2-1】计算结果相同。

注：此题结构符合简支梁模型的特征，故其解法与【例2-10】相同。

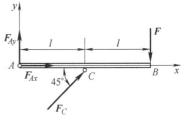

图 2-28　AB 梁受力图

【例2-12】　起重机重 $P_1 = 15\text{kN}$，可绕铅直轴 AB 转动；起重机的挂钩上挂一重为 $P_2 = 50\text{kN}$ 的重物，如图 2-29a 所示。起重机的重心 C 到转动轴的距离为 1.5m，其他尺寸如图 2-29a 所示。求在推力轴承 A 和轴承 B 处的反力。

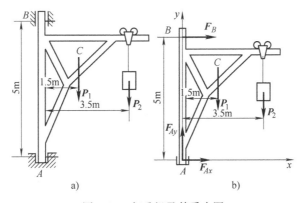

图 2-29　起重机及其受力图

【解】　选取起重机为研究对象，其受力分析如图 2-29b 所示，建立平面直角坐标系 Axy，列平衡方程如下

$$\sum F_x = 0, F_{Ax} + F_B = 0$$

$$\sum F_y = 0, F_{Ax} - P_1 - P_2 = 0$$

$$\sum M_A(\boldsymbol{F}) = 0, -F_B \cdot 5 - P_1 \cdot 1.5 - P_2 \cdot 3.5 = 0$$

将 $P_1 = 15\text{kN}$ 和 $P_2 = 50\text{kN}$ 代入上述方程解之得

$$F_{Ax} = 39.5\text{kN}$$

$$F_{Ay} = 65\text{kN}$$

$$F_B = -39.5\text{kN}$$

F_B 为负值，说明它的方向与假设的方向相反，即应指向左。

注：此题结构符合简支梁模型特征，故其解法与前两例相同。

【例 2-13】   如图 2-30 所示，悬臂梁 ABC 受均布载荷 q 及集中力 $F = qa$ 作用。求固定端支座 A 处的约束力。

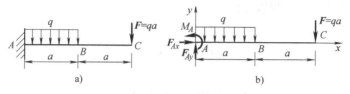

图 2-30   悬臂梁及其受力图

【解】   选取悬臂梁 ABC 为研究对象，其受力分析如图 2-30b 所示，建立图 2-30b 所示平面直角坐标系 Axy ，列平衡方程如下

$$\sum F_x = 0, \quad F_{Ax} = 0$$

$$\sum F_y = 0, \quad F_{Ay} - qa - qa = 0$$

$$\sum M_A(F) = 0, \quad M_A - qa \cdot 0.5a - qa \cdot 2a = 0$$

解得

$$F_{Ax} = 0$$

$$F_{Ay} = 2qa$$

$$M_A = 2.5qa^2$$

总结：悬臂梁也是一个典型的力学模型，其解法具有代表性，以后将具有如下特征的结构均称为悬臂梁模型，即一个构件，一处约束，且此约束为固定端支座。

【例 2-14】   将自重为 $P = 150\text{kN}$ 的 T 字形刚架 ABD 置于铅垂面内，载荷如图 2-31a 所示，其中 $M = 25\text{kN} \cdot \text{m}$，$F = 300\text{kN}$，$q = 20\text{kN/m}$，$l = 1\text{m}$。试求：固定端 A 的约束力。

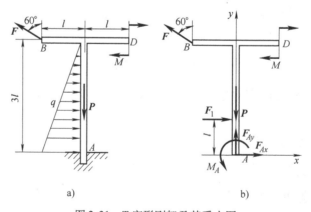

图 2-31   T 字形刚架及其受力图

【解】   选取 T 字形刚架为研究对象，其受力分析如图 2-31b 所示，其中线性分布载荷可用一集中力 F_1 等效替代，其大小为 $F_1 = 0.5 \cdot q \cdot 3l = 30\text{kN}$，作用于三角形分布载荷的几何中心，即距点 A 为 l 处。建立图 2-31b 所示平面直角坐标系 Axy ，列平衡方程如下

$$\sum F_x = 0, \quad F_{Ax} + F_1 - F\sin60° = 0$$

$$\sum F_y = 0, \quad F_{Ay} - P + F\cos60° = 0$$

$$\sum M_A(\boldsymbol{F}) = 0, \quad M_A - M - F_1 l - F\cos60°l + F\sin60° \cdot 3l = 0$$

将 $P = 150\text{kN}$, $M = 25\text{kN} \cdot \text{m}$, $F = 300\text{kN}$, $q = 20\text{kN/m}$, $l = 1\text{m}$ 代入上述方程解之得

$$F_{Ax} = 229.8\text{kN}$$

$$F_{Ay} = 0$$

$$M_A = -135.2\text{kN} \cdot \text{m}$$

负号说明图中所设方向与实际情况相反，即 M_A 应为顺时针转向。此题结构符合悬臂梁模型特征，故其解法与【例 2-13】相同。

从上述例题可见，选取适当的坐标轴和力矩中心，可以减少每个平衡方程中未知量的数目。在平面任意力系情况下，矩心应取在两未知力的交点上，而坐标轴应当与尽可能多的未知力相垂直。

在【例 2-10】中，若以方程 $\sum M_B(\boldsymbol{F}) = 0$ 取代方程 $\sum F_y = 0$，可以不解联立方程直接求得 F_{Ay} 值。因此，在计算某些问题时，采用力矩方程往往比投影方程简便。下面介绍平面任意力系平衡方程的其他两种形式。

三个平衡方程中有两个力矩方程和一个投影方程，即

$$\begin{cases} \sum F_x = 0 \\ \sum M_A(\boldsymbol{F}) = 0 \\ \sum M_B(\boldsymbol{F}) = 0 \end{cases} \tag{2-23}$$

当式（2-23）中 x 轴不垂直于 A、B 两点的连线时，能够满足力系平衡的必要和充分条件。这是因为：如果力系对点 A 的主矩等于零，则这个力系可以简化为经过点 A 的一个力，或者是个平衡力系；如果力系对另一点 B 的主矩也为零，则这个力系或有一合力沿 A、B 两点的连线，或者是个平衡力系（见图 2-32）；若同时满足 $\sum F_x = 0$，那么力系如有合力，则此合力必与 x 轴垂直。式（2-23）的附加条件（x 轴不垂直于连线 AB）完全排除了力系简化为一个合力的可能性，故所研究的力系必为平衡力系。

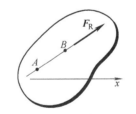

图 2-32　力矢与投影轴位置

同理，当 A、B、C 三点不共线时，也可写出三个力矩式的平衡方程，即

$$\begin{cases} \sum M_A(\boldsymbol{F}) = 0 \\ \sum M_B(\boldsymbol{F}) = 0 \\ \sum M_C(\boldsymbol{F}) = 0 \end{cases} \tag{2-24}$$

式（2-22）～式（2-24）都可用来求解平面任意力系的平衡问题。究竟选用哪一组方程，须根据具体条件确定。对于受平面任意力系作用的单个刚体的平衡问题，只可以写出三个独立的平衡方程，求解三个未知量。任何第四个方程只是前三个方程的线性组合，因而不是独立的。可以利用这个方程来校核计算的结果。

当平面力系中各力的作用线互相平行时，称其为平面平行力系，它是平面任意力系的一种特殊情形。

如图 2-33 所示，设物体受平面平行力系 $\boldsymbol{F}_1$，$\boldsymbol{F}_2$，…，$\boldsymbol{F}_n$ 的作用。如选取 x 轴与各力垂直，则不论力系是否平衡，每一个力在 x 轴上的投影恒等于零，即 $\sum F_x = 0$。于是，平面平行力系的独立平衡方程的数目只有两个，即

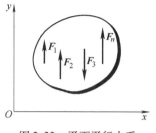

图 2-33　平面平行力系

$$\begin{cases} \sum F_y = 0 \\ \sum M_O(\boldsymbol{F}) = 0 \end{cases} \quad (2\text{-}25)$$

平面平行力系的平衡方程，也可用两个力矩方程的形式，即

$$\begin{cases} \sum M_A(\boldsymbol{F}) = 0 \\ \sum M_B(\boldsymbol{F}) = 0 \end{cases} \quad (2\text{-}26)$$

其中 A、B 两点的连线不得与各力平行。

2.5　物体系统的平衡·静定和静不定问题

工程中，如组合构架、三铰拱等结构，都是由若干个物体组成的系统。当系统平衡时，组成该系统的每一个物体都处于平衡状态，因此，对于每一个受平面任意力系作用的物体，均可写出三个平衡方程。如物体系统由 n 个物体组成，则共有 $3n$ 个独立方程。若系统中有的物体受平面汇交力系或平面平行力系作用，则系统的平衡方程数目相应减少。当系统中的未知量数目等于独立平衡方程的数目时，则所有未知数都能由平衡方程求出，这样的问题称为静定问题。显然前面列举的各例都是静定问题。在工程实际中，有时为了提高结构的刚度和坚固性，常增加多余的约束，因而使这些结构的未知量的数目多于平衡方程的数目，未知量就不能全部由平衡方程求出，这样的问题称为静不定问题或超静定问题。对于静不定问题，必须考虑物体因受力作用而产生的变形，加列某些补充方程后才能使方程的数目等于未知量的数目。静不定问题已超出刚体静力学的范围，须在材料力学和结构力学中研究。

下面举出一些静定和静不定问题的例子。

设用两根绳子悬挂一重物，如图 2-34a 所示，未知的约束力有两个，而重物受平面汇交力系作用，共有两个平衡方程，因此是静定的。如用三根绳子悬挂重物，且力线在平面内交于一点，如图 2-34b 所示，则未知的约束力有三个，而平衡方程只有两个，因此是静不定的。

设用两个轴承支承一根轴，如图 2-34c 所示，未知的约束力有两个，因轴受平面平行力系作用，共有两个平衡方程，因此是静定的。若用三个轴承支承，如图 2-34d 所示，则未知的约束力有三个，而平衡方程只有两个，因此是静不定的。

图 2-34e、f 所示的平面任意力系，均有三个平衡方程，图 2-34e 中有三个未知数，因此是静定的；而图 2-34f 中有四个未知数，因此是静不定的。图 2-35 所示的梁由两部分铰接组成，每部分有三个平衡方程，共有六个平衡方程。未知量除了图中所画的三个支反力和一个

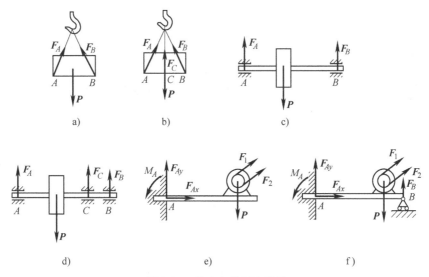

a)　　　　　　　　b)　　　　　　　　c)

d)　　　　　　　　e)　　　　　　　　f)

图 2-34　静定与静不定结构

反力偶外，还有铰链 C 处的两个未知力，共计六个。因此，也是静定的。若将 B 处的滚动支座改为固定铰支，则系统共有七个未知数，因此，系统将是静不定的。

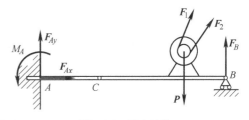

图 2-35　静定结构

　　在求解静定的物体系统的平衡问题时，可以选每个物体为研究对象，列出全部平衡方程，然后求解；也可先取整个系统为研究对象，列出平衡方程，这样的方程因不包含内力，式中未知量较少，解出部分未知量后，再从系统中选取某些物体作为研究对象，列出另外的平衡方程，直至求出所有的未知量为止。在选择研究对象和列平衡方程时，应使每一个平衡方程中的未知量个数尽可能少，最好是只含有一个未知量，以避免求解联立方程。

　　【例 2-15】　如图 2-36a 所示的三铰拱结构受力图。已知 $P = 0.4$ kN，$Q = 1.5$ kN，$AB = BC = l$，$\sin\alpha = 0.8$，$\cos\alpha = 0.6$。D 和 E 分别为杆 AB 和 BC 的中点，各杆自重不计。求：支座 A、C 处约束力。

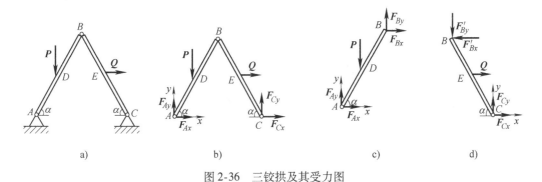

a)　　　　　　　　b)　　　　　　　　c)　　　　　　　　d)

图 2-36　三铰拱及其受力图

　　【解】　方法一：选取整个三铰拱结构为研究对象，其受力分析如图 2-36b 所示，建立平

面直角坐标系 Axy ，列平衡方程如下

$$\sum F_x = 0, \quad F_{Ax} + Q + F_{Cx} = 0$$

$$\sum F_y = 0, \quad F_{Ay} - P + F_{Cy} = 0$$

$$\sum M_A = 0, \quad -P \cdot 0.5l \cdot \cos\alpha - Q \cdot 0.5l \cdot \sin\alpha + F_{Cy} \cdot 2l \cdot \cos\alpha = 0$$

再选取杆 AB 为研究对象，其受力分析如图 2-36c 所示，列平衡方程如下

$$\sum M_B = 0, \quad F_{Ax} \cdot l \cdot \sin\alpha + P \cdot 0.5l \cdot \cos\alpha - F_{Ay} \cdot l \cdot \cos\alpha = 0$$

将 $P = 0.4\text{kN}$ ，$Q = 1.5\text{kN}$ ，$\sin\alpha = 0.8$ ，$\cos\alpha = 0.6$ 代入上述四个方程，联立求解得

$$F_{Ax} = -0.3\text{kN}$$

$$F_{Ay} = -0.2\text{kN}$$

$$F_{Cx} = -1.2\text{kN}$$

$$F_{Cy} = 0.6\text{kN}$$

方法二：选取整个三铰拱结构为研究对象，其受力分析如图 2-36b 所示，建立平面直角坐标系 Axy ，列平衡方程如下

$$\sum F_x = 0, \quad F_{Ax} + Q + F_{Cx} = 0$$

$$\sum F_y = 0, \quad F_{Ay} - P + F_{Cy} = 0$$

$$\sum M_A = 0, \quad -P \cdot 0.5l \cdot \cos\alpha - Q \cdot 0.5l \cdot \sin\alpha + F_{Cy} \cdot 2l \cdot \cos\alpha = 0$$

再选取杆 BC 为研究对象，其受力分析如图 2-36d 所示，列平衡方程如下

$$\sum M_B = 0, \quad Q \cdot 0.5l \cdot \sin\alpha + F_{Cy} \cdot l \cdot \cos\alpha + F_{Cx} \cdot l \cdot \sin\alpha = 0$$

将已知条件代入方程组，解得未知量。

方法三：选取杆 AB 为研究对象，其受力分析如图 2-36c 所示，建立平面直角坐标系 Axy ，列平衡方程如下

$$\sum F_x = 0, \quad F_{Ax} + F_{Bx} = 0$$

$$\sum F_y = 0, \quad F_{Ay} - P + F_{By} = 0$$

$$\sum M_B = 0, \quad F_{Ax} \cdot l \cdot \sin\alpha + P \cdot 0.5l \cdot \cos\alpha - F_{Ay} \cdot l \cdot \cos\alpha = 0$$

再选取杆 BC 为研究对象，其受力分析如图 2-36d 所示，建立平面直角坐标系 Cxy ，列平衡方程如下

$$\sum F_x = 0, \quad F_{Cx} + Q - F_{Bx}' = 0$$

$$\sum F_y = 0, \quad F_{Cy} - F_{By}' = 0$$

$$\sum M_B = 0, \quad Q \cdot 0.5l \cdot \sin\alpha + F_{Cy} \cdot l \cdot \cos\alpha + F_{Cx} \cdot l \cdot \sin\alpha = 0$$

将已知条件代入方程组，解得未知量。

总结：1）物体系统平衡问题的特点：整体平衡、局部也平衡。解法特点：选取整体与局部的联合或局部间的联合才能求出全部未知量。

2）三铰拱也是一个典型的力学模型，其解法具有代表性，以后将具有如下特征的结构均称为三铰拱模型，即两个构件，三处约束，两构件间为铰链约束，其他两处均为固定铰链

约束。

3）当三铰拱模型中有一构件不受力时，该构件实质为二力构件，此时三铰拱模型就退化为简支梁模型。

【例 2-16】　连续梁及其受力如图 2-37a 所示，不计自重，求 A、B、C 三处的约束力。

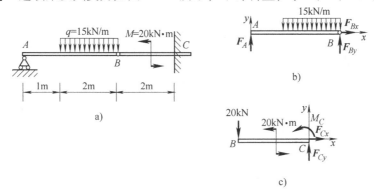

图 2-37　连续梁及其受力图

【解】　选取杆 AB 为研究对象，其受力分析如图 2-37b 所示，建立平面直角坐标系 Axy，列平衡方程如下

$$\sum F_x = 0,\ F_{Bx} = 0$$

$$\sum F_y = 0,\ F_A - 15\text{kN/m} \times 2\text{m} + F_{By} = 0$$

$$\sum M_B = 0,\ -F_A \times 3 + 15\text{kN/m} \times 2\text{m} \times 1 = 0$$

解得

$$F_A = 10\text{kN}$$

$$F_{Bx} = 0$$

$$F_{By} = 20\text{kN}$$

选取杆 BC 为研究对象，其受力分析如图 2-37c 所示，建立平面直角坐标系 Cxy，列平衡方程如下

$$\sum F_x = 0,\ F_{Cx} = 0$$

$$\sum F_y = 0,\ -20\text{kN} + F_{Cy} = 0$$

$$\sum M_C = 0,\ 20\text{kN} \cdot \text{m} \times 2 + 20\text{kN} \cdot \text{m} + M_C = 0$$

解得

$$F_{Cx} = 0$$

$$F_{Cy} = 20\text{kN}$$

$$M_C = -60\text{kN} \cdot \text{m}$$

总结：此题为物体系统平衡问题，可应用上法进行求解，但考虑到其又具有独特的构造特点，先以悬臂梁 BC 为基本部分，再以此为支承之一搭建一简支梁 AB 为附属部分，如此构造的结构称为基本附属结构，此类结构求解时若遵循先附属后基本的原则，则可避免解联立方程，从而使求解比较简单。

【例 2-17】   如图 2-38a 所示的滑轮结构，已知重力 P，$DC = CE = AC = CB = 2l$；定滑轮半径为 R，动滑轮半径为 r，且 $R = 2r = l$，$\theta = 45°$。试求：A、E 支座的约束力及 BD 杆所受的力。

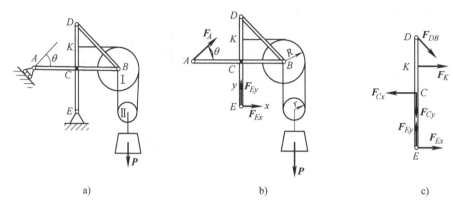

a)   b)   c)

图 2-38   滑轮结构及其受力图

【解】   选取整体为研究对象，其受力分析如图 2-38b 所示。建立图 2-38b 所示平面直角坐标系 Exy，列平衡方程如下

$$\sum F_x = 0, \quad F_A\cos45° + F_{Ex} = 0$$

$$\sum F_y = 0, \quad F_A\sin45° + F_{Ey} - P = 0$$

$$\sum M_E(\boldsymbol{F}) = 0, \quad -F_A \cdot \sqrt{2} \cdot 2l - P \cdot 2.5l = 0$$

解上述方程得

$$F_A = \frac{-5\sqrt{2}}{8}P$$

$$F_{Ex} = \frac{5}{8}P$$

$$F_{Ey} = \frac{13}{8}P$$

选取杆 DCE 为研究对象，其受力分析如图 2-38c 所示，列平衡方程如下

$$\sum M_C(\boldsymbol{F}) = 0, \quad -F_{DB} \cdot \cos45° \cdot 2l - F_K \cdot l + F_{Ex} \cdot 2l = 0$$

将 $F_K = \dfrac{P}{2}$，$F_{Ex} = \dfrac{5P}{8}$ 代入上式解之得

$$F_{DB} = \frac{3\sqrt{2}P}{8}$$

总结：二力构件一般不作为研究对象，若求其内力，只需选取与其相接触的部分即可，此处选取的是杆 DCE，也可选取杆 ACB，皆可求解。

2.6 平面简单桁架的内力计算

桁架是一种由杆件彼此在两端用铰链连接而成的结构，它在受力后几何形状不变。起重机架、油田井架、电视塔等结构物都是工程建设中常用的桁架结构。如果桁架所有的杆件都在同一平面内，这种桁架称为平面桁架。桁架中杆件的铰链接头称为节点。

桁架的优点是：杆件主要承受拉力或压力，可以充分发挥材料的作用，节约材料，减轻结构的质量。

为了简化桁架的计算，工程实际中采用以下几个假设：①桁架的杆件都是直的；②杆件用光滑的铰链连接；③桁架所受的力（载荷）都作用在节点上，且作用在桁架的平面内；④桁架杆件的重力略去不计或平均分配在杆件两端的节点上。这样的桁架称为理想桁架。

实际的桁架当然与上述假设有差别，如桁架的节点不是铰接的，杆件的中心线也不可能是绝对直的。但在工程实际中，上述假设能够简化计算，而且所得的结果已符合工程实际的需要。根据这些假设，桁架的杆件都可视为只是两端受力的二力杆件，因此，各杆件所受的力必定沿着杆轴方向，只受拉力或压力。

本节只研究平面桁架中的静定桁架。如果从桁架中任意除去一根杆件，则桁架就会活动变形，这种桁架称为无余杆桁架。实践证明只有无余杆桁架才是静定桁架，图 2-39a 所示的桁架就属于这种桁架。反之，如果除去某几根杆件仍不会使桁架活动变形，则这种桁架称为有余杆桁架，如图 2-39b 所示。图 2-39a 所示的无余杆桁架是以三角形框架为基础，每增加一个节点需增加两根杆件，这样构成的桁架又称为平面简单桁架。容易证明，平面简单桁架是静定的。

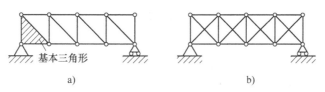

a) b)

图 2-39 桁架

a）无余杆桁架 b）有余杆桁架

下面介绍两种计算桁架杆件内力的方法：节点法和截面法。

1. 节点法

桁架的每个节点都受一个平面汇交力系的作用。为了求出每个杆件的内力，可以选取节点为研究对象，逐个考察其受力与平衡，从而由已知力求出全部未知力（杆件的内力）的方法，称为节点法。

【例 2-18】 平面桁架的尺寸和支座如图 2-40a 所示。在节点 D 处受一集中载荷 $P = 10\text{kN}$ 的作用。试求桁架各杆件所受的内力。

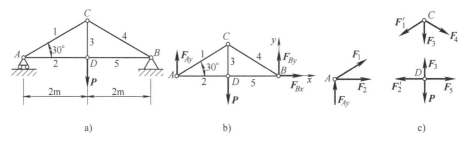

a) b) c)

图 2-40 平面桁架及其受力图

【**解**】 1）求支座反力。选取桁架整体为研究对象，其受力分析如图 2-40b 所示，建立平面直角坐标系 Bxy，列平衡方程如下

$$\sum F_x = 0, \ F_{Bx} = 0$$

$$\sum M_A(\boldsymbol{F}) = 0, \ F_{By} \cdot 4 - P \cdot 2 = 0$$

$$\sum M_B(\boldsymbol{F}) = 0, \ P \cdot 2 - F_{Ay} \cdot 4 = 0$$

将 $P = 10\text{kN}$ 代入解得

$$F_{Bx} = 0$$

$$F_{Ay} = 5\text{kN}$$

$$F_{By} = 5\text{kN}$$

2）依次选取一个节点为研究对象，计算各杆内力。假定各杆均受拉力，各节点受力如图 2-40c 所示，对节点 A 列平衡方程如下

$$\sum F_x = 0, \ F_2 + F_1 \cos 30° = 0$$

$$\sum F_y = 0, \ F_{Ay} + F_1 \sin 30° = 0$$

将 $F_{Ay} = 5\text{kN}$ 代入解得

$$F_1 = -10\text{kN}$$

$$F_2 = 8.66\text{kN}$$

对节点 C 列平衡方程如下

$$\sum F_x = 0, \ F_4 \cos 30° - F_1' \cos 30° = 0$$

$$\sum F_y = 0, \ -F_3 - F_1' \sin 30° - F_4 \sin 30° = 0$$

将 $F_1' = F_1 = -10\text{kN}$ 代入解得

$$F_3 = 10\text{kN}$$

$$F_4 = -10\text{kN}$$

对节点 D 列平衡方程如下

$$\sum F_x = 0, \ F_5 - F_2' = 0$$

将 $F_2' = F_2 = 8.66\text{kN}$ 代入解得

$$F_5 = 8.66\text{kN}$$

3）判断各杆受拉力或受压力。原假定各杆均受拉力，计算结果 F_2、F_3、F_5 为正值，表明杆 2、3、5 受拉力；内力 F_1 和 F_4 的结果为负，表明杆 1 和 4 受压力。

4）校核计算结果。解出各杆内力之后，可用还未应用的节点平衡方程校核已得出的结果。例如，可对节点 D 列出另一个平衡方程

$$\sum F_y = 0, \ F_3' - P = 0$$

解得 $F_3' = 10\text{kN}$，与已求得的 F_3 相等，表明计算无误。

2. 截面法

如果只要求计算桁架内某几个杆件所受的内力，可以适当地选取一截面，假想地把桁架截开，再考虑其中任一部分的平衡，求出这些被截杆件的内力的方法，就称为截面法。

【**例 2-19**】　如图 2-41a 所示的平面桁架，各杆件的长度都等于 1m。在节点 E 上作用载荷 $P_1 = 10\text{kN}$，在节点 G 上作用载荷 $P_2 = 13\text{kN}$。不计杆件自重，试计算杆 1、2 和 3 的内力。

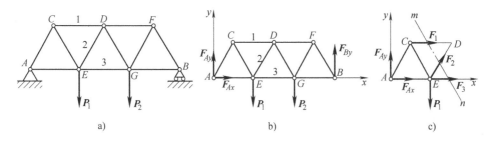

图 2-41　平面桁架及其受力图

【**解**】　1）求桁架的支座反力。选取桁架整体为研究对象，其受力分析如图 2-41b 所示，建立图 2-41b 所示的平面直角坐标系 Axy。列出平衡方程如下

$$\sum F_x = 0, \quad F_{Ax} = 0$$

$$\sum F_y = 0, \quad F_{Ay} - P_1 - P_2 + F_{By} = 0$$

$$\sum M_B(\boldsymbol{F}) = 0, \quad -F_{Ay} \cdot 3 + P_1 \cdot 2 + P_2 \cdot 1 = 0$$

将 $P_1 = 10\text{kN}$ 及 $P_2 = 13\text{kN}$ 代入解得

$$F_{Ax} = 0$$

$$F_{Ay} = 11\text{kN}$$

$$F_{By} = 12\text{kN}$$

2）求杆 1、2 和 3 的内力。作一截面 $m-n$ 将三杆截断。选取桁架左半部为研究对象，假定所截断的三杆都受拉力，受力分析如图 2-41c 所示，建立图 2-41c 所示的平面直角坐标系 Axy，列平衡方程如下

$$\sum M_E(\boldsymbol{F}) = 0, \quad -F_{Ay} \cdot 1 - F_1 \cdot \frac{\sqrt{3}}{2} = 0$$

$$\sum F_y = 0, \quad F_{Ay} + F_2 \sin 60° - P_1 = 0$$

$$\sum M_D(\boldsymbol{F}) = 0, \quad P_1 \cdot \frac{1}{2} + F_3 \cdot \frac{\sqrt{3}}{2} - F_{Ay} \cdot \frac{3}{2} = 0$$

将 $P_1 = 10\text{kN}$ 及 $F_{Ay} = 11\text{kN}$ 代入解得

$$F_1 = -12.7\text{kN}$$

$$F_2 = -1.15\text{kN}$$

$$F_3 = -13.28\text{kN}$$

如选取桁架的右半部为研究对象，可得同样的结果。

由【例 2-19】可见，采用截面法时，选择适当的力矩方程，常可较快地求得某些指定杆件的内力。当然应注意到，平面任意力系只有三个独立的平衡方程，因而，作截面时每次最多只能截断三根内力未知的杆件。如果截断内力未知的杆件多于三根，还需联合由其他截面列出的方程一起求解。

要 点 总 结

1. 力在坐标轴上的投影为 $F_x = F\cos\alpha$ ，$F_y = F\sin\alpha$ ，式中 α 为力 F 与 x 轴间的夹角，投影值为代数量。

2. 平面内力的解析表达式为 $F = F_x i + F_y j$。

3. 求平面汇交力系的合力。

1）几何法求合力。根据力多边形规则，求得合力的大小和方向 $F_R = \sum F_i$ ，合力作用线通过各力的汇交点。

2）解析法求合力。根据合力投影定理，利用各分力在两个正交轴上的投影的代数和，求得合力的大小和方向余弦分别为

$$F_R = \sqrt{\left(\sum F_x\right)^2 + \left(\sum F_y\right)^2}$$

$$\cos(F_R, i) = \frac{\sum F_x}{F_R}, \cos(F_R, j) = \frac{\sum F_y}{F_R}$$

合力作用线通过各力的汇交点。

4. 平面汇交力系的平衡条件。

1）平衡的充分必要条件：平面汇交力系的合力为零，即

$$F_R = \sum F_i = 0$$

2）平衡的几何条件：平面汇交力系的力多边形自行封闭。

3）平衡的解析条件：平面汇交力系的各分力在两个坐标轴上投影的代数和分别等于零，即 $\sum F_x = 0$，$\sum F_y = 0$。

5. 平面内的力对点 O 的矩是代数量，记为 $M_O(F)$ ，即

$$M_O(F) = \pm Fh = \pm 2\triangle ABO$$

式中 F——力的大小；

       h——力臂；

   $\triangle ABO$——力矢 AB 与矩心 O 组成三角形的面积。

   M 一般以逆时针转向为正，反之为负。

6. 力矩的解析表达式为 $M_O(F) = xF_y - yF_x$ ，其中 x、y 为力作用点的坐标，F_x、F_y 为力的投影。

7. 合力矩定理：平面汇交力系的合力对于平面内任一点的矩等于所有各力对该点的矩的代数和，即 $M_O(F) = \sum M_O(F_i) = \sum (x_i F_{iy} - y_i F_{ix})$。

8. 力偶和力偶矩。

1）力偶是由等值、反向、不共线的两个平行力组成的特殊力系。力偶没有合力，也不能用一个力来平衡。

2）力偶对物体的作用效应取决于力偶矩 M 的大小和转向，即 $M = Fd$ ，一般以逆时针转向为正，反之为负。

3）力偶在任一轴上的投影等于零，它对平面内任一点的矩等于力偶矩，力偶矩与矩心的位置无关。

9. 同平面内力偶的等效定理：在同平面内的两个力偶，如果力偶矩相等，则彼此等效。力偶矩是力偶作用的唯一度量。

10. 平面力偶系的合成与平衡。同平面内几个力偶可以合成为一个合力偶。合力偶矩等于各分力偶矩的代数和，即 $M = \sum M_i$。平面力偶系的平衡条件为 $\sum M_i = 0$。

11. 力的平移定理：平移一力的同时必须附加一力偶，附加力偶的矩等于原来的力对新作用点的矩。

12. 平面任意力系向平面内任选一点 O 简化，一般情况下，可得一个力和一个力偶，这个力等于该力系的主矢，即 $F'_R = \sum F_i = \sum F_x i + \sum F_y j$，作用线通过简化中心 O。这个力偶的矩等于该力系对于点 O 的主矩，即 $M_O = \sum M_O(F_i) = \sum (x_i F_{iy} - y_i F_{ix})$。

13. 平面任意力系向一点简化，可能出现表 2-1 中的四种情况。

表 2-1　平面任意力系向一点简化

主矢	主矩	合成结果	说　　　明
$F'_R \neq 0$	$M_O = 0$	合力	此力为原力系的合力，合力作用线通过简化中心
	$M_O \neq 0$	合力	合力作用线离简化中心的距离 $d = \dfrac{M_O}{F}$
$F'_R = 0$	$M_O \neq 0$	力偶	此力偶为原力系的合力偶，在这种情况下，主矩与简化中心的位置无关
	$M_O = 0$	平衡	

14. 平面任意力系平衡的必要和充分条件是：力系的主矢和对于任一点的主矩都等于零，即

$$F'_R = \sum F_i = 0$$
$$M_O = \sum M_O(F_i) = 0$$

平面任意力系平衡方程的一般形式为

$$\sum F_x = 0$$
$$\sum F_y = 0$$
$$\sum M_O(F_i) = 0$$

平面任意力系平衡方程的其他两种形式为
二力矩式

$$\sum F_x = 0$$
$$\sum M_A(F) = 0$$
$$\sum M_B(F) = 0$$

其中 x 轴不得垂直 A、B 两点连线。

三力矩式

$$\sum M_A(\boldsymbol{F}) = 0$$

$$\sum M_B(\boldsymbol{F}) = 0$$

$$\sum M_C(\boldsymbol{F}) = 0$$

其中 A、B、C 三点不得共线。

15. 其他各种平面力系都是平面任意力系的特殊情形，它们的平衡方程见表2-2。

表2-2 平面任意力系的平衡方程

力系名称	平衡方程		独立方程的数目
共线力系	$\sum F_i = 0$		1
平面力偶系	$\sum M_i = 0$		1
平面汇交力系	$\sum F_x = 0, \ \sum F_y = 0$		2
平面平行力系	$\sum F_y = 0$ $\sum M_O(\boldsymbol{F}) = 0$ y 轴与各力平行	$\sum M_A(\boldsymbol{F}) = 0$ $\sum M_B(\boldsymbol{F}) = 0$ A、B 两点连线不得与各力平行	2

16. 桁架由二力杆铰接构成。求平面静定桁架各杆内力的两种方法。

1）节点法：依次选取节点为研究对象，逐个考察其受力与平衡，从而由已知力求出全部未知力（杆件的内力）的方法。应注意每次选取的节点其未知力的数目不宜多于两个。

2）截面法：用假想截面将待求内力的杆件截开，使桁架分为两部分，考虑其中任一部分的平衡，求出这些被截杆件的内力的方法，就称为截面法。应注意每次截开的内力未知的杆件数目不宜多于三个。

思 考 题

（1）如图2-42所示，带有不平行二槽的矩形平板上作用一力偶 M。现在槽内插入两个固定于地面的销钉，如果不考虑摩擦，平板是否能保持平衡？

（2）如图2-43所示，有一带有四个光滑槽的正方形平板，其上作用一个力偶矩为 M 的力偶。欲使平板保持平衡，可用两个固定销钉插入槽内，应插入哪两个槽内？

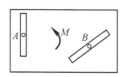

图2-42 思考题（1）图

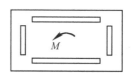

图2-43 思考题（2）图

（3）平面汇交力系向汇交点以外一点简化，其结果可能是一个力吗？可能是一个力偶吗？可能是一个力和一个力偶吗？

（4）桁架中的零杆既然受力为零，为什么不能拿掉？零杆与超静定桁架中的余杆有何区别？桁架中的零杆与外力的作用点与方向有无关系？

习　题

2-1　判断题

（1）一个力在任意轴上投影的大小一定小于或等于该力的模，而沿该轴的分力的大小则可能大于该力的模。　　　　　　　　　　　　　　　　　　　　　　　　　（　　）

（2）平面汇交力系的主矢就是该力系的合力矢。　　　　　　　　　　　　（　　）

（3）平面汇交力系平衡时，力多边形各力应首尾相接，但在作图时力的顺序可以不同。
　　　　　　　　　　　　　　　　　　　　　　　　　　　　　　　　　　　（　　）

（4）若平面汇交力系构成首尾相接、封闭的力多边形，则合力必然为零。　（　　）

（5）用解析法求平面汇交力系的合力时，若选用不同的直角坐标系，则所求得的合力不同。　　　　　　　　　　　　　　　　　　　　　　　　　　　　　　　　　（　　）

（6）力矩与力偶矩的单位相同，常用的单位为 N·m、kN·m 等。　　　　（　　）

（7）只要两个力大小相等、方向相反，该两力就组成一个力偶。　　　　　（　　）

（8）同一个平面内的两个力偶，只要它们的力偶矩相等，这两个力偶就一定等效。（　　）

（9）只要平面力偶的力偶矩保持不变，可将力偶的力和力偶臂做相应的改变，而不影响其对刚体的效应。　　　　　　　　　　　　　　　　　　　　　　　　　　　　（　　）

（10）力偶只能使刚体转动，而不能使刚体移动。　　　　　　　　　　　　（　　）

（11）力偶中的两个力对于任一点之矩恒等于其力偶矩，而与矩心的位置无关。（　　）

（12）作用在刚体上的一个力，可以从原来的作用位置平行移动到该刚体内任意指定点，但必须附加一个力偶，附加力偶的矩等于原力对指定点的矩。　　　　　　　（　　）

（13）某一平面力系，如其力多边形不封闭，则该力系一定有合力，合力作用线与简化中心的位置无关。　　　　　　　　　　　　　　　　　　　　　　　　　　　　（　　）

（14）平面任意力系，只要主矢 $R \neq 0$，最后必可简化为一合力。　　　　（　　）

（15）平面力系向某点简化的主矢为零，主矩不为零。则此力系可合成为一个合力偶，且此力系向任一点简化的主矩与简化中心的位置无关。　　　　　　　　　　　（　　）

（16）若平面力系对一点的主矩为零，则此力系不可能合成为一个合力。　（　　）

（17）当平面力系的主矢为零时，其主矩一定与简化中心的位置无关。　　（　　）

（18）在平面任意力系中，若其力多边形自行闭合，则力系平衡。　　　　（　　）

2-2　选择题

（1）作用在一个刚体上的两个力 F_A、F_B，满足 $F_A = -F_B$ 的条件，则该二力可能是（　　）。

A. 作用力和反作用力或一对平衡的力　　　　B. 一对平衡的力或一个力偶

C. 一对平衡的力或一个力和一个力偶　　　　D. 作用力和反作用力或一个力偶

（2）已知 F_1、F_2、F_3、F_4 为作用于刚体上的平面共点力系，其力矢关系如图 2-44 所示，为平行四边形，由此（　　）。

A. 力系可合成为一个力偶

B. 力系可合成为一个力

C. 力系简化为一个力和一个力偶

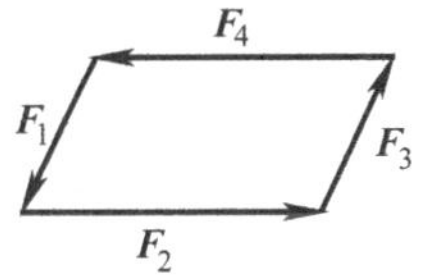

图 2-44　选择题（2）图

D. 力系的合力为零，力系平衡

（3）如图 2-45 所示的结构受力 **P** 作用，杆重不计，则 A 支座约束力的大小为（　　）。

A. $P/2$ 　　　　B. $\sqrt{3}P/3$ 　　　　C. P 　　　　D. 0

（4）在图 2-46 所示结构中，如果将作用于构件 AC 上矩为 M 的力偶搬移到构件 BC 上，则 A、B、C 三处约束力（　　）。

A. 都不变　　　　　　　　　　B. A、B 处约束力不变，C 处约束力改变

C. 都改变　　　　　　　　　　D. A、B 处约束力改变，C 处约束力不变

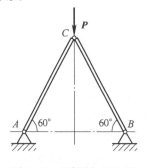

图 2-45　选择题（3）图

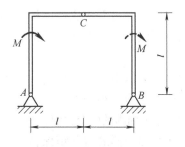

图 2-46　选择题（4）图

（5）杆 AB 和 CD 的自重不计，且在 C 处光滑接触，若作用在 AB 杆上的力偶矩为 M_1，则欲使系统保持平衡，作用在 CD 杆上的力偶矩 M_2 的转向如图 2-47 所示，其矩值为（　　）。

A. $M_2 = M_1$

B. $M_2 = 4M_1/3$

C. $M_2 = 2M_1$

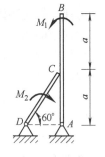

2-3　计算题

图 2-47　选择题（5）图

（1）如图 2-48 所示的平面任意力系，$F_1 = 40\sqrt{2}\,\text{N}$，$F_2 = 80\text{N}$，$F_3 = 40\text{N}$，$F_4 = 110\text{N}$，$M = 2000\text{N}\cdot\text{mm}$。各力作用位置如图 2-48 所示。求：1）力系向点 O 简化的结果；2）力系的合力的大小、方向及合力作用线方程。

（2）铆接薄板在孔心 A、B 和 C 处受三力作用，如图 2-49 所示。$F_1 = 100\text{N}$，沿垂直方向；$F_3 = 50\text{N}$，沿水平方向，并通过点 A；$F_2 = 50\text{N}$，力的作用线也通过点 A，尺寸如图 2-49 所示。求此力系的合力。

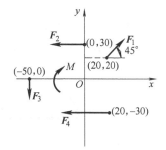

图 2-48　计算题（1）图

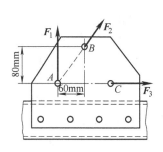

图 2-49　计算题（2）图

（3）如图 2-50 所示，固定在墙壁上的圆环受三条绳索的拉力作用，力 F_1 沿水平方向，力 F_3 沿铅直方向，力 F_2 与水平线成 $40°$ 角。三力的大小分别为 $F_1 = 2000\text{N}$，$F_2 = 2500\text{N}$，$F_3 = 1500\text{N}$。求三力的合力。

（4）物体重 $P = 20\text{kN}$，用绳子挂在支架的滑轮 B 上，绳子的另一端接在绞车 D 上，如图 2-51 所示。转动绞车，物体便能升起。设滑轮的大小、AB 与 CB 杆自重及摩擦略去不计，A、B、C 三处均为铰链连接。当物体处于平衡状态时，试求拉杆 AB 和支杆 CB 所受的力。

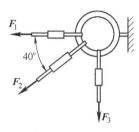

图 2-50　计算题（3）图

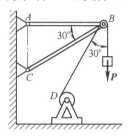

图 2-51　计算题（4）图

（5）直角弯杆 $ABCD$ 与直杆 DE 及 EC 铰接如图 2-52 所示，作用在杆 DE 上力偶的力偶矩 $M = 40\text{kN} \cdot \text{m}$，不计各构件自重，不考虑摩擦。求支座 A、B 处的约束力及杆 EC 的受力。

（6）在图 2-53 所示的结构中，各构件的自重略去不计。在构件 AB 上作用一力偶矩为 M 的力偶，求支座 A 和 C 的约束力。

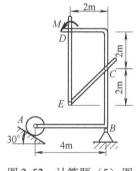

图 2-52　计算题（5）图

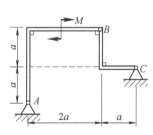

图 2-53　计算题（6）图

（7）在图 2-54 所示的结构中，各构件的自重略去不计，在构件 BC 上作用一力偶矩为 M 的力偶。求支座 A 的约束力。

（8）在图 2-55 所示的刚架中，已知 $q = 3\text{kN/m}$，$F = 6\sqrt{2}\,\text{kN}$，$M = 10\text{kN} \cdot \text{m}$，不计刚架自重。求固定端 A 处的约束力。

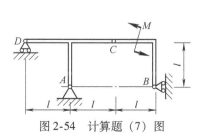

图 2-54　计算题（7）图

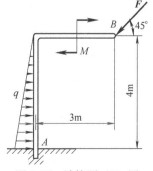

图 2-55　计算题（8）图

（9）无重水平梁的支承和荷载如图2-56所示。已知力 F、力偶矩为 M 的力偶。求支座 A 和 B 处的约束力。

（10）如图2-57所示，移动式起重机（不计平衡锤的重力）的重力为 $P=500\text{kN}$，其重心在离右轨1.5m处。起重机的起重力为 $P_1=250\text{kN}$，突臂伸出离右轨 10 m。跑车本身重力略去不计，欲使跑车满载或空载时起重机均不致翻倒，求平衡锤的最小重力 P_2 以及平衡锤到左轨的最大距离 x。

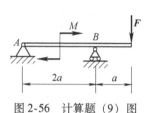

图2-56　计算题（9）图

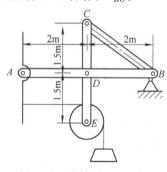

图2-57　计算题（10）图

（11）构架由杆 AB、AC 和 DF 铰接而成，如图2-58所示，在杆 DEF 上作用一力偶矩为 M 的力偶，不计各杆的重力。求杆 AB 上铰链 A、D 和 B 所受的力。

（12）在图2-59所示的构架中，物体重1200N，由细绳跨过滑轮 E 而水平系于墙上，不计杆和滑轮的重力。求支承面 A 和 B 处的约束力以及杆 BC 的内力 F_{BC}。

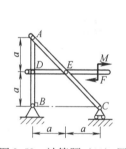

图2-58　计算题（11）图

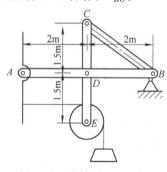

图2-59　计算题（12）图

（13）如图2-60所示，两等长杆 AB 与 BC 在点 B 用铰链连接，又在杆 D、E 两点连一弹簧。弹簧的刚度系数为 k，当距离 AC 等于 a 时，弹簧内拉力为零。点 C 作用一水平力 F，设 $AB=l$，$BD=b$，杆重不计。求系统平衡时距离 AC 之值。

（14）在图2-61所示的构架中，A、C、D、E 处为铰链连接，BD 杆上的销钉 B 置于 AC 杆的光滑槽内，力 $F=200\text{N}$，力偶矩 $M=100\text{N}\cdot\text{m}$，不计各构件重力。求 A、B、C 处所受的力。

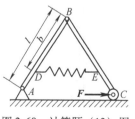

图2-60　计算题（13）图

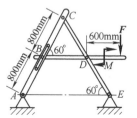

图2-61　计算题（14）图

（15）图 2-62 所示的结构由直角弯杆 *DAB* 与直杆 *BC*、*CD* 铰接而成，并在 *A* 处与 *B* 处用固定铰支座和可动铰支座固定。杆 *DC* 受均布载荷 *q* 的作用，杆 *BC* 受矩为 $M = qa^2$ 的力偶作用。不计各构件的自重。求铰链 *D* 所受的力。

（16）图 2-63 所示的构架，由直杆 *BC*、*CD* 及直角弯杆 *AB* 组成，各杆自重不计。销钉 *B* 穿透 *AB* 及 *BC* 两构件，在销钉 *B* 上作用一铅垂力 *F*。已知 *q*、*a*、*M*，且 $M = qa^2$。求固定端 *A* 的约束力及销钉 *B* 对杆 *BC*、杆 *AB* 的作用力。

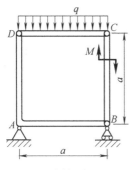
图 2-62　计算题（15）图

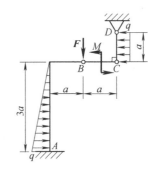
图 2-63　计算题（16）图

（17）平面悬臂桁架所受的载荷如图 2-64 所示。求杆 1、杆 2 和杆 3 的内力。

（18）平面桁架受力如图 2-65 所示。*ABC* 为等边三角形，且 *AD* = *DB*。求杆 *CD* 的内力。

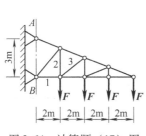
图 2-64　计算题（17）图

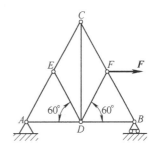
图 2-65　计算题（18）图

（19）平面桁架尺寸如图 2-66 所示，载荷 $F_1 = 240\text{kN}$，$F_2 = 720\text{kN}$。求杆 *BD* 及 *BE* 的内力。

（20）平面桁架的支座和载荷如图 2-67 所示，求 1 杆、2 杆和 3 杆的内力。

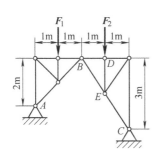
图 2-66　计算题（19）图

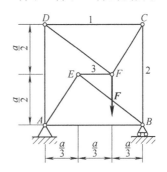
图 2-67　计算题（20）图

第3章 空间力系

空间力系在工程实际和生活中是经常遇到的力系。工程中常见物体所受各力的作用线并不都在同一平面内，而是空间分布的，如车床主轴、起重设备、高压输电线塔和飞机的起落架等结构。设计这些结构时，需用空间力系的平衡条件进行计算。

与平面力系一样，按各力作用线在空间的位置关系，空间力系可以分为空间汇交力系、空间力偶系和空间任意力系来研究。各种平面力系都可看作空间力系的特殊情况。本章将研究空间力系的简化和平衡条件。

3.1 力在空间直角坐标轴上的投影

为了分析力对物体的作用，有时需要将力先进行分解。力沿空间直角坐标轴分解的方法有两种。

1. 直接投影法（即一次投影法）

若已知力 F 与 x、y、z 三个坐标轴的正向夹角 α、β、γ，如图 3-1 所示，则力 F 在坐标轴上的投影为

$$\begin{cases} F_x = F\cos\alpha \\ F_y = F\cos\beta \\ F_z = F\cos\gamma \end{cases} \qquad (3\text{-}1)$$

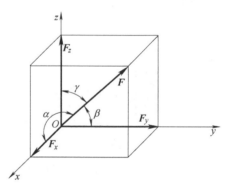

图 3-1 力沿空间直角坐标轴分解的直接投影法

式中　　α、β、γ——力 F 的方向角；

$\cos\alpha$、$\cos\beta$、$\cos\gamma$——力 F 的方向余弦。应该注意，式中所表示的三个投影都是代数量。

如果力 F 的三个投影为已知，则可反过来求出该力的大小与方向，为此，把式(3-1)的每个等式分别平方后相加即得力的大小和方向

$$\begin{cases} F = \sqrt{F_x^2 + F_y^2 + F_z^2} \\ \cos\alpha = \dfrac{F_x}{F}, \cos\beta = \dfrac{F_y}{F}, \cos\gamma = \dfrac{F_z}{F} \end{cases} \qquad (3\text{-}2)$$

2. 二次投影法

当力 F 与 x、y 轴之间的夹角不易确定时，可以把力 F 先投影到坐标平面 Oxy 上得到 F_{xy} 后，再将这个力投影到 x、y 轴上，此为二次投影法。

若已知力 $\boldsymbol{F}$ 与 z 轴所在平面和 x 轴正向的夹角为 φ，$\boldsymbol{F}$ 与 z 轴的夹角为 γ，如图 3-2 所示，则力 $\boldsymbol{F}$ 在坐标轴上的投影为

$$\begin{cases} F_x = F_{xy}\cos\varphi = F\sin\gamma\cos\varphi \\ F_y = F_{xy}\sin\varphi = F\sin\gamma\sin\varphi \\ F_z = F\cos\gamma \end{cases} \quad (3\text{-}3)$$

应该注意，力在轴上的投影是代数量，而力在平面上的投影 F_{xy} 仍是矢量（因为它的方向不能用简单的正负号来表示）。

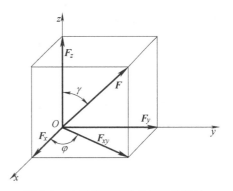

图 3-2　力沿空间直角坐标轴分解的二次投影法

【例 3-1】　图 3-3 所示为一圆柱斜齿轮，传动时受力 $\boldsymbol{F}_n$ 的作用，$\boldsymbol{F}_n$ 作用于与齿向成垂直的平面内（法面）且与过接触点 J 的切面成 α 角（称为压力角），轮齿与轴线成 β 角（称为螺旋角）。试求此力 $\boldsymbol{F}_n$ 在齿轮圆周方向、半径方向和轴线方向的分力。

【解】　过接触点 J 沿半径方向、轴线方向和圆周方向取坐标轴 r、a、t，再以 $\boldsymbol{F}_n$ 为对角线按 r、a、t 方向为边作正平行六面体。

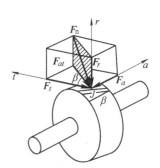

图 3-3　轮齿受力图

先将力 $\boldsymbol{F}_n$ 在法面内分解为 $\boldsymbol{F}_r$ 和 $\boldsymbol{F}_{at}$，再将 $\boldsymbol{F}_{at}$ 沿 a 轴和 t 轴分解为 $\boldsymbol{F}_a$ 和 $\boldsymbol{F}_t$。从力的正平行六面体中可得

径向力　$F_r = F_n\sin\alpha$

轴向力　$F_a = F_{at}\sin\beta = F_n\cos\alpha\sin\beta$

圆周力　$F_t = F_{at}\cos\beta = F_n\cos\alpha\cos\beta$

从图 3-3 中可以看出，使齿轮转动的力只有圆周力 $\boldsymbol{F}_t$。

3.2　力对点的矩和力对轴的矩

1. 空间力对点的矩

平面问题力对点的矩用代数量就可以完全表示力对物体的转动效应，但空间问题由于各力矢量不在同一平面内，矩心和力的作用线构成的平面也不在同一平面内，再用代数量无法表示各力对物体的转动效应，因此，采用力对点的矩的矢量表示。

如图 3-4 所示，由坐标原点 O 向力 $\boldsymbol{F}$ 的作用点 A 作矢径 $\boldsymbol{r}$，则定义力 $\boldsymbol{F}$ 对坐标原点 O 的矩的矢量表示为 $\boldsymbol{r}$ 与 $\boldsymbol{F}$ 的矢量积，即

$$\boldsymbol{M}_O(\boldsymbol{F}) = \boldsymbol{r} \times \boldsymbol{F} \quad (3\text{-}4)$$

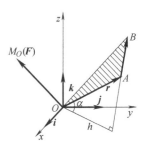

图 3-4　力对点的矩

矢量 $\boldsymbol{M}_O(\boldsymbol{F})$ 的方向由右手螺旋法则来确定；由矢量积的定义得矢量 $\boldsymbol{M}_O(\boldsymbol{F})$ 的大小，即

$$|\boldsymbol{r} \times \boldsymbol{F}| = rF\sin\alpha = Fh$$

式中　h——O 点到力的作用线的垂直距离，即力臂。

　　若将图 3-4 所示的矢径 $\boldsymbol{r}$ 和力 $\boldsymbol{F}$ 表示成解析式，为

$$\boldsymbol{r} = x\boldsymbol{i} + y\boldsymbol{j} + z\boldsymbol{k}$$
$$\boldsymbol{F} = F_x\boldsymbol{i} + F_y\boldsymbol{j} + F_z\boldsymbol{k} \tag{3-5}$$

将式(3-5)代入式(3-4)得空间力对点的矩的解析表达式为

$$\boldsymbol{M}_O(\boldsymbol{F}) = \boldsymbol{r} \times \boldsymbol{F} = \begin{vmatrix} \boldsymbol{i} & \boldsymbol{j} & \boldsymbol{k} \\ x & y & z \\ F_x & F_y & F_z \end{vmatrix}$$

$$= (yF_z - zF_y)\boldsymbol{i} + (zF_x - xF_z)\boldsymbol{j} + (xF_y - yF_x)\boldsymbol{k} \tag{3-6}$$

则力矩 $\boldsymbol{M}_O(\boldsymbol{F})$ 在坐标轴 x、y、z 上的投影为

$$\begin{cases} [\boldsymbol{M}_O(\boldsymbol{F})]_x = yF_z - zF_y \\ [\boldsymbol{M}_O(\boldsymbol{F})]_y = zF_x - xF_z \\ [\boldsymbol{M}_O(\boldsymbol{F})]_z = xF_y - yF_x \end{cases} \tag{3-7}$$

力对点的矩是定位矢量。

2. 空间力对轴的矩

　　在工程中，常遇到刚体绕定轴转动的情形。例如，门绕门轴转动、飞轮绕转轴转动等均为物体绕定轴转动，为了度量力对转动刚体的作用效应，有必要引入力对轴的矩的概念。

　　如图 3-5 所示，门可绕固定轴 z 转动，在 A 点作用一力 $\boldsymbol{F}$，可将力 $\boldsymbol{F}$ 分解为平行于 z 轴的分力 $\boldsymbol{F}_z$ 和垂直于 z 轴的分力 $\boldsymbol{F}_{xy}$。由经验可知，分力 $\boldsymbol{F}_z$ 不能使门绕 z 轴转动，只有分力 $\boldsymbol{F}_{xy}$ 才能使门绕 z 轴转动。点 O 为平面 Oxy 与 z 轴的交点，力 $\boldsymbol{F}$ 对 z 轴的矩与其分力 $\boldsymbol{F}_{xy}$ 对点 O 的矩等效，即

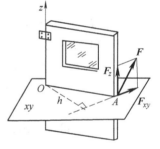

$$M_z(\boldsymbol{F}) = M_O(\boldsymbol{F}_{xy}) = \pm F_{xy}h = \pm 2\triangle OAB \text{ 面积} \tag{3-8}$$

式中　$M_z(\boldsymbol{F})$ ——力 $\boldsymbol{F}$ 对 z 轴的矩（N·m 或 kN·m）；

　　　　h——O 点到力 $\boldsymbol{F}_{xy}$ 作用线的距离（m）。

图 3-5　力对轴的矩

　　由此可得力对轴的矩的定义如下：力对轴的矩，是力使刚体绕该轴转动效应的量度，其大小等于力在垂直于该轴的平面上的投影对该平面与该轴交点的矩。

　　力对轴的矩为代数量，力矩的正负代表其转动作用的方向。力矩正负号的规定如下：从轴的正向看，力使物体绕该轴逆时针转动时，取正号；反之取负号。也可按右手螺旋法则来确定其正负号：右手握住转动轴，四指与物体转动方向一致，大拇指指向与轴的正向一致时，取正号；反之取负号，如图 3-6 所示。

图 3-6　力对轴的矩正负号规定

力对该轴的矩为零的情况：①当力的作用线与轴相交；②当力的作用线与轴重合或平行时。也就是说，力的作用线与轴共面时，力不能使物体绕该轴转动。

与平面问题相类似，力对轴的矩也有合力矩定理（证明略），即空间力系的合力对任一轴的矩，等于各分力对同一轴的矩的代数和，即

$$M_z(\boldsymbol{F}_R) = \sum M_z(\boldsymbol{F}_i) \tag{3-9}$$

式(3-9) 常被用来计算空间力对轴的矩。

【例 3-2】　计算图 3-7 所示手摇曲柄上 $\boldsymbol{F}$ 对 x、y、z 轴的矩。已知 $F = 100\text{N}$，$\alpha = 60°$，$AB = 20\text{cm}$，$BC = 40\text{cm}$，$CD = 15\text{cm}$，A、B、C、D 处于同一水平面上。

【解】　$\boldsymbol{F}$ 为平行于 xz 平面的平面力，在 x 和 z 轴上有投影

$$F_x = F\cos\alpha$$
$$F_z = -F\sin\alpha$$

$\boldsymbol{F}$ 对 x、y、z 各轴的力矩为

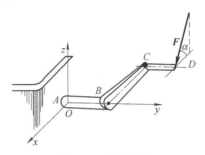

图 3-7　手摇曲柄

$$M_x(\boldsymbol{F}) = -F_z(AB + CD) = -100\sin60° \times (0.2 + 0.15)\text{N} \cdot \text{m} = -30.3\text{N} \cdot \text{m}$$
$$M_y(\boldsymbol{F}) = -F_zBC = -100\sin60° \times 0.4\text{N} \cdot \text{m} = -34.6\text{N} \cdot \text{m}$$
$$M_z(\boldsymbol{F}) = -F_x(AB + CD) = -100\cos60° \times (0.2 + 0.15)\text{N} \cdot \text{m} = -17.5\text{N} \cdot \text{m}$$

3. 空间力对点的矩与空间力对轴的矩的关系

将分力 $\boldsymbol{F}_{xy}$ 在 Oxy 平面内分解，如图 3-8 所示，由合力矩定理得空间力对轴的矩的解析表达式为

$$M_z(\boldsymbol{F}) = M_O(\boldsymbol{F}_{xy}) = M_O(\boldsymbol{F}_x) + M_O(\boldsymbol{F}_y)$$
$$= xF_y - yF_x \tag{3-10}$$

将式(3-10) 和式(3-7) 的第三式比较得

$$M_z(\boldsymbol{F}) = [M_O(\boldsymbol{F})]_z \tag{3-11}$$

从而有下面的关系

$$\begin{cases} [M_O(\boldsymbol{F})]_x = yF_z - zF_y = M_x(\boldsymbol{F}) \\ [M_O(\boldsymbol{F})]_y = zF_x - xF_z = M_y(\boldsymbol{F}) \\ [M_O(\boldsymbol{F})]_z = xF_y - yF_x = M_z(\boldsymbol{F}) \end{cases} \tag{3-12}$$

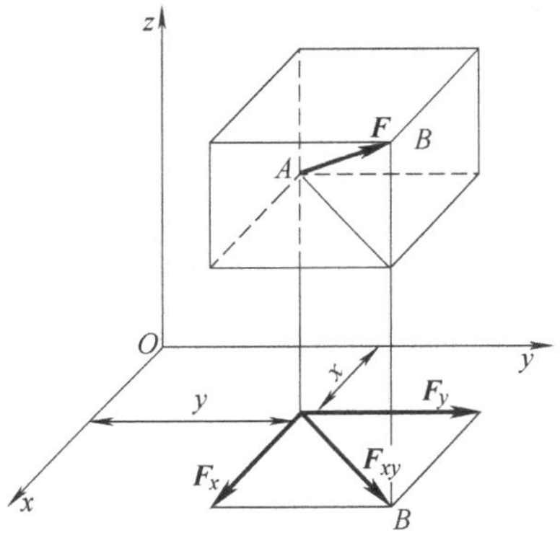

式(3-12) 表明力对点的矩矢在通过该点的某轴上的投影等于力对该轴的矩。

图 3-8　力对轴的矩解析表达

若已知力对直角坐标轴 x、y、z 的矩，则力对坐标原点 O 的矩为

大小　　　　$|M_O(\boldsymbol{F})| = \sqrt{[M_x(\boldsymbol{F})]^2 + [M_y(\boldsymbol{F})]^2 + [M_z(\boldsymbol{F})]^2}$　　　　(3-13)

方向

$$\begin{cases} \cos[M_O(\boldsymbol{F}),\boldsymbol{i}] = \dfrac{M_x(\boldsymbol{F})}{M_O(\boldsymbol{F})} \\[2mm] \cos[M_O(\boldsymbol{F}),\boldsymbol{j}] = \dfrac{M_y(\boldsymbol{F})}{M_O(\boldsymbol{F})} \\[2mm] \cos[M_O(\boldsymbol{F}),\boldsymbol{k}] = \dfrac{M_z(\boldsymbol{F})}{M_O(\boldsymbol{F})} \end{cases}$$　　　　(3-14)

3.3　空间任意力系的简化与平衡

1. 空间任意力系向一点简化——主矢与主矩

与平面力系一样，空间任意力系向一点简化得到一个力和一个力偶，如图3-9所示。

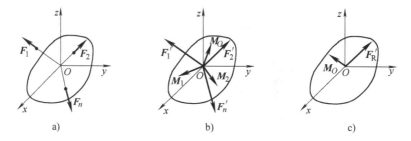

图3-9　空间任意力系向一点简化

此力为原力系的主矢，即主矢等于力系中各力矢量和

$$\boldsymbol{F}'_R = \boldsymbol{F}'_1 + \boldsymbol{F}'_2 + \cdots + \boldsymbol{F}'_n = \boldsymbol{F}_1 + \boldsymbol{F}_2 + \cdots + \boldsymbol{F}_n = \sum \boldsymbol{F}_i$$
$$= (\sum F_{ix})\boldsymbol{i} + (\sum F_{iy})\boldsymbol{j} + (\sum F_{iz})\boldsymbol{k} \qquad (3\text{-}15)$$

此力偶矩称为原力系的主矩，即主矩等于力系中各力矢量对简化中心取矩的矢量和

$$\boldsymbol{M}_O = \boldsymbol{M}_1 + \boldsymbol{M}_2 + \cdots + \boldsymbol{M}_n = \sum \boldsymbol{M}_O(\boldsymbol{F}_i) = \sum (\boldsymbol{r}_i \times \boldsymbol{F}_i)$$
$$= (\sum M_{ix})\boldsymbol{i} + (\sum M_{iy})\boldsymbol{j} + (\sum M_{iz})\boldsymbol{k} \qquad (3\text{-}16)$$

空间任意力系向力系所在平面内任意一点简化，得到一个力和一个力偶，如图3-9c所示，此力称为原力系的主矢，与简化中心的位置无关；此力偶矩称为原力系的主矩，与简化中心的位置有关。

合力矩定理：空间任意力系的合力对任意一点的矩等于力系中各力对同一点的矩的矢量和，即

$$\boldsymbol{M}_O = \sum \boldsymbol{M}_O(\boldsymbol{F}_i) \qquad (3\text{-}17)$$

这里不作证明，读者可根据矢量代数自行推导。

将式(3-17)向直角坐标轴 x 、y 、z 投影，得出对某轴的合力矩定理：空间任意力系的合力对某轴的矩等于力系中各力对同一轴的矩的代数和，即

$$\begin{cases} M_x = \sum M_x(\boldsymbol{F}_i) \\ M_y = \sum M_y(\boldsymbol{F}_i) \\ M_z = \sum M_z(\boldsymbol{F}_i) \end{cases} \tag{3-18}$$

2. 空间任意力系的平衡

空间任意力系平衡的必要与充分条件：力系的主矢和对任意一点的主矩均等于零，即

$$\boldsymbol{F}'_{\mathrm{R}} = 0, \ \boldsymbol{M}_O = 0 \tag{3-19}$$

可将上述条件写成空间任意力系平衡的方程

$$\begin{cases} \sum F_x = 0, \ \sum F_y = 0, \ \sum F_z = 0 \\ \sum M_x(\boldsymbol{F}_i) = 0, \ \sum M_y(\boldsymbol{F}_i) = 0, \ \sum M_z(\boldsymbol{F}_i) = 0 \end{cases} \tag{3-20}$$

空间任意力系平衡的解析条件：空间任意力系中各力向三个垂直的坐标轴投影的代数和均为零，各力对三个坐标轴的矩的代数和也均为零。(为便于书写，下标 i 常略去)。

式(3-20)为六个独立的方程，可解六个未知力。它包含静力学的所有平衡方程，从空间任意力系的平衡方程，很容易导出空间汇交力系和空间平行力系的平衡方程。如图 3-10a 所示，设物体受一空间汇交力系的作用，若选择空间汇交力系的汇交点为坐标系 $Oxyz$ 的原点，则不论此力系是否平衡，各力对三轴的矩恒为零，即

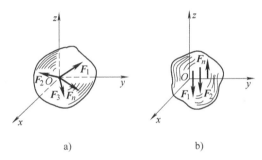

图 3-10　空间汇交力系与空间平行力系

$$\sum M_x(\boldsymbol{F}) \equiv 0, \ \sum M_y(\boldsymbol{F}) \equiv 0, \ \sum M_z(\boldsymbol{F}) \equiv 0$$

因此，空间汇交力系的平衡方程为

$$\begin{cases} \sum F_x = 0 \\ \sum F_y = 0 \\ \sum F_z = 0 \end{cases} \tag{3-21}$$

如图 3-10b 所示的空间平行力系，如 z 轴与力的作用线平行，则力系中各力向 x 轴和 y 轴的投影恒为零，对 z 轴的矩恒为零。又由于 x 轴和 y 轴都与这些力垂直，所以各力在这两个轴上的投影也恒等于零，即

$$\sum M_z(\boldsymbol{F}) \equiv 0, \ \sum F_x \equiv 0, \ \sum F_y \equiv 0$$

因此，空间平行力系的平衡方程为

$$\begin{cases} \sum F_z = 0 \\ \sum M_x(\boldsymbol{F}) = 0 \\ \sum M_y(\boldsymbol{F}) = 0 \end{cases} \tag{3-22}$$

空间汇交力系和空间平行力系分别有三个独立的平衡方程，因此，只能求解三个未

知数。

在空间问题中，所研究问题的约束最多有六个时，上述的平衡方程才能求解。由于实际问题中，物体的受力较为复杂，故应抓住物体受力的主要因素，忽略次要因素，这样才能将复杂问题加以简化。表 3-1 为空间约束类型及其受力举例，给出了几种典型的空间约束简化形式。

表 3-1 空间约束类型及其受力举例

序号	未知量	约束类型
1	F_{Az}	光滑表面　滚动支座　绳索　二力杆
2	F_{Az}, F_{Ay}	径向轴承　圆柱铰链　铁轨　螺铰链
3	F_{Az}, F_{Ay}, F_{Ax}	球形铰链　推力轴承
4	a) M_{Az}, F_{Az}, M_{Ay}, F_{Ay} b) F_{Ax}, F_{Az}, M_{Ay}, F_{Ay}	导向轴承　万向接头 a)　　　b)
5	a) F_{Az}, M_{Az}, M_{Ax}, F_{Ay}, F_{Ax} b) F_{Az}, M_{Az}, M_{Ax}, F_{Ay}, M_{Ay}	带有销子的夹板　导轨 a)　　　b)
6	M_{Az}, F_{Az}, M_{Ay}, F_{Ay}, F_{Ax}, M_{Ax}	空间的固定端支座

【例3-3】　均质的正方形薄板，重 $P = 100\text{N}$，用球铰链 A
和蝶铰链 B 沿水平方向固定在竖直的墙面上，并用绳索 CE 使
板保持水平位置，如图3-11所示，绳索的自重忽略不计，试求
绳索的拉力和支座 A、B 的约束力。

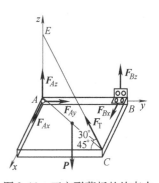

图3-11　正方形薄板的约束力

【解】　选取正方形薄板为研究对象，受力分析如图3-11所
示，设正方形薄板的边长为 a，建立空间直角坐标系 $Oxyz$，列
平衡方程如下

$$\sum M_z(\boldsymbol{F}) = 0,\ F_{Bx} = 0$$

$$\sum M_y(\boldsymbol{F}) = 0,\ P\frac{a}{2} - aF_T\sin30° = 0$$

$$\sum M_x(\boldsymbol{F}) = 0,\ F_{Bz}a - P\frac{a}{2} + aF_T\sin30° = 0$$

$$\sum F_x = 0,\ F_{Ax} + F_{Bx} - F_T\cos30°\cos45° = 0$$

$$\sum F_y = 0,\ F_{Ay} - F_T\cos30°\cos45° = 0$$

$$\sum F_z = 0,\ F_{Az} + F_{Bz} + F_T\sin30° - P = 0$$

解方程得

$$F_T = 100\text{N},\quad F_{Ax} = F_{Ay} = 61.24\text{kN},\quad F_{Az} = 50\text{kN},\quad F_{Bx} = F_{Bz} = 0$$

由上面的例子可以看出，空间任意力系的平衡方程有六个独立的平衡方程，可求解六个
未知力，在求解时应做到：

1）正确地对所研究的物体进行受力分析，分析受哪些力的作用，即哪些是主动力，哪
些是要求的未知力，它们构成怎样的力系（平行力系、力偶系、汇交力系、任意力系）。

2）选择适当的平衡方程进行求解。在求解时应注意：①选择适当的投影轴，使更多的
未知力尽可能地与该轴垂直；②力矩轴应选择与未知力相交或平行的轴；③投影轴和力矩轴
不一定是同一轴，所选择的轴也不一定都是正交的。只有这样才能做到一个方程含有一个未
知力，避免联立方程。

要 点 总 结

1. 力 $\boldsymbol{F}$ 在空间直角坐标上的投影。

（1）直接投影法

$$\begin{cases} F_x = F\cos\alpha \\ F_y = F\cos\beta \\ F_z = F\cos\gamma \end{cases}$$

（2）二次投影法

$$\begin{cases} F_x = F_{xy}\cos\varphi = F\sin\gamma\sin\varphi \\ F_y = F_{xy}\sin\varphi = F\sin\gamma\sin\varphi \\ F_z = F\cos\gamma \end{cases}$$

式中　γ——力 F 与 z 轴的夹角；

　　F_{xy}——力 F 向 xy 面上的分力；

　　　φ——分力 F_{xy} 与 x 轴的夹角。

2. 空间力对点的矩与空间力对轴的矩。

（1）空间力对点的矩的矢量表示

$$M_O(F) = r \times F$$

$M_O(F)$ 的方向由右手螺旋法则来确定，$M_O(F)$ 大小为：$|r \times F| = rF\sin\alpha = Fh$

式中　h——O 点到力 F 作用线的垂直距离，即力臂。

（2）空间力对轴的矩

$$M_z(F) = M_O(F_{xy}) = \pm F_{xy}h$$

式中　h——O 点到力 F_{xy} 作用线的垂直距离，即力臂。

（3）空间力对点的矩与空间力对轴的矩的关系

$$\begin{cases} [M_O(F)]_x = yF_z - zF_y = M_x(F) \\ [M_O(F)]_y = zF_x - xF_z = M_y(F) \\ [M_O(F)]_z = xF_y - yF_x = M_z(F) \end{cases}$$

3. 空间任意力系。

（1）空间任意力系向一点简化

主矢　　　$F'_R = F'_1 + F'_2 + \cdots + F'_n = F_1 + F_2 + \cdots + F_n = \sum F_i$

主矩　　　　$M_O = M_1 + M_2 + \cdots + M_n = \sum M_O(F_i)$

（2）合力矩定理　空间任意力系的合力对任意一点的矩等于力系中各力对同一点的矩的矢量和，即

$$M_O(F_R) = \sum M_O(F_i)$$

（3）空间任意力系的平衡　空间任意力系平衡的必要与充分条件：力系的主矢和对任意一点的主矩均等于零，即

$$F'_R = 0 , M_O = 0$$

空间任意力系平衡的方程

$$\begin{cases} \sum F_x = 0 , \sum F_y = 0 , \sum F_z = 0 \\ \sum M_x(F_i) = 0 , \sum M_y(F_i) = 0 , \sum M_z(F_i) = 0 \end{cases}$$

思　考　题

（1）在正方体的顶角 A 和 B 处，分别作用力 F_1 和 F_2，如图3-12所示。求此两力在 x、y、z 轴上的投影和对 x、y、z 轴的矩。

（2）力在平面上的投影是标量还是矢量？

（3）什么情况下力对轴的矩等于零？

（4）某空间力系对不共线的三点的主矩都为零，此力系是否平衡？

（5）用矢量积 $r_A \times F$ 计算力 F 对点 O 的矩。当力沿其作用线移动，改变了力作用点的坐标（x，y，z）时，如图3-13所示，其计算结果是否有变化？

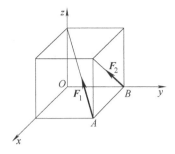

图 3-12 思考题（1）图

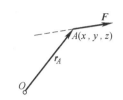

图 3-13 思考题（5）图

习 题

3-1 选择题

（1）如图 3-14 所示，力 F 在平面 $OABC$ 内，该力对 x、y、z 轴的矩是（　　）。

A. $M_x(F) = 0$，$M_y(F) = 0$，$M_z(F) = 0$

B. $M_x(F) = 0$，$M_y(F) = 0$，$M_z(F) \neq 0$

C. $M_x(F) \neq 0$，$M_y(F) \neq 0$，$M_z(F) = 0$

D. $M_x(F) \neq 0$，$M_y(F) \neq 0$，$M_z(F) \neq 0$

（2）空间任意力系向两个不同的点简化，试问下述哪种情况是有可能的（　　）。

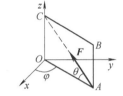

图 3-14 选择题（1）图

A. 主矢相等，主矩相等　　　　　　B. 主矢不相等，主矩相等

C. 主矢相等，主矩不相等　　　　　D. 主矢、主矩都不相等

（3）如图 3-15 所示一平衡的空间平行力系，各力作用线与 z 轴平行，下列方程组中哪一个可以作为该力系的平衡方程组（　　）。

A. $\sum F_x = 0$，$\sum F_y = 0$，$\sum M_x(F) = 0$

B. $\sum F_x = 0$，$\sum F_y = 0$，$\sum M_z(F) = 0$

C. $\sum F_z = 0$，$\sum M_x(F) = 0$，$\sum M_y(F) = 0$

D. $\sum M_x(F) = 0$，$\sum M_y(F) = 0$，$\sum M_z(F) = 0$

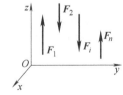

图 3-15 选择题（3）图

3-2 计算题

（1）一重物由 OA、OB 两杆及绳 OC 支持，两杆分别垂直于墙面，由绳 OC 维持在水平面内，如图 3-16 所示。已知 $P = 10\text{kN}$，$OA = 30\text{cm}$，$OB = 40\text{cm}$，不计杆重。求绳的拉力和两杆所受的力。

（2）重物的重力 $P = 10\text{kN}$，悬挂于支架 $CABD$ 上，各杆角度如图 3-17 所示。试求 CD、AD 和 BD 三个杆所受的内力。

（3）求图 3-18 所示力 $F = 1\text{kN}$ 对于 z 轴的力矩。

（4）半径为 r 的水平圆轮上 A 处有一力 F 作用，F 在垂直平面内，且与过 A 点处圆盘切线成夹角 $\alpha = 60°$，OA 与 y 向之夹角 $\beta = 30°$，其他尺寸如图 3-19 所示。试计算 F 在三个坐标上的投影及对三个坐标轴的力矩之值。

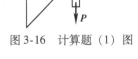

图 3-16 计算题（1）图

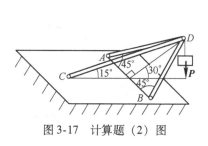

图 3-17 计算题（2）图

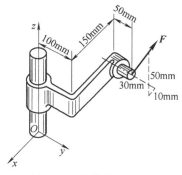

图 3-18 计算题（3）图

（5）如图 3-20 所示的矩形薄板 *ABDC*，重力不计，用球铰链 *A* 和蝶铰链 *B* 固定在墙上，另用细绳 *CE* 维持水平位置，连线 *BE* 正好铅垂，板在点 *D* 受到一个平行于铅直轴的力 $F = 500N$。已知 $\angle BCD = 30°$，$\angle BCE = 30°$。求细绳拉力和铰链反力。

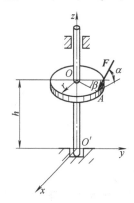

图 3-19 计算题（4）图

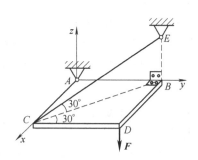

图 3-20 计算题（5）图

（6）无重曲杆 *ABCD* 有两个直角，且平面 *ABC* 与平面 *BCD* 垂直。杆的 *D* 端为球铰链支座，另一端受轴承支持，如图 3-21 所示。在曲杆的 *AB*、*BC* 和 *CD* 上作用三个力偶，力偶所在平面分别垂直于 *AB*、*BC*、*CD* 三线段。已知力偶矩 M_2 和 M_3，求曲杆处于平衡的力偶矩 M_1 和支座反力。

（7）作用于半径为 120 mm 的齿轮上的啮合力 *F* 推动传动带绕水平轴 *AB* 做匀速转动。已知传动带紧边拉力为 200 N，松边拉力为 100 N，尺寸如图 3-22 所示，单位为 mm。试求力 *F* 的大小以及轴承 *A*、*B* 的约束力。

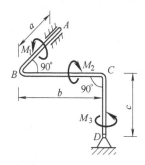

图 3-21 计算题（6）图

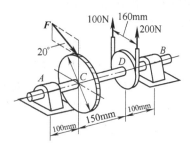

图 3-22 计算题（7）图

第2篇　材料力学

第4章　材料力学的基本概念

材料力学是研究构件强度、刚度和稳定性计算的学科。

工程中各种机械和结构都是由许多构件和零件组成的。为了保证机械和结构能够安全正常地工作，必须要求全部构件和零件在外力作用下具有一定的承载能力。

材料力学的任务是以最经济的方式，保证构件具有足够的承载能力。通过研究构件的强度、刚度、稳定性，为构件选择合适的材料、确定合理的截面形状和尺寸。材料力学的主要研究对象是杆件，其几何特征是横向尺寸远小于纵向尺寸，如机器中的轴，连接件中的销钉，房屋中的柱、梁等。

4.1　变形固体的基本假设

制造各种构件的材料一般均为固体，虽然材料各不相同，但它们有一共同属性，即在外力作用下会发生变形。由于材料力学是研究构件强度、刚度及稳定性计算的一门学科，物体的变形是其研究的主要问题之一，因此，必须将固体材料看成可变形固体。在研究构件的强度、刚度和稳定性时，首先对可变形固体做某些假设（略去一些无关的次要因素，考虑与问题有关的主要因素），将它抽象为理想模型，然后进行理论分析。

由于材料力学所研究的强度、刚度等问题是以材料的宏观性质为基础的，不考虑材料的微观与亚微观组织的特点，因此，在材料力学中，对可变形固体做如下基本假设：

（1）均匀连续性假设　该假设认为，固体的整个体积内部毫无空隙地充满着物质，而且物体内任何部分的力学性质完全相同。从物质结构来说，组成固体的粒子之间并不连续，而且各个晶粒的力学性质也并不完全相同。但由于材料力学是从宏观角度去研究问题，晶粒之间的空隙与构件的尺寸相比极其微小。而且，晶粒的排列错综复杂，从统计学的观点来看，这些空隙和非均匀性可不考虑。根据该假设可先将物体中的某一些物理量当作位置的连续函数，从而在理论分析中可应用极限、微分和积分等数学工具，并可从物体中切取一无限小的部分来进行研究，然后将所得结果应用到物体的各个部分。

（2）各向同性假设　该假设认为，固体在各个方向上的力学性质完全相同。具有这种属性的材料称为各向同性材料。就金属而言，每个晶粒在不同的方向上力学性质不同，即具有方向性。但金属物体包含许多晶粒，而且其排列很不规则，从统计学的观点来看，它们在各方向上的性质就接近相同了。铸钢等可以认为是各向同性的材料。工程中还有各向异性的材料，即材料在各方向上的力学性质不同。例如，木材、拉拔过的钢丝等，其力学性质就具有方向性。

（3）小变形假设   构件在外力作用下所引起的变形，可以是小变形也可以是大变形。所谓小变形，是指变形的大小远小于构件原始尺寸的情况；相反则为大变形。材料力学所研究的问题限于小变形，即在研究构件的平衡和运动时，可忽略变形的影响。

4.2   内力、截面法和应力的概念

1. 内力

由于构件变形，其内部各部分材料之间因相对位置发生改变，从而引起相邻部分材料间因试图恢复原有形状而产生的相互作用力，称为内力。这里的内力是指外力作用下材料反抗变形而引起的内力的变化量，也就是"附加内力"，它与构件的强度、刚度密切相关。

2. 截面法

为了显示构件在外力作用下所产生的内力，并确定内力的大小和方向，通常采用截面法。下面举例说明该方法的基本内容。

如图 4-1a 所示的构件，在外力作用下处于平衡状态。为了显示 m—m 截面上的内力，可沿截面 m—m 假想地将构件分开成 Ⅰ 、Ⅱ 两部分。取 Ⅰ 部分作为研究对象，要使 Ⅰ 部分保持平衡，则 Ⅱ 部分上必有力作用于 Ⅰ 部分的 m—m 截面上，以和作用在 Ⅰ 部分上的外力 F_1、F_2、F_5 平衡，如图 4-1b 所示。根据作用与反作用定律，Ⅰ 部分也有大小相等，而方向相反的力作用于 Ⅱ 部分。Ⅰ 、Ⅱ 两部分之间的相互作用力，就是构件 m—m 截面上的内力。根据连续性假设，内力在截面 m—m 上各点处都存在，故为分布力系。将这个分布力系向截面上的某点简化后所得到的主矢和主矩，就称为这个截面上的内力。根据平衡方程可确定 m—m 截面上的内力。

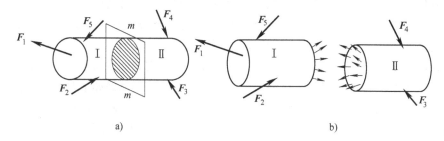

图 4-1   截面法

上述用截面假想地把构件分成两部分，以显示并确定内力的方法称为截面法。运用截面法的步骤如下：

1）截开。在需要求内力的截面处，假想地将构件截分为两部分。

2）代替。将两部分中任一部分留下，并用内力代替弃之部分对留下部分的作用。

3）平衡。用平衡条件求出该截面上的内力。

运用截面法时应注意力的可传性原理在这里是不适用的。

3. 应力

使用截面法可以找出内力与外力之间的平衡关系，但不能说明分布内力系在截面内某一点处的强弱程度。为此，引入应力的概念。为了求得某一受力构件的横截面上任一点 C 处的应力，围绕 C 点取一微面积 ΔA ，如图 4-2a 所示。假设其微面积上的合力为 $\Delta \boldsymbol{F}$ ，则 $\Delta \boldsymbol{F}$ 与 ΔA 的比值称为 ΔA 上的平均应力

$$p_{\mathrm{m}} = \frac{\Delta \boldsymbol{F}}{\Delta A} \tag{4-1}$$

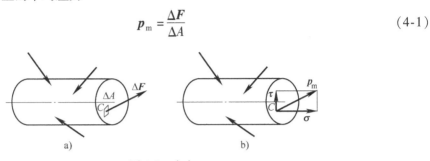

图 4-2　应力

一般情况下，内力并不是均匀分布的，平均应力随所取 ΔA 的大小而异，所以，它并不能真实地反映内力在 C 点的强弱程度，为了确切地描述点 C 处的应力，令 ΔA 趋近于零，取其极限值

$$p = \lim_{\Delta A \to 0} \frac{\Delta \boldsymbol{F}}{\Delta A} = \frac{\mathrm{d}\boldsymbol{F}}{\mathrm{d}A} \tag{4-2}$$

称为 C 点处的总应力。

p 是一个矢量，一般情况下，既不与截面垂直，也不与截面相切。通常把总应力 p 分解成垂直于截面的分量 $\boldsymbol{\sigma}$ 和切于截面的分量 $\boldsymbol{\tau}$ ，如图 4-2b 所示。$\boldsymbol{\sigma}$ 称为正应力，$\boldsymbol{\tau}$ 称为剪应力。

在国际单位制中，应力的单位是帕斯卡（Pascal），简称为帕（Pa），$1\mathrm{Pa} = 1\mathrm{N/m}^2$ ；通常也采用 MPa，$1\mathrm{MPa} = 10^6 \mathrm{Pa}$ ，还可用 GPa，$1\mathrm{GPa} = 10^9 \mathrm{Pa}$ 。

4.3　变形和应变的概念

1. 变形

构件受到外力作用时，它们的大小和几何形状都会发生变化，这种变化称为变形。变形和内力及应力有密切的关系，而且可以直接或间接地观测。因此，变形研究是材料力学的一个重要内容。

2. 应变

一般情况下，受力构件各部分的变形是不同的，为了全面了解受力构件的变形情况，通常需要研究构件中任一点处的变形。为此，可在该点附近取出一个微小六面体，如图 4-3a 所示。设六面体棱边 ab 原长为 Δx ，变形后 ab 的长度变为 $\Delta x + \Delta u$ ，Δu 称为 ab 的绝对变形，如图 4-3b 所示。由于 Δu 的大小与原长 Δx 的长短有关，不能完全表明 ab 的变形程度，所以常用 Δu 与 Δx 的比值表示 ab 上每单位长度的伸长或缩短，称为相对变形或平均应变。

$$\varepsilon = \frac{\Delta u}{\Delta x} \tag{4-3}$$

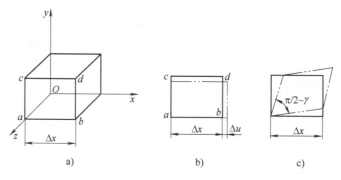

图 4-3　变形和应变

当 Δx 趋近于零时

$$\varepsilon = \lim_{\Delta x \to 0} \frac{\Delta u}{\Delta x} = \frac{\mathrm{d}u}{\mathrm{d}x} \tag{4-4}$$

称式(4-4)为 O 点处沿 x 方向的线应变。在小变形的物体中，ε 是一极其微小的量。

上述的微小六面体，当各边趋近于无限小时，称为单元体。在单元体的同一棱边上，各点的线应变可认为是相同的。

构件受力后，单元体原来的两棱边所夹直角的改变量，称为剪应变或角应变，用 γ 表示，用弧度来度量，如图 4-3c 所示。它也是一个极其微小的量。ε 和 γ 是度量构件内一点处变形程度的两个基本量，它们均为无量纲的量。在以后各章中，将讨论应变 ε 和 γ 与应力 σ 和 τ 之间的关系，并研究受力构件中线应变和剪应变的分布规律，从而确定构件中的应力分布规律。

4.4　杆件变形的基本形式

杆件在不同受力情况下，将产生各种不同的变形，但是，无论变形如何复杂，常是以下四种基本变形或是它们的组合。

（1）拉伸和压缩　变形形式是由大小相等、方向相反、作用线与杆件轴线重合的一对力引起的，表现为杆件长度的伸长或缩短，如托架的拉杆和压杆受力后的变形。

（2）剪切　变形形式是由大小相等、方向相反、相互平行的一对力引起的，表现为受剪杆件的两部分沿外力作用方向发生相对错动，如连接件中的螺栓和销钉受力后的变形。

（3）扭转　变形形式是由大小相等、转向相反、作用面都垂直于杆轴的一对力偶引起的，表现为杆的任意两个横截面发生绕轴线的相对转动，如机器中的传动轴受力后的变形。

（4）弯曲　变形形式是由垂直于杆件轴线的横向力，或由作用于包含杆轴的纵向平面内的一对大小相等、方向相反的力偶引起的，表现为杆件轴线由直线变为受力平面内的曲线，如单梁起重机的横梁受力后的变形。

杆件同时发生几种基本变形，称为组合变形，如弯扭组合变形等。

要 点 总 结

1. 材料力学是研究构件强度、刚度和稳定性计算的学科。材料力学的任务是以最经济的方式，保证构件具有足够的承载能力。

2. 变形固体的基本假设包括：均匀连续性假设、各向同性假设、小变形假设。

3. 材料力学中的内力，是指外力作用下材料抵抗变形而引起的内力的变化量，也称为"附加内力"；为了显示构件在外力作用下所产生的内力，并确定内力的大小和方向，通常采用截面法；构件的强度不仅与截面上内力的大小有关，还取决于截面上内力分布的强弱程度，即应力；一般情况下，受力构件各部分的变形是不同的，为了全面了解受力构件的变形情况，通常需要研究构件中任一点处的变形，单位长度的伸长或缩短量为线应变；构件受力后，单元体原来的两棱边所夹直角的改变量，称为剪应变或角应变。

4. 杆件变形的基本形式包括：拉伸和压缩、剪切、扭转、弯曲等。

思 考 题

（1）材料力学对变形固体所做的基本假设是什么？均匀连续性假设和各向同性假设的主要区别是什么？

（2）什么是杆件？试举例说明工程中和日常生活所遇到的直杆以及它的基本变形形式。

（3）何谓应力？应力与内力的区别是什么？哪一个能直接反映构件的危险程度？

（4）什么是正应力？什么是切应力？各用什么符号表示？

（5）杆件的基本变形形式有哪些？分别举例说明。

习 题

（1）下列结论中正确的是（　　　）。

A. 内力是应力的代数和　　　　　　　　B. 应力是内力的平均值

C. 应力是内力的集度　　　　　　　　　D. 内力必大于应力

（2）为了保证结构的安全和正常工作，对构件承载能力的要求是（　　　）。

A. 强度要求　　　　　　　　　　　　B. 强度要求和刚度要求

C. 刚度要求和稳定性要求　　　　　　　D. 强度要求、刚度要求和稳定性要求

（3）材料力学的研究对象是（　　　）。

A. 板　　　　　　B. 壳　　　　　　C. 实体　　　　　　D. 杆件

（4）由于（　　　）假设，可以将微元体的研究结果用于整个构件。

A. 连续性假设　　　B. 均匀性假设　　　C. 各向同性假设　　　D. 小变形假设

（5）小变形假设指的是（　　　）。

A. 构件的变形很小　　　　　　　　　　B. 构件没有变形是刚性的

C. 构件的变形可以忽略不计　　　　　　D. 构件的变形比其几何尺寸小得多

第5章　轴向拉伸与压缩

本章研究拉压杆的内力、应力、变形以及材料在拉伸与压缩时的力学性能，并进一步介绍拉伸与压缩时的静不定问题，应力集中的概念，以及拉压杆连接部分的强度计算。

5.1　拉伸与压缩时的内力、应力

在生产实践中经常遇到承受拉伸或压缩的杆件。例如，螺栓所受到的拉力作用（见图5-1a）、活塞杆承受的压力作用（见图5-1b）等。

这些受拉或受压的杆件虽外形各有差异，加载方式也不相同，但它们的共同特点是：作用于杆件上的外力合力的作用线与杆件轴线重合，杆件变形是沿轴线方向伸长或缩短，横向减小或增大。所以，若把这些杆件的形状和受力情况进行简化，都可以简化成图5-2所示的受力简图（图中用双点画线表示变形后的形状）。

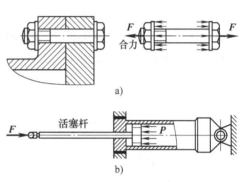

图 5-1　拉伸或压缩的杆件实例

承受轴向拉伸与压缩的杆件，在受力方面满足：杆件的两端作用两个大小相等、方向相反的外力或外力的合力，作用线与杆件的轴线相重合；在变形方面满足：杆件沿着轴线伸长或缩短。此时，杆件变形为轴向拉伸与压缩变形。

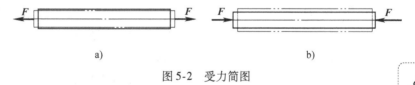

图 5-2　受力简图

5.1.1　拉压杆的内力计算

1. 轴力的概念

轴向拉压杆的内力称为轴力，通常采用截面法来求轴力，如图 5-3a 所示，求拉压杆件 m—m 横截面上的轴力，以 F_N 表示，其单位为牛（N）或千牛（kN）。

首先利用假想的截面在 m—m 处截开，任意取其一部分为研究对象，如图 5-3b、c 所示，根据平衡条件

$$\sum F_x = 0 , F_N = P$$

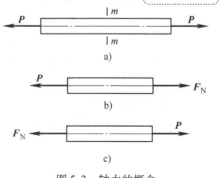

图 5-3　轴力的概念

　　为区别拉伸和压缩，并使同一截面左右部分的内力符号一致，规定轴力的符号为"拉正压负"（见图 5-4），即使所取部分的杆件发生拉伸变形为正的轴力，方向背离所在横截面；相反发生压缩变形为负的轴力，方向指向所在横截面。

图 5-4　轴力的符号

2. 轴力图

　　在工程实际中，常采用轴力图来直观地描绘整个杆件变形和受力情况，以确定危险横截面的位置，为强度计算提供依据。轴力图是用一直角坐标系来表示轴力沿杆轴线方向的变化情况，其横坐标表示杆件各个横截面在坐标系中的位置，纵坐标表示所受轴力的大小，而纵坐标的正负表示杆件在外力的作用下的变形情况。

　　绘制轴力图的方法与步骤：

　　1）确定杆件上的外力。

　　2）确定轴力图的分段点，即杆件的集中力作用处、分布力的起始点和分布力的终止点则为轴力图的分段点。

　　3）应用截面法，用假想截面在分段点对应的杆件控制面处截开，在"分离体"上画上正的轴力，对其建立平衡方程，确定轴力。

　　4）建立 $F_N - x$ 直角坐标系，选好相应的比例尺，其坐标原点与杆件的一端对齐，将所求的轴力值标在直角坐标系中，标明内力的正负号，绘制上阴影线，即得轴力图。

　　【例 5-1】　变截面杆受力情况如图 5-5 所示，其中 $F_1 = 70\text{kN}$、$F_2 = 50\text{kN}$、$F_3 = 20\text{kN}$。试求杆各段轴力并作轴力图。

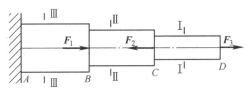

图 5-5　变截面杆受力情况

　　【解】　1）从右至左，避开支座反力，求杆各段轴力。

　　力作用点为分段点，该题应分成 AB、BC 和 CD 三段。在 CD 段内用任一横截面 I—I 将杆截开后，研究右段杆的平衡。在截面上假设轴力 F_{NI} 为拉力，如图 5-6a 所示。

　　由平衡条件 $\sum F_x = 0$ 得

$$F_{NI} - 20\text{kN} = 0,\ F_{NI} = 20\text{kN}$$

结果为正，说明原假设拉力是正确的。

　　在 BC 及 AB 段，横截面积虽有改变，但平衡方程式与截面大小无关。如在 BC 段用任一截面 II—II 将杆截开，研究右段杆的平衡。在截面上轴力 F_{NII} 仍设为拉力，如图 5-6b 所示。

　　由平衡条件得

$$F_{NII} + 50\text{kN} - 20\text{kN} = 0,\ F_{NII} = -30\text{kN}$$

结果为负，说明实际方向与原假设的 F_{NII} 方向相反，即为压力。

　　同理在 AB 段，用任一截面 III—III 将杆截开，研究右段杆的平衡，假设轴力 F_{NIII} 为拉

力，如图 5-6c 所示得

$$F_{N\text{III}} = 40\text{kN}$$

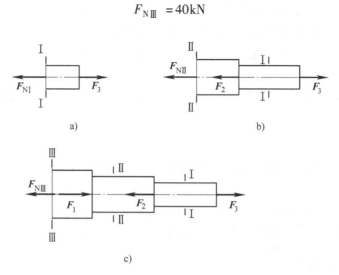

图 5-6　截面法求轴力

2）作轴力图。取一直角坐标系，以与杆轴平行的坐标轴 x 表示截面位置，对齐原题图下方画出坐标轴。然后，选定比例尺，纵坐标 F_N 表示各段轴力大小。根据各截面轴力的大小和正负号画出杆轴力图，如图 5-7 所示。

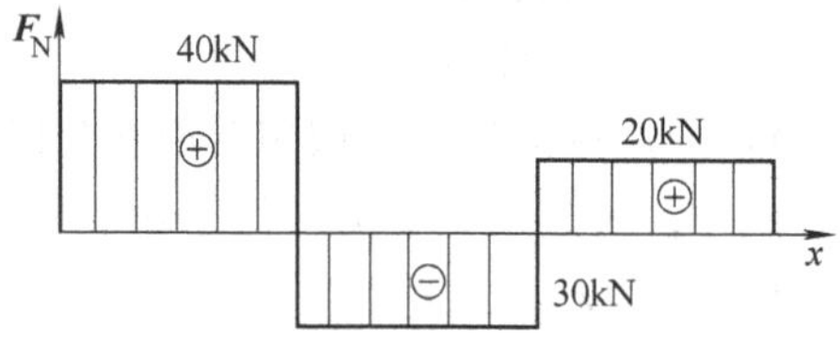

读者也可以从左至右选取研究对象，先求支座反力再求出各段杆件的轴力，绘制轴力图。

图 5-7　轴力图

5.1.2　轴向拉压时横截面上的应力

仅根据轴力并不能判断拉压杆是否有足够的强度。例如，用同一种材料制成粗细不同的两根杆，在相同的拉力作用下，两杆的轴力是相同的。但当拉力逐渐增大时，细杆会先被拉断。这说明拉压杆的强度不仅与轴力有关，而且与横截面面积有关。所以，必须用横截面上的应力来量度杆件的内力集中程度。

在拉压杆的横截面上，与轴力 F_N 对应的应力是正应力 σ。根据连续性假设，横截面上到处都存在着内力，为了求得内力与应力在横截面上的分布规律，必须先通过试验观察杆件的变形。

图 5-8a 所示为一等截面直杆，变形前，在其侧面画两条垂直于杆轴的横线 ab 与 cd。然后，在杆两端施加一对大小相等、方向相反的轴向载荷 F。拉伸变形后，发现横线 ab 与 cd 仍为直线，且仍垂直于杆件轴线，只是间距增大，分别平移至图示 $a'b'$ 与 $c'd'$ 位置。根据这一现象，可以假设：变形前原为平面的横截面，变形后仍保持为平面且仍垂直于轴线。这就是轴向拉压时的平面假设。由此可以设想，组成拉压杆的所有纵向纤维的伸长是相同的。又由于材料是均匀的，所有纵向纤维的力学性能相同，可以推断各纵向纤维的受力是一样的。因此，拉压杆横截面上各点的正应力 σ 相等，即横截面上的正应力 σ 是均匀分布的。

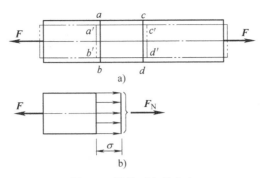

图 5-8 横截面上的应力

设图 5-8b 所示的拉压杆横截面面积为 A，则各面积微元 dA 上的内力元素 σdA 组成一个垂直于横截面的平行力系，其合力就是轴力 F_N。根据静力学力系简化的理论，可得

$$F_N = \int_A \sigma dA = \sigma \int_A dA = \sigma A$$

$$\sigma = \frac{F_N}{A} \tag{5-1}$$

应力的符号与该截面上所受的轴力一致，当杆件受拉力时，产生的应力为拉应力，符号为正；当杆件受压力时，产生的应力为压应力，符号为负。

式(5-1) 成立的一个必要条件是应力 σ 在杆件的横截面上必须为均匀分布。如果轴力 F_N 通过横截面的形心，那么这一条件就得以实现。当外力 F 不作用于形心时，杆件将产生组合变形，需要做进一步的分析。同时，在应用式(5-1) 计算杆件的应力时，要注意式中各值的单位要统一。除非特别指明，在本书中始终假设所有轴力均作用于横截面的形心处，且杆件自身的重力可忽略不计。

在工程实际中，最关心的是杆件横截面上最大的应力，当杆件为等截面直杆时，拉压杆横截面上最大的应力计算式为

$$\sigma_{max} = \frac{F_{Nmax}}{A} \tag{5-2}$$

式中 F_{Nmax} ——杆件所受的最大轴力；

A ——杆件在对应轴力 F_{Nmax} 处的横截面面积，即危险截面面积。

当杆件为变截面直杆时，拉压杆横截面上最大的应力计算式为

$$\sigma_{max} = \left(\frac{F_N}{A}\right)_{max} \tag{5-3}$$

5.1.3 轴向拉压时斜截面上的应力

轴向拉压杆在外力作用下不仅其横截面上有应力，在其不同方位的斜截面上也有应力存在。前面研究了拉压杆横截面上的应力，为了更全面地了解杆内的应力情况，还需研究斜截面上的应力。

考虑图 5-9a 所示的拉压杆，利用截面法，沿任一斜截面 m—m 将杆切开，该截面的方位以其外法线 On 与 x 轴间的夹角 α 表示。仿照证明横截面上正应力均匀分布的方法，斜截面 m—m 的应力 p_α 也为均匀分布，如图 5-9b 所示，且其方向与杆轴平行。

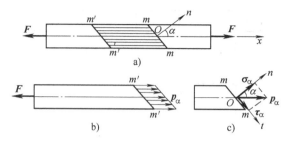

图 5-9　斜截面上的应力

设杆件横截面面积为 A，左段的平衡方程为

$$p_\alpha \frac{A}{\cos\alpha} - F = 0$$

由此得截面 m—m 上各点处的应力为

$$p_\alpha = \frac{F}{A}\cos\alpha = \sigma\cos\alpha$$

式中　　σ ——杆件横截面上的正应力，$\sigma = F/A$。

将应力 $\boldsymbol{p}_\alpha$ 沿斜截面法向和切向分解，如图 5-9c 所示，得斜截面上的正应力和切应力分量为

$$\sigma_a = p_\alpha\cos\alpha = \sigma\cos^2\alpha \tag{5-4}$$

$$\tau_a = p_\alpha\sin\alpha = \frac{\sigma}{2}\sin 2\alpha \tag{5-5}$$

可见，在拉压杆的任一斜截面上，不仅存在正应力，而且存在切应力，其大小均随斜截面的方位而变化。由式(5-4) 可知，当 $\alpha = 0°$ 时，正应力最大，其值为

$$\sigma_{\max} = \sigma \tag{5-6}$$

即最大正应力发生在横截面上。

由式(5-5) 可知，当 $\alpha = 45°$ 时，切应力最大，其值为

$$\tau_a = \frac{\sigma}{2} \tag{5-7}$$

即最大切应力发生在与杆轴成 $45°$ 的斜截面上。

此外，当 $\alpha = 90°$ 时，$\sigma_a = \tau_a = 0$，这表示在平行于杆件轴线的纵向截面上无任何应力。

应用上述公式时，需对方位角与应力的正负符号做如下规定：以 x 轴正向为始边，向斜截面外法线方向旋转，规定方位角 α 为逆时针转向为正，反之为负；将截面外法线 On 沿顺时针方向旋转 $90°$，与该方向同向的切应力为正，反之为负。正应力规定拉应力为正，压应力为负。按此规定，图 5-9c 所示的应力与方位角均为正。

5.2　材料在拉伸与压缩时的力学性能

构件的强度、刚度与稳定性，不仅与构件的形状、尺寸及所受外力有关，而且与材料的力学性能有关。材料的力学性能是指材料在外力作用下所表现出的变形、破坏等方面的特性。材料的力学性能要通过试验来测定。在室温下，以缓慢平稳的加载方式进行试验，是测

定材料力学性能的基本试验方法。本节以低碳钢材料与铸铁材料为例，介绍常温（室温）静载（加载速度极其平稳缓慢）条件下材料拉伸时的力学性能，并对材料压缩时的力学性能做简单说明。

　　在拉伸和压缩试验时，用到两类主要设备：一类是对试件加载荷使它发生变形，并能测定出试件的抗力的设备，这类设备称为万能试验机；另一类是测量试件变形的，它们的主要作用是将微小变形放大，能在所需的精度范围内测量试件的变形。

5.2.1　材料在拉伸时的力学性能

　　为了便于比较试验结果，试件的形状尺寸、加工精度、试验条件等均有国家标准详细规定。试件的工作部分（即均匀部分，其长度为 l_0）应保持均匀光滑以确保材料的单向应力状态，有效工作长度 l_0 称为标距，如图 5-10

图 5-10　圆截面试件

所示。对工作部分的直径为 d_0 圆截面试件，通常规定，标矩 l_0 与横截面直径 d_0 的比为

$$l_0 = 10d_0 \quad 或 \quad l_0 = 5d_0$$

对于试验段横截面面积为 A 的矩形截面尺寸试件，则规定

$$l_0 = 11.3\sqrt{A} \quad 或 \quad l_0 = 5.65\sqrt{A}$$

　　试件被置于试验机上，开动机器，缓慢加载，杆的伸长量随着载荷的递增而增大。试件拉伸变形用 Δl 表示。拉力 F 与变形 Δl 间的关系曲线称为力-伸长曲线或拉伸图。试验一直进行到试样断裂为止。显然，拉伸图不仅与试件的材料有关，还与试件的横截面的尺寸及标距的大小有关。因此，不宜用拉伸图表征材料的力学性能。将拉伸图中的纵坐标 F 除以横截面面积得应力，横坐标 Δl 除以试件的标距得应变，由此得出应力-应变图。工程中常用应力-应变图表征材料的力学性能。

1. 低碳钢轴向拉伸时的力学性能

　　低碳钢应力-应变图的典型形状如图 5-11 所示。由应力-应变图可知，低碳钢的轴向拉伸过程可大致分为四个阶段。

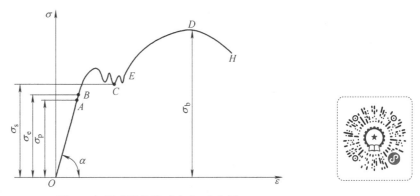

图 5-11　低碳钢拉伸时应力-应变图

　　（1）线弹性阶段（OA 段）　　由图 5-11 可知，从 O 到 A，应力与应变成正比，其图形为线性。过 A 点后，应力应变之间不再存在线性关系，因而 A 点处的应力称为比例极限 σ_p。很显然，胡克定律 $\sigma = E\varepsilon$ 的适用范围就是 σ_p 以下。设此直线的倾角为 α，则可得弹性模量

E 与 α 的关系

$$\tan\alpha = \frac{\sigma}{\varepsilon} = E$$

低碳钢的比例极限通常为 200～250MPa，但对于高强度钢，它可能比此值大得多。在此弹性范围内卸载、再加载时，应力-应变的卸载和加载曲线仍为 OA 直线，是完全弹性变形。

（2）屈服阶段（BE 段）　随着载荷的增加，应变比应力增加得迅速，直到 E 点，此时这段拉伸曲线为水平锯齿状。这种开始出现相当大的伸长，而拉力并无明显增加的现象称为材料的屈服或流动。这一阶段的最低点 C 的应力值称为屈服应力 σ_s。在 BE 区段，材料已经成为塑性，即当材料的试件卸载后加载期间所产生的伸长会部分地消失的力学性能，这将影响机器、仪器中零件的正常工作，一般是不允许的；而在 B 点以前的材料是弹性，即当材料的试件卸载后加载期间所产生的伸长全部消失的力学性能，称 B 点对应的应力为弹性极限 σ_e。对于钢和许多其他金属，其弹性极限与比例极限几乎重合。另外，材料屈服时，在经磨光的试件表面可观察到与试件轴线大约成 45° 方向的某些线纹（见图 5-12），称为"滑移线"，它是屈服时晶格发生相互错动的结果。

（3）强化阶段（ED 段）　材料在 E 处开始应变硬化，并对载荷的增加提供出附加的抗力。这样，应力将随着杆件进一步的伸长而增加，并在 D 点达到最大值，或者说达到强度极限应力 σ_b，代表材料破坏以前可能承受的最大应力，也是一项材料强度的重要指标。

（4）局部变形阶段（DH 段）　在 D 点以前，试件变形在标距内基本上均匀分布，到达 D 点后，变形开始集中在某一局部区域内，这时该区域内的横截面逐渐收缩，形成图 5-13 所示的"缩颈"现象。由于局部截面收缩，试件加载超过 D 点后，载荷随着杆件的进一步伸长而减小，试件最终在缩颈的位置断裂。

图 5-12　滑移线　　　　　　　　　　　　　　图 5-13　"缩颈"现象

从以上拉伸过程四个阶段的描述中可以看到，代表材料强度性能的主要指标是屈服极限 σ_s 和强度极限 σ_b。

2. 材料的塑性

材料的塑性变形能力用伸长率和断面收缩率两个指标衡量。试件断裂后，弹性变形消失，塑性变形保留，令 l_0 表示试件标矩原长，l_1 表示试件拉断后标矩点间的长度，则将伸长率定义为

$$\delta = \frac{l_1 - l_0}{l_0} \times 100\% \tag{5-8}$$

它表示试件拉断后塑性变形的程度。低碳钢延伸率很高，为 20%～30%。工程上根据伸长率大小将材料分为两大类。$\delta \geq 5\%$ 的材料为塑性材料，如碳钢、黄铜、铝合金等；$\delta < 5\%$ 的材料为脆性材料，如灰铸铁、玻璃、陶瓷、混凝土等。

将断面收缩率定义为

$$\psi = \frac{A_0 - A_1}{A_0} \times 100\% \tag{5-9}$$

式中　A_1——缩颈处最小横截面面积；

　　　A_0——初始横截面面积。

低碳钢的 φ 为 60% ~80%。ψ 较 δ 的优点是不受标距长短的影响，但测量标准度较差。

3. 卸载规律

在低碳钢的拉伸过程中，若在屈服以后的任一点 m 处，如图 5-14 所示，缓慢卸去载荷，则试件的应力-应变曲线将沿着与直线 OA 近乎平行的直线 mn 回到 n 点。这说明，在卸载过程中，应力和应变按直线规律变化，即卸载定律。拉力完全卸除后，应力-应变图中 nk 表示恢复的弹性变形，而 On 表示不能恢复的塑性变形。若在卸载后又立即重新加载，则应力-应变曲线将沿 mn 上升，且在到达点 m 后转向原曲线 mDH，最后到达点 H。这表示，若使钢材先产生一定的塑性变形，则其比例极限、屈服极限可得到提高（即由原来的点 A、C 所对应的 σ_p、σ_s 提高到点 m 所对应的 σ'_s），但其塑性变形将减少（即由原来的 $\varepsilon = Oj$ 减少为 $\varepsilon' = nj$）。通常把钢材的这种特性称为冷作硬化。

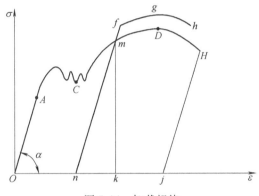

图 5-14　卸载规律

在冷作硬化后，钢材的屈服极限和强度极限的数值并不稳定，例如，在卸载后经过相当长的时间再加载，则钢材的应力-应变曲线将沿 $nmfgh$ 发展，在到达新的屈服点 f 以前，应力与应变仍成正比，这时屈服极限增加到与点 f 对应的数值 σ''_s。钢材在冷作硬化后随时间增加强度增加的现象称为时效。工程中经常利用冷作硬化或时效来提高材料的弹性范围，如起重机的钢索和建筑用的钢筋，常用冷拔工艺以提高强度。但受过冷作硬化的材料，虽然比例极限提高，却在一定程度上降低了塑性，如果要消除这一现象，需要经过退火处理。

4. 铸铁轴向拉伸时的力学性能

铸铁是典型的脆性材料，拉伸过程比较简单，不存在低碳钢拉伸时的四个阶段，可以近似认为经弹性阶段直接过渡到断裂。拉伸时的应力-应变曲线为微弯的曲线，如图 5-15 所示。

曲线最高点所对应的应力（即材料所能承受的最大应力）称为拉伸强度极限 σ_b，它是衡量脆性材料拉伸时的唯一强度指标。这类材料断裂后的延伸率极小，约为 0.5%，因此，若使用不当，很容易发生事故。工程应用中常用割线来代替曲线，如图 5-15 虚线所示，以此割线斜率来表示材料的弹性模量 E，以便应用胡克定律。

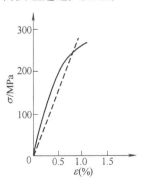

图 5-15　铸铁拉伸时的应力-应变曲线

5. 其他材料轴向拉伸时的力学性能

为了便于比较，可将几种塑性材料的应力-应变曲线画在同一坐标系内，如图5-16a所示。由图5-16a可知：有些材料（如铝合金）与低碳钢一样，有明显的四个阶段；有些材料（如黄铜）没有明显的屈服阶段，但其他三个阶段却很明显；还有些材料（如高碳钢）没有屈服阶段和局部变形阶段，只有弹性阶段和强化阶段。

没有明显屈服阶段的塑性材料，通常用以产生0.2%的塑性应变所对应的应力值来表示材料的屈服极限，称为名义屈服极限$\sigma_{0.2}$。图5-16b中表示了决定名义屈服极限$\sigma_{0.2}$的方法：即在ε轴上取$\varepsilon = 0.2\%$的一点，过此点作与$\sigma-\varepsilon$图上直线部分平行的直线，它交曲线于点B，点B的纵坐标即代表$\sigma_{0.2}$。

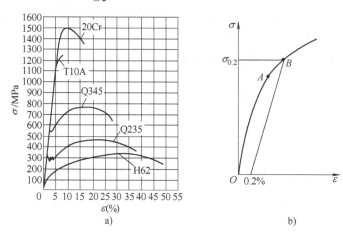

图5-16 其他材料轴向拉伸时的力学性能

5.2.2 材料在压缩时的力学性能

1. 低碳钢压缩时的力学性能

为了避免试验时试件被压弯，一般将试件制成很短的圆柱形杆件，其长度和横截面直径的比值，一般规定为1~3，如图5-17所示，试验所用的仪器与拉伸试验相同。

低碳钢是塑性材料，压缩时的应力-应变曲线如图5-18a所示，可以看出，低碳钢在拉伸和压缩时的屈服极限σ_{s}、弹性模量E、比例极限σ_{p}基本相同，在屈服以前压缩曲线基本与拉伸曲线重合。当应力超过屈服极限之后，压缩试件产生很大的塑性变形，由于两端面受摩擦限制，故被压成鼓形，如图5-17所示，横截面面积不断增大，试件不会破裂，得不到压缩强度极限。故低碳钢的力学性能主要是用拉伸试验来确定。

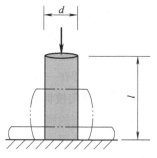

图5-17 低碳钢压缩试验

2. 铸铁压缩时的力学性能

铸铁是脆性材料，压缩时的应力-应变曲线如图5-18b所示，可以看出，曲线与拉伸时相似。曲线的直线部分很短，只能认为是近似地符合胡克定律。试件仍然在较小的变形下突然破坏，破坏时的应力称为抗压强度σ_{bc}，为脆性材料压缩时的强度指标。但压缩时抗压强

度 σ_{bc} 和伸长率都比在伸长时大得多，抗压强度比抗拉强度高得多。试件压缩破坏时，破坏断面与横截面大致成 45°~50° 的倾角。

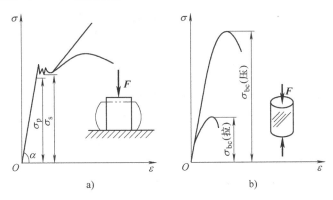

图 5-18　压缩时的应力-应变曲线
a）低碳钢压缩　b）铸铁压缩

工程上常用脆性材料的抗压强度比其抗拉强度高得多，且价格较钢材低得多，所以工程中长期受压的杆件往往采用脆性材料，如机床的机座、桥墩、建筑物的基础等，主要采用铸铁、混凝土或天然石料等。因此，其压缩试验比拉伸试验更重要。

综上所述，衡量材料力学性能的指标主要有：比例极限或弹性极限、屈服极限或名义屈服极限、抗拉或抗压强度极限、弹性模量、伸长率和断面收缩率等。

5.3　拉伸与压缩时的强度计算

1. 失效模式与许用应力

由试验现象可以看出，当脆性材料发生断裂时，即应力达到抗拉强度 σ_{bt} 或抗压强度 σ_{bc}，构件因解体而丧失承载能力；当塑性材料发生屈服时，即应力达到屈服极限 σ_s，构件要产生塑性变形而失去正常的功能。这两种现象称为材料失效，屈服与断裂是材料的两种基本失效模式，其所对应的应力为极限应力或破坏应力，通常以 σ_u 表示。

在设计构件时，需要保证构件在工作条件下，充分发挥它在制造时预期的作用，从构件承载能力这一观点出发，构件中的最大应力通常应保持低于其极限应力。强度计算中，通常用大于 1 的安全系数除极限应力，并将结果称为许用应力，即

$$[\sigma] = \frac{\sigma_u}{n} \tag{5-10}$$

式中　σ_u——极限应力（MPa），$\sigma_u = \{\sigma_s,\ \sigma_{0.2},\ \sigma_b\}$；

　　　n——安全系数，大于 1，即要求构件必须留有一定的安全储备。

安全系数的确定是一件复杂的工作，因为它取决于所用材料的类型和构件的工作条件。确定安全系数应考虑的主要因素：①材料素质（均匀程度、质地好坏、塑性、脆性）；②载荷情况（静载、动载，估计准确度）；③简化过程，计算方法精确度；④零件重要性、工作条件、损坏后果、制造及维修难易；⑤设备机动性、自重的要求；⑥其他尚未考虑的因素。

对于一般常用材料的安全系数及许用应力数值，国家标准或有关手册中均有明确规定，

在静载荷情况下，塑性材料的安全系数可取 1.5~2.5，脆性材料可取 2~3.5。

2. 轴向拉压杆的强度条件

为确保轴向拉压杆有足够的强度，常把许用应力作为杆件实际工作应力的最高限度，即要求工作应力不得超过材料的许用应力。于是，拉压杆件中的最大正应力应满足的条件为

$$\sigma_{\max} = \left[\frac{F_N}{A}\right]_{\max} \leqslant [\sigma] \tag{5-11}$$

根据式(5-11)可以解决以下三种类型的强度计算问题。

（1）校核强度　若已知杆件尺寸、载荷大小和材料的许用应力，即可用式(5-11)验算构件是否满足强度要求。若 $\sigma \leqslant [\sigma]$，则构件满足强度要求；若 $\sigma > [\sigma]$，则强度不够。有时也允许 σ 稍大于 $[\sigma]$，但不能超过 5%。

（2）设计截面　若已知杆件载荷和材料的许用应力，可把式(5-11)改写为

$$A_{\min} \geqslant \frac{F_N}{[\sigma]}$$

由此即可确定杆件所需要的最小横截面面积。对于型钢（工字钢、槽钢、角钢）可查附录 C 选取所需的型钢规格。

（3）确定许用载荷　若已知杆件的尺寸和材料的许用应力，由式(5-11)有

$$F_{N\max} \leqslant A[\sigma]$$

由此可以确定杆件的最大轴力。根据内力与外力的关系，可以确定机器或工程结构的最大许用外载荷。

【例 5-2】　如图 5-19 所示的托架，BD 为钢杆，$[\sigma_1] = 160\text{MPa}$，$A_1 = 705\text{mm}^2$；$BC$ 杆为木材，$[\sigma_2] = 8\text{MPa}$，$A_2 = 5000\text{mm}^2$。求托架最大许用载荷 $[F]_{\max}$。

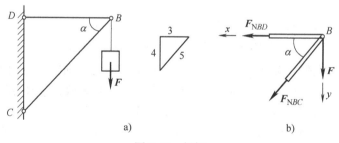

图 5-19　托架

【解】　1）计算两杆的轴力。选取节点 B 为研究对象，其受力分析如图 5-19b 所示，列平衡方程如下

$$\begin{cases} \sum F_x = 0, & F_{NBD} + F_{NBC}\cos\alpha = 0 \\ \sum F_y = 0, & F_{NBC}\sin\alpha + F = 0 \end{cases}$$

解方程组得

$$\begin{cases} F_{NBC} = -\dfrac{5F}{4} \\ F_{NBD} = \dfrac{3F}{4} \end{cases}$$

2）根据强度条件确定两杆各自所承受的最大轴力。

BC 杆 $F \leqslant \dfrac{4}{5} A_2[\sigma_2] = \dfrac{4 \times 5 \times 10^3 \times 10^{-6} \times 8 \times 10^6}{5} \text{N} = 32\text{kN}$

BD 杆 $F \leqslant \dfrac{4}{3} A_1[\sigma_1] = \dfrac{4 \times 705 \times 10^{-6} \times 160 \times 10^6}{3} \text{N} = 150.4\text{kN}$

因此，结构所能承受的许用载荷为 32kN。

【例 5-3】 如图 5-20a 所示的桁架结构，已知 $F =$ 130kN，$\alpha = 30°$，AC 为钢杆，直径 $d = 30\text{mm}$，$[\sigma] =$ 160MPa；BC 为铝杆，直径 $d = 40\text{mm}$，$[\sigma] = 60\text{MPa}$。试校核结构的强度。

【解】 1）求各杆轴力 F_{NAC}，F_{NBC}。选取节点 C 为研究对象，其受力分析如图 5-20b 所示，假设各杆均为拉力，列平衡方程如下

$\sum F_x = 0$，$F_{NBC}\sin\alpha - F_{NAC}\sin\alpha = 0$

$\sum F_y = 0$，$F_{NAC}\cos\alpha + F_{NBC}\cos\alpha - F = 0$

将已知数据代入解之得

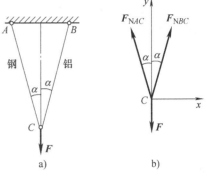

图 5-20 桁架结构

$$F_{NAC} = F_{NBC} = \dfrac{F}{2\cos\alpha} = \dfrac{130}{2\sqrt{3}/2}\text{kN} = 75.1\text{kN}$$

2）求各杆应力。由式(5-11) 所知应力为

$$\sigma_{AC} = \dfrac{F_{NAC}}{A_{AC}} = \dfrac{75.1 \times 10^3}{\pi \times 30^2/4}\text{N/mm}^2 = 106.2 \text{ N/mm}^2 = 106.2\text{MPa} < [\sigma] = 160\text{MPa}$$

$$\sigma_{BC} = \dfrac{F_{NBC}}{A_{BC}} = \dfrac{75.1 \times 10^3}{\pi \times 40^2/4}\text{N/mm}^2 = 59.8 \text{ N/mm}^2 = 59.8 \text{ MPa} < [\sigma] = 60\text{MPa}$$

满足强度条件，桁架安全。

5.4 拉伸与压缩时的变形计算

1. 拉伸与压缩的变形

试验表明，杆件在轴向拉力或压力的作用下，沿轴线方向将发生伸长或缩短。同时，横向（与轴线垂直的方向）必发生缩短或伸长，如图 5-21 所示，图中实线为变形前的形状，双点画线为变形后的形状。由图 5-21 可知，在轴力 F 作用下，轴向变化量为

图 5-21 拉压变形

$$\Delta l = l_1 - l_0$$

当结果为正时，表示伸长变形；当结果为负时，表示缩短变形。

由于杆件横截面上受力均匀，则其变形也是均匀的，因此，轴向拉压杆横截面上某点沿轴向方向的线应变为

$$\varepsilon = \dfrac{\Delta l}{l_0}$$

如果杆件受拉,此应变为拉应变;如果杆件受压,其应变为压应变。

由图 5-21 可知,在轴力 F 作用下,横向变化量为

$$\Delta b = b_1 - b_0$$

当结果为正时,表示胀大变形;当结果为负时,表示收缩变形,其线应变为

$$\varepsilon' = \frac{b_1 - b_0}{b_0}$$

当杆件受到拉压时,轴向变形伴随着横向变形。在弹性范围内,横向应变与轴向应变之比的绝对值为一常数,称为泊松比 μ,属于材料性能参数。

$$\mu = \left| \frac{\varepsilon'}{\varepsilon} \right|$$

或

$$\varepsilon' = -\mu\varepsilon \tag{5-12}$$

它是一个无量纲的量,其值与材料有关,由试验测定。对于各个方向具有相同弹性性能的材料,即各向同性材料,其泊松比为 0.25,金属材料泊松比一般为 0.25 ~ 0.35,进入塑性变形后,μ 不断增加,最大约为 0.5。

材料的弹性模量 E、泊松比 μ 与剪切模量 G 之间存在如下关系

$$G = \frac{E}{2(1 + \mu)}$$

2. 轴向拉压胡克定律

如图 5-11 所示,依据线弹性的基本假设,杆件上对应点处所承载的应力 σ 与对应的应变 ε 成正比,比例系数与杆件材料抵抗弹性变形的刚性指标相关,即杆件的弹性模量 E,其值随材料而异,由试验测定。故得

$$\sigma = E\varepsilon \tag{5-13}$$

式(5-13)为轴向拉压胡克定律。依据轴向拉压杆横截面的应力公式,式(5-13)也可以表示为

$$\Delta l = \frac{F_N l}{EA} \tag{5-14}$$

式中 EA ——抗拉(压)刚度,它反映了杆件抵抗变形的能力。

式(5-14)只适用于在弹性范围内加载的情况。

当各段的轴力为常量时,对于等直杆

$$\Delta l = \sum \Delta l_i = \sum \frac{F_{Ni} l_i}{E_i A_i} \tag{5-15}$$

当轴力为 x 的函数时,例如,考虑自重的竖杆或变截面杆等,则要利用积分的知识求解

$$\Delta l = \int \frac{F_N(x)\,\mathrm{d}x}{EA(x)} \tag{5-16}$$

【例 5-4】 试求图 5-22a 所示变截面直杆各段变形量及总变形量。设杆件的弹性模量 $E = 200\text{GPa}$,横截面面积和杆长分别为 $A_1 = 400\text{mm}^2$、$A_2 = 800\text{mm}^2$,$l_1 = 200\text{mm}$、$l_2 = 200\text{mm}$。

【解】 1)求各段轴力并作轴力图,如图 5-22b 所示。

2)求各段变形及总变形量。

l_1 段伸长　　　$\Delta l_1 = \dfrac{F_{N1}l_1}{EA_1} = \dfrac{40 \times 10^3 \times 200}{200 \times 10^9 \times 400 \times 10^{-6}} \text{mm} = 0.1 \text{mm}$

l_2 段压缩　　　$\Delta l_2 = \dfrac{F_{N2}l_2}{EA_2} = \dfrac{-20 \times 10^3 \times 200}{200 \times 10^9 \times 800 \times 10^{-6}} \text{mm} = -0.025 \text{mm}$

总变形量

$$\Delta l_{总} = \sum \dfrac{F_{Ni}l_i}{E_i A_i} = \Delta l_1 + \Delta l_2 = (0.1 - 0.025) \text{mm} = 0.075 \text{mm}$$

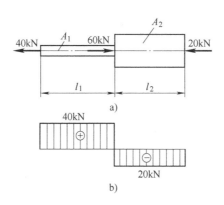

图 5-22　变截面直杆

3. 桁架的节点位移

　　如果桁架每根杆件的长度为已知，那么简单桁架的节点位移可用几何图形确定。桁架每根杆件长度的变化可根据轴向拉压杆的变形公式求出。下面以确定图 5-23a 所示桁架节点 B 的位移为例，说明求桁架节点位移的方法。

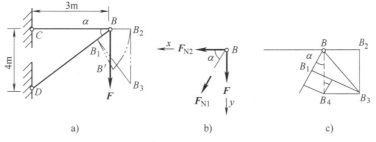

图 5-23　桁架节点位移

　　B 点在力 $\boldsymbol{F}$ 作用下产生位移、是由 BC 杆、BD 杆的变形引起的。$\boldsymbol{F}$ 力作用后，两杆均有轴力产生，使其伸长或缩短，而 B、C、D 点均为铰链。变形后的结构 C、D 点不动，B 点在加载过程中将绕 C 点和 D 点转动到新的节点位置，即将节点 B 假想拆开，变形后的 BC 为 B_2C，BD 为 B_1D，两杆分别绕点 C、D 作圆弧，两弧交点为新节点，由于是小变形，一般采用切线代替弧线的方法求变形，即分别过 B_2、B_1 点作 BC 杆垂线和 BD 杆垂线，用两垂线交点 B_3 代替新节点 B'，这样一来就容易求出点 B 的位移 BB_3。具体步骤如下：

　　1）求各杆的内力。截面法取分离体的平衡，如图 5-23b 所示，由平衡方程

$$\sum F_x = 0 \, , \, F_{N1}\cos\alpha + F_{N2} = 0$$

$$\sum F_y = 0 \, , \, F_{N1}\sin\alpha + F = 0$$

得

$$F_{N1} = -\frac{5}{4}F$$

$$F_{N2} = \frac{3}{4}F$$

2）求各杆的变形。由胡克定律求得两杆的变形为

$$BB_1 = \Delta l_1 = \frac{F_{N1}l_1}{EA_1}$$

$$BB_2 = \Delta l_2 = \frac{F_{N2}l_2}{EA_2}$$

Δl_1 为缩短变形，Δl_2 为伸长变形。

3）B 点位移。先用解析法求位移的两个分量，如图 5-23c 所示，两个位移分量在每根杆上的投影和即为该杆的变形，即

$$BB_2 = \Delta l_2$$

$$BB_4\sin\alpha - B_3B_4\cos\alpha = \Delta l_1$$

故

$$BB_2 = \Delta B_x = \Delta l_2$$

$$BB_4 = \Delta B_y = \frac{\Delta l_1 + \Delta l_2\cos\alpha}{\sin\alpha}$$

B 点位移

$$BB_3 = \sqrt{BB_2^2 + BB_4^2}$$

图 5-23c 所示的这种位移图是寻求桁架节点位移的一个重要辅助手段，这样的图被称为维利奥特图。

【例 5-5】 图 5-24 所示的杆系是由两根圆截面钢杆铰接而成。已知 $\alpha = 30°$，杆长 $l = 2\mathrm{m}$，杆的直径 $d = 25\mathrm{mm}$，材料的弹性模量 $E = 2.1 \times 10^5 \mathrm{MPa}$，设在结点 A 处悬挂一重物 $F = 100\mathrm{kN}$，试求结点 A 的位移 δ_A。

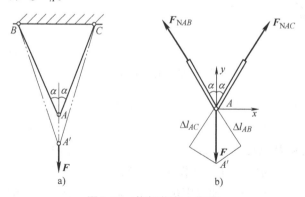

图 5-24 桁架节点 A 位移

【解】 1）求各杆所受轴力。受力图如图 5-24b 所示，列平衡方程

$$\begin{cases} \sum F_x = 0 , \ F_{NAC}\sin\alpha - F_{NAB}\sin\alpha = 0 \\ \sum F_y = 0 , \ F_{NAC}\cos\alpha + F_{NAB}\cos\alpha - F = 0 \end{cases}$$

得
$$F_{NAC} = F_{NAB} = \frac{F}{2\cos\alpha}$$

2）求各杆的变形量。由胡克定律可得

$$\Delta l_{AB} = \Delta l_{AC} = \frac{F_{NAC}l}{EA} = \frac{Fl}{2EA\cos\alpha}$$

3）求节点 A 的位移。如图 5-24b 所示，由图解法可知，A 的位移 δ_A 为直角三角形的斜边，而 Δl_{AB} 为直角边，则

$$\delta_A = AA' = \frac{\Delta l_{AC}}{\cos\alpha} = \frac{Fl}{2EA\cos^2\alpha}$$

$$= \frac{100 \times 10^3 \times 2}{2 \times 2.1 \times 10^5 \times 10^6 \times \frac{\pi}{4} \times 25^2 \times 10^{-6} \times \cos30°}\text{m} \approx 1.3\text{mm}$$

结构在载荷 F 作用下，由于两杆长度改变，导致节点 A 发生位移，两杆方位改变，夹角不再为 30°，那么按夹角为 30°求出的两杆轴力之值与实际数值还有差异。由解题的结果可以看出，A 点的位移很小，也就是两杆的变形很小，以致两杆方位的改变量很小，从而对轴力数值影响很小，因此，计算轴力时仍然按原有尺寸计算。同理，如用几何作图法确定 A 点变形后的位置，则两段圆弧也都很小（圆心角很小），因此，用垂直于其半径的线段来代替。计算结果与实际相比误差很小，满足工程实际的要求。计算时可将位移图放大，单独画出，如图 5-24b 所示。

5.5　拉伸与压缩时的静不定问题

5.5.1　静不定概念

在前面讨论的问题中，杆件的约束力与轴力都可由静力平衡方程完全确定，这类问题称为静定问题，如图 5-25a 所示。在有些情况下，杆件的约束力与轴力并不能全由静力平衡方程解出，这类问题称为静不定问题或超静定问题，如图 5-25b 所示。在静定问题中，未知力的数目等于独立静力平衡方程的数目，所有未知力具有确定的解；在静不定问题中，未知力

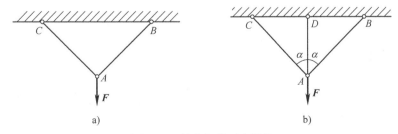

图 5-25　静定与静不定结构

的数目多于独立静力平衡方程的数目，即存在所谓的多余约束，未知力的解不完全确定。未知力数目与独立静力平衡方程数目之差称为静不定次数。

在工程中，静不定结构得到广泛应用。一方面，多余约束使结构由静定变为静不定，由静力学可解问题变为静力学不可解问题；另一方面，多余约束对结构的变形有着限制作用，而变形与力又紧密相关，这就为求解静不定问题提供了补充条件。所以，求解静不定问题需从静力平衡、力与变形之间的关系及变形协调三个方面综合考虑。

5.5.2 静不定问题的解法

图 5-26a 所示为一静不定桁架。1、2 杆各截面具有相同的抗拉刚度，均为 E_1A_1，杆 3 截面的抗拉刚度为 E_3A_3，杆 1 与杆 3 的长度分别为 l_1 与 l_3，α、F 均为已知，试求各杆的轴力。

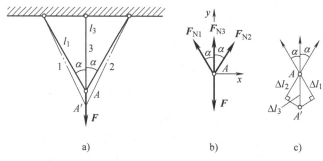

图 5-26   静不定桁架

1. 静力平衡关系

取节点 A 为研究对象。在载荷 F 作用下，各杆均伸长，故可设各杆均受拉，节点 A 的受力如图 5-26b 所示，其独立平衡方程为

$$\sum F_x = 0 \ , \ F_{N2}\sin\alpha - F_{N1}\sin\alpha = 0 \tag{a}$$

$$\sum F_y = 0 \ , \ F_{N2}\cos\alpha + F_{N1}\cos\alpha + F_{N3} - F = 0 \tag{b}$$

由上面的分析可知，未知的轴力数目比平衡方程数目多一个，该问题是一次静不定问题。因此，为了求解轴力，必须另外找出一个补充方程。

2. 变形协调条件

三根杆受力变形后，它们的变形之间必须满足一定的关系，这种关系称为变形协调条件。因为三根杆原交于一点 A，变形后，它们仍交于一点，此外，由于杆 1 和杆 2 的受力及抗拉刚度相同，节点 A 应沿着铅垂方向下移，由 A 移动到 A'，桁架变形如图 5-26c 所示。可见，为保证三杆变形后仍交于一点，即保证结构的连续性，杆 1 和杆 2 的变形 Δl_1 与 Δl_2 与杆 3 的变形 Δl_3 之间存在如下关系

$$\Delta l_1 = \Delta l_2 = \Delta l_3 \cos\alpha \tag{c}$$

变形协调条件是求解静不定问题的补充条件。

3. 物理方程

表示变形与轴力关系的方程为物理方程。设三杆的变形均处于线弹性范围，由胡克定律可知，各杆变形与轴力间的关系分别为

$$\Delta l_1 = \frac{F_{N1}l_1}{E_1A_1} \tag{d}$$

$$\Delta l_3 = \frac{F_{N3}l_3}{E_3A_3} = \frac{F_{N3}l_1\cos\alpha}{E_3A_3} \tag{e}$$

将式（d）、式（e）代入式（c），得到轴力表示的变形协调方程即补充方程

$$F_{N1} = \frac{E_1A_1}{E_3A_3}F_{N3}\cos^2\alpha \tag{f}$$

联立式（a）、式（b）、式（f）求解得

$$F_{N1} = F_{N2} = \frac{F\cos^2\alpha}{\dfrac{E_3A_3}{E_1A_1} + 2\cos^3\alpha} \tag{g}$$

$$F_{N3} = \frac{F}{1 + \dfrac{E_1A_1}{E_3A_3}2\cos^3\alpha} \tag{h}$$

综上所述，求解静不定问题必须考虑以下三个方面：满足静力平衡方程，满足变形协调条件，符合力与变形之间的物理关系。

求解静不定问题时需注意：在画变形图与受力图时，应该使受力图中的拉力或压力，分别与初步分析的变形图中的伸长与缩短一一对应，这样，建立物理方程时，仅需考虑绝对值即可。最后求得的轴力为正，说明对结构的变形与受力分析符合实际；否则，与之对应的变形及受力与初步分析的方向相反。

5.5.3　热应力与预应力问题的解法

热应力与预应力静不定问题的一个重要特征是，温度的变化以及制造误差也会在静不定结构中产生应力，这些应力分别称为热应力（温度应力）与预应力（初应力、装配应力）。

1. 静不定结构中的热应力

静不定结构中的热应力是由于热膨胀（或收缩）受到约束而引起的。设杆件的原长为 l，材料的线膨胀系数为 α_l，则当温度改变 ΔT 时，杆长的改变量为

$$\delta_T = \alpha_l l \Delta T \tag{5-17}$$

对于图 5-27a 所示的两端固定的杆件，由于温度变形被固定端限制，杆内引起热应力。

为了分析该杆的热应力，假想地将 B 端的约束解除，以支反力 F_R 代替其作用，如图5-27b所示。

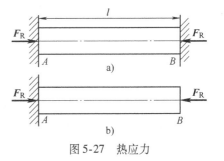

图 5-27　热应力

杆的轴向变形包括由温度引起的变形和约束力引起的变形两部分，即

$$\Delta l = \alpha_l l \Delta T - \frac{F_R l}{EA}$$

由于杆的总长不变，因而有

$$\Delta l = \alpha_l l \Delta T - \frac{F_R l}{EA} = 0$$

求得杆内横截面上的正应力，即热应力为

$$\sigma_T = \frac{F_R}{A} = \alpha_l \Delta T E$$

不难看出，当温度升高较大时，热应力的数值相当可观，不可忽视。例如，在钢轨两段接头之间预留一定量的缝隙等，就是为了削弱热膨胀所受的限制，降低温度应力。

2. 装配应力（预应力）

在加工制造构件时，尺寸上的一些微小误差是难以避免的。对于静定结构，加工误差只不过是造成结构几何形状的微小变化，不会引起内力。但对于静不定结构，加工误差却往往要引起内力。

装配应力的求解与前述所学习的静不定问题的求解方法完全相同，下面通过一算例具体说明求解过程。如图 5-28 所示的杆件，装配前原长为 $l + \delta$，其中 δ 为制造误差。装配后杆件长被迫缩短到 l，于是杆两端产生压力。设杆件装配后的内力为 F_N，显然有

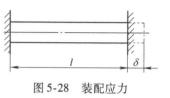

图 5-28 装配应力

$$\delta = \Delta l = \frac{F_N(\delta + l)}{EA}$$

通常情况下，δ 远小于 l，上式中右项中的 δ 可略去不计。所以，杆内的轴力为

$$F_N = \frac{EA\delta}{l}$$

则截面上的装配应力为

$$\sigma = \frac{F_N}{A} = \frac{E\delta}{l}$$

若上述构件材料的弹性模量 $E = 200\text{GPa}$，$\delta/l = 1/1000$，则装配应力可达 200MPa。所以，制造误差虽然很小，但会引起相当大的装配应力，这对结构很不利。为此，应该提高构件的加工精度，以降低和防止装配应力。但也可以利用装配应力来实现一定的目的。例如，轮毂和轴的紧配合就是有意识地利用装配应力相应的变形来防止轮毂和轴的相对转动；预应力混凝土构件也是利用装配应力来提高其承载能力的。

5.6 应力集中的概念

为了满足结构或使用等方面的需要，许多构件常带有沟槽（如螺纹）、油孔和圆角（构件由粗到细的过渡圆角）等。在外力作用下，构件中邻近沟槽、油孔或圆角的局部范围内，应力急剧增大。如图 5-29a 所示含圆孔的受拉薄板，圆孔处截面 A—A 上的应力分布如图 5-29b 所示，最大应力 σ_{max} 显著超过该截面的平均应力。由于截面急剧变化所引起应力局部急剧增大的现象称为应力集中。

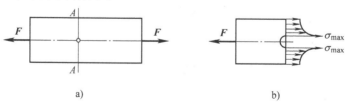

a)   b)

图 5-29 应力集中

应力集中的程度用应力集中系数 K 表示，其定义为

$$K = \frac{\sigma_{\max}}{\sigma_{\mathrm{n}}} \tag{5-18}$$

式中　σ_{n} ——名义应力；

　　　　$\sigma_{\max}$ ——最大局部应力。

名义应力是在不考虑应力集中条件下求得的平均应力。最大局部应力是由试验或数值计算方法确定的。图 5-30 所示给出了含圆孔与带圆角板件在轴向受力时的应力集中系数。

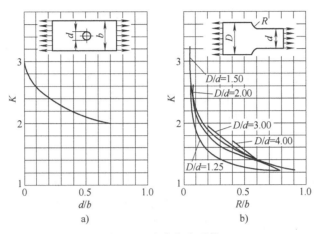

图 5-30　应力集中系数

各种材料对应力集中的敏感程度并不相同。由脆性材料制成的构件，当由应力集中所形成的最大局部应力 $\sigma_{\max}$ 到达强度极限时，构件即发生破坏。因此，在设计脆性材料构件时，应考虑应力集中对杆件承载能力的削弱。但是，像灰铸铁这类材料，其内部的不均匀性与缺陷往往是应力集中的主要因素，而杆件外形改变引起的应力集中成为次要因素，对杆件的承载能力不会带来明显的影响。

由塑性材料制成的构件，应力集中对其在静载荷作用下的强度影响很小。因为当局部最大应力 $\sigma_{\max}$ 达到屈服应力 σ_{s} 后，该处材料的变形可以继续增长而应力却不再加大。如果继续增大载荷，则所增加的载荷将由同一截面的未屈服部分承担，以致屈服区不断扩大（见图 5-31），应力分布逐渐趋于均匀。所以，在研究塑性材料构件的静强度问题时，通常可以不考虑应力集中的影响。

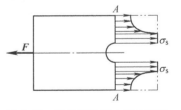

图 5-31　塑性材料应力集中影响

然而，对于周期性变化的应力或冲击载荷作用下的构件，应力集中对各种材料的强度都有很大的影响，往往是构件破坏的根源。所以，在工程设计中，要特别注意减小构件的应力集中。

5.7　连接件的实用计算

在工程实际中，为了将机械零部件或结构构件互相连接起来，通常要用到螺栓、铆钉、销轴、键块、木榫、焊接等连接方式。在这些连接中的螺栓、铆钉、销轴、键块、榫头等称为连接件。工程上常用的连接件以及被连接的构件在连接处的应力，都属于局部应力问题。

由于应力的局部性质，连接件的横截面上或被连接件连接处的应力分布是很复杂的，很难做出也没有必要做出精确的理论分析。因此，对于连接件的强度问题，工程上大都采用实用计算法。这种方法的要点是：一方面，对连接件的受力与应力分布进行简化与假定，从而计算出各部分的"名义应力"；另一方面，根据同类连接件的实物或模拟破坏试验，由前述应力公式计算其破坏时的"极限应力"；然后根据上述两方面得到的计算结果，建立强度条件，作为连接件设计的依据。实践表明，这种实用计算法简便有效。

1. 剪切与剪切强度条件

如图5-32所示，当作为连接件的铆钉两侧承受一对大小相等、方向相反、作用线互相平行且相距很近的力作用时，其主要失效形式之一是沿两侧外力之间、并与外力作用线平行的横截面发生剪切破坏。发生剪切破坏的横截面称为剪切面，如 m—m 面。剪切面上的内力既有剪力 F_s，又有弯矩，但弯矩很小，可以忽略，如图5-33a所示。利用截面法和静力平衡方程不难求得剪切面上的剪力。

$$F_s = F$$

切向分布内力的集度称为切应力，以 τ 表示，如图5-33b所示，单位为帕（Pa）、千帕（kPa）、兆帕（MPa）。由于连接件在构件的很小一部分范围内发生剪切变形，实际变形情况难以观察，受力复杂，且常伴随其他形式的变形，以致要确定切应力在剪切面上的实际分布规律比较困难。工程上，处理剪切件的强度问题时，为简化计算，在试验的基础上，对这类连接件的受力和应力分布都做了一些近似的假设，即假定剪切面上切应力 τ 可按均匀分布的情况计算。这种简化的计算方法称为实用计算方法。

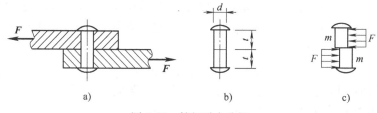

图5-32 铆钉受力分析

于是有

$$\tau = \frac{F_s}{A_s} \qquad (5\text{-}19)$$

式中 A_s——剪切面面积（mm^2）。

按式（5-19）算得的并不是剪切面上的实际剪应力。因而通常称其为名义剪应力，并以此作为工作应力。

为保证构件能够安全工作，剪应力不能超过某一许可值。这一条件被称为剪切强度条件

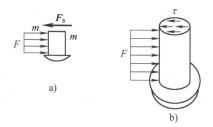

图5-33 剪力与切应力

$$\tau = \frac{F_s}{A_s} \leqslant [\tau] \qquad (5\text{-}20)$$

式中 $[\tau]$——材料的许用切应力（MPa），其值由剪切破坏试验决定。

在试件受力情况与试件连接件工作时的条件相似的情况下进行试验测得失效时的切应力

值 τ_{u}，然后考虑实际构件的加工工艺和工作条件等有关因素，选择适当的安全系数 n，即得材料的许用剪应力 $[\tau]$

$$[\tau] = \frac{\tau_{\mathrm{u}}}{n}$$

根据试验，金属材料许用剪应力 $[\tau]$ 与其许用拉应力 $[\sigma]$ 有如下关系：

塑性材料 $\qquad\qquad [\tau] = (0.6 \sim 0.8)[\sigma]$

脆性材料 $\qquad\qquad [\tau] = (0.8 \sim 1)[\sigma]$

各种材料的许用切应力可从有关的设计手册中查得。应用剪切强度条件，也可以解决强度校核、设计截面尺寸、确定许用载荷三类强度计算问题。

2. 挤压与挤压强度条件

连接件在受剪切作用的同时，还会在与被连接件接触的表面受到挤压作用。接触面上的总压紧力称为挤压力，挤压面上的分布压力集度称为挤压应力。实际挤压应力在挤压面上的分布情况也是很复杂的。工程上，对挤压的强度问题和对剪切一样，通常采用实用计算，即假定挤压应力在计算挤压面上均匀分布，并用 σ_{bs} 来表示。于是有

$$\sigma_{\mathrm{bs}} = \frac{F_{\mathrm{bs}}}{A_{\mathrm{bs}}} \qquad\qquad (5\text{-}21)$$

式中 $\quad F_{\mathrm{bs}}$ ——挤压力（kN）；

$\quad A_{\mathrm{bs}}$ ——挤压面积（mm^2）。

对于铆钉、销钉、螺栓等圆柱形连接件，实际挤压面为半圆柱面（见图 5-34），为了简化计算，取直径面面积 $A_{\mathrm{bs}} = \delta d$，所得平均应力与最大挤压应力大致接近。

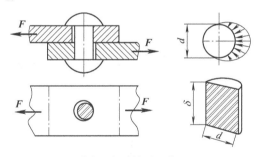

图 5-34 挤压面积

根据理论分析，在半圆柱形挤压面上，挤压应力的实际分布情况如图 5-34 所示，最大挤压应力在半圆弧的中点处。采用计算挤压面积算得的结果，与理论分析所得的最大挤压应力值相近。对于连接轮与轴的键、木结构中的榫等，其挤压面为平面，故实际挤压面积即为计算挤压面积。

保证连接件不致因挤压而失效的条件，即挤压强度条件

$$\sigma_{\mathrm{bs}} = \frac{F_{\mathrm{bs}}}{A_{\mathrm{bs}}} \leqslant [\sigma_{\mathrm{bs}}] \qquad\qquad (5\text{-}22)$$

式中 $\quad [\sigma_{\mathrm{bs}}]$ ——许用挤压应力（MPa）。

确定 $[\sigma_{\mathrm{bs}}]$ 的方法与确定 $[\tau]$ 的方法相似，可在有关设计手册中查得。一般对于金属材料，许用挤压应力 $[\sigma_{\mathrm{bs}}]$ 与许用拉应力 $[\sigma]$ 有如下关系：

塑性材料　　　　　　　　　$[\sigma_{bs}] = (1.7 \sim 2.0)[\sigma]$
脆性材料　　　　　　　　　$[\sigma_{bs}] = (2.0 \sim 2.5)[\sigma]$

如果两个相互接触的构件所用材料不同，则应针对 $[\sigma_{bs}]$ 数值较小的构件进行强度计算。

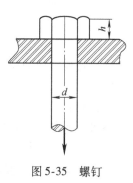

图 5-35　螺钉

【例 5-6】 已知图 5-35 所示的结构，材料的剪切许用应力 $[\tau]$ 和拉伸的许用应力 $[\sigma]$ 之间关系约为 $[\tau] = 0.6[\sigma]$，试求螺钉直径 d 和钉头高度 h 的合理比值。

【解】 1) 拉伸强度条件，根据铆钉杆的拉伸强度确定，即

$$\sigma = \frac{F}{A_1} = \frac{4F}{\pi d^2} = [\sigma]$$

2) 剪切强度条件，$F_s = F$，剪切面为高度为 h 而直径为 d 的柱面面积。则

$$\tau = \frac{F_s}{A} = \frac{F}{\pi d h} = [\tau] = 0.6[\sigma]$$

故

$$\frac{\tau}{\sigma} = \frac{F/\pi d h}{4F/\pi d^2} = \frac{d}{4h} = 0.6$$

$$\frac{d}{h} = 2.4$$

【例 5-7】 图 5-36 所示为铆接接头。板厚 $t = 8mm$，板宽 $b = 100mm$，铆钉直径 $d = 16mm$，拉力 $F = 100kN$，材料的许用应力 $[\tau] = 130MPa$，$[\sigma_{bs}] = 300MPa$，$[\sigma] = 160MPa$，试校核此接头的强度。

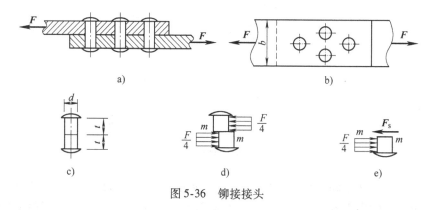

图 5-36　铆接接头

【解】 整个接头的强度问题包含铆钉的剪切强度、铆钉与钢板之间的挤压强度和钢板在钉孔削弱处的拉伸强度。

1) 铆钉的剪切强度。为了简化计算，假定每个铆钉受力相同。故每个铆钉剪切面上的剪力如图 5-35d、e 所示，即

$$F_s = \frac{F}{4}$$

所以

$$\tau = \frac{F_s}{A_s} = \frac{F/4}{\pi d^2/4} = \frac{100 \times 10^3}{(16 \times 10^{-3})^2 \pi} Pa = 124MPa < [\tau]$$

2）铆钉与钢板的挤压强度。由于上、下两块搭接板的厚度相同，计算挤压面面积为 $A_{bs} = dt$，故

$$\sigma_{bs} = \frac{F_{bs}}{A_{bs}} = \frac{F/4}{dt} = \frac{100 \times 10^3}{4 \times 16 \times 10^{-3} \times 8 \times 10^{-3}} \text{Pa} = 195\text{MPa} \leqslant [\sigma_{bs}]$$

3）钢板的拉伸强度。根据以上假定，下块钢板受力如图 5-37a 所示，其轴力图如图5-37b 所示，可知钢板的 2—2 截面和 3—3 截面为危险截面。

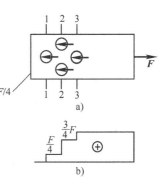

图 5-37　钢板的轴力图

$$\sigma_2 = \frac{F_2}{A_2} = \frac{3F}{4t(b - 2d)}$$

$$= \frac{3 \times 100 \times 10^3}{4 \times 8 \times 10^{-3} \times (100 \times 10^{-3} - 2 \times 16 \times 10^{-3})} \text{Pa}$$

$$= 138\text{MPa} \leqslant [\sigma]（安全）$$

$$\sigma_3 = \frac{F_3}{A_3} = \frac{F}{t(b - d)}$$

$$= \frac{100 \times 10^3}{8 \times 10^{-3} \times (100 \times 10^{-3} - 16 \times 10^{-3})} \text{Pa}$$

$$= 148\text{MPa} \leqslant [\sigma]（安全）$$

由上可知，连接部位可能出现的破坏形式包括：①铆钉可能被剪断；②钢板或铆钉可能在互相接触处被挤压破坏；③钢板可能沿某一削弱截面被拉断等。为此，连接部位各构件必须分别满足强度要求，才能使接头安全工作，否则由于某一方面的疏忽就可能给结构物留下隐患，以致造成严重的事故。这在结构设计中是一个很重要的问题，就是对于结构可能出现的破坏形式必须要进行全面的分析。

要 点 总 结

1. 承受轴向拉压杆件横截面上的内力为轴力。利用截面法可确定轴力的大小和方向。截面法的主要步骤是：①假想截面将杆件切开，以揭示内力；②用平衡方程确定截面上的内力。轴力图能够形象地表示轴力的大小和分布。

2. 在杆件横截面上作用有正应力，它在截面上均匀分布，计算式为

$$\sigma_{max} = \frac{F_N}{A}$$

3. 拉压杆的强度条件。

$$\sigma_{max} = \frac{F_{Nmax}}{A} \leqslant [\sigma]$$

根据强度条件主要解决工程中拉压杆的三类问题：①强度校核；②截面尺寸的设计；③确定许用载荷。

4. 承受轴向拉压的杆件沿其轴线方向伸长或缩短，其变形可以用胡克定律计算

$$\Delta l = \frac{F_N l}{EA}$$

　　对于截面面积或轴力发生变化，或由不同材料组成的杆件，计算变形时必须分段计算，然后求其代数和。胡克定律的另一表达式为 $\sigma = E\varepsilon$，胡克定律适用于材料弹性变形阶段。

　　5. 当拉压杆系中未知力的数目超过平衡方程的数目时，这类问题称为拉压静不定问题。它们的差数称为静不定次数。求解静不定问题的一般步骤如下：

　　1）根据平衡关系，列出静力平衡方程。

　　2）根据变形协调条件，写出变形后的几何关系。

　　3）考虑物理关系，利用胡克定律由变形协调条件列出补充方程。

　　4）联立求解平衡方程和变形协调条件。

　　6. 正确理解屈服极限、强度极限等概念。正确理解材料的力学性能，掌握脆性材料和塑性材料的区别。

　　7. 正确理解剪切和挤压的概念，掌握连接件的强度校核。剪切应力和挤压应力的实用计算公式为

$$\tau = \frac{F_s}{A_s}, \quad \sigma_{bs} = \frac{F_{bs}}{A_{bs}}$$

思 考 题

　　（1）两根不同材料的拉杆，其杆长 l、横截面面积 A 均相等，并受相同的轴向拉力 F 作用，试问它们横截面上的正应力 σ 及杆件的伸长量 Δl 是否相同？

　　（2）有两根拉杆，一为钢质（$E = 200\text{GPa}$），一为铝制（$E = 70\text{GPa}$）。试求在同一应力 σ 作用下（应力均低于比例极限），两杆应变的比值。若应变相同，两杆应力的比值又是多少？

　　（3）图5-38所示为三种金属材料拉伸时的 $\sigma - \varepsilon$ 曲线。试问哪一种①强度高？②刚性大？③塑性好？

　　（4）如图5-39所示的两种结构，1杆为低碳钢，2杆为灰铸铁。试从力学观点分析下面两种设计方案中哪种是正确的？为什么？

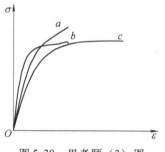

图5-38　思考题（3）图

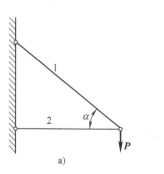

a)

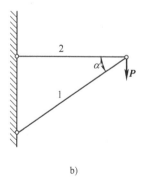

b)

图5-39　思考题（4）图

　　（5）通过低碳钢与铸铁的轴向拉伸及压缩试验可以测定出材料哪些力学性质？

（6）试画出低碳钢材料轴向拉伸试验时的应力-应变曲线，标明各变形阶段的极限应力。

（7）什么是塑性材料？什么是脆性材料？

（8）对于塑性材料和脆性材料，如何确定出它们的许用应力？

（9）轴向拉压强度条件是什么？利用强度条件可进行哪几类问题的计算？

（10）计算图 5-40 所示构件的剪切面面积和挤压面面积。

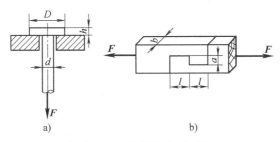

图 5-40　思考题（10）图

习　　题

5-1　填空题

（1）低碳钢材料由于冷作硬化，会使＿＿＿＿＿＿＿＿提高，而使＿＿＿＿＿＿＿＿降低。

（2）铸铁试件的压缩破坏和＿＿＿＿＿＿＿＿＿＿＿＿＿＿＿＿＿＿＿＿＿应力有关。

（3）构件由于截面的＿＿＿＿＿＿＿＿＿＿＿＿＿＿＿＿＿＿＿会发生应力集中现象。

（4）材料的破坏形式分＿＿＿＿＿＿＿＿＿＿＿＿＿、＿＿＿＿＿＿＿＿＿＿＿＿＿。

（5）轴向受拉杆中，最大切应力发生在＿＿＿＿＿＿＿＿＿＿＿＿＿＿方位的斜截面上。

（6）两块钢板厚为 t，用 3 个直径为 d 铆钉连接如图 5-41 所示，则铆钉剪切应力 $\tau =$ ＿＿＿＿＿＿＿＿＿，挤压应力 $\sigma_{bs} =$ ＿＿＿＿＿＿＿＿＿＿＿。

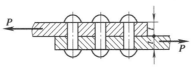

图 5-41　填空题（6）图

5-2　选择题

（1）轴向拉伸或压缩杆件某段轴力不为零，则本段内正应力为零的截面是（　　　）。

A. 横截面　　　　　　　　　　　　B. 与轴线成一定交角的斜截面

C. 沿轴线的截面　　　　　　　　　D. 不存在

（2）一圆杆受拉，在其弹性变形范围内，将直径增加一倍，则杆的相对变形将变为原来的（　　）倍。

A. $\dfrac{1}{4}$　　　　　　B. $\dfrac{1}{2}$　　　　　　C. 1　　　　　　D. 2

（3）铸铁压缩试验破坏由什么应力造成？破坏断面在什么方向？以下结论哪一个是正

确的（ ）？

  A. 切应力造成，破坏断面与轴线大致成45°方向

  B. 切应力造成，破坏断面在横截面

  C. 正应力造成，破坏断面在横截面

  D. 正应力造成，破坏断面与轴线大致成45°方向

（4）低碳钢材料在拉伸实验过程中，不发生明显的塑性变形时，承受的最大应力应小于（ ）的数值。

  A. 比例极限   B. 许用应力   C. 强度极限   D. 屈服极限

（5）没有明显屈服平台的塑性材料，其破坏应力取材料的（ ）

  A. 比例极限 σ_p B. 名义屈服极限 $\sigma_{0.2}$

  C. 强度极限 σ_b D. 根据需要确定

5-3 计算题

（1）绘出图5-42所示轴向拉（压）杆的轴力图，并确定最大轴力及所在位置。

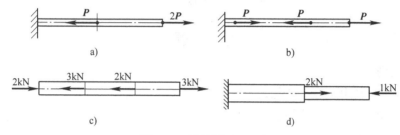

图5-42 计算题（1）图

（2）如图5-43所示的阶梯形圆截面杆，承受轴向载荷 $F_1 = 50\text{kN}$ 与 $F_2 = 62.5\text{kN}$ 作用，AB 与 BC 段的直径分别为 $d_1 = 20\text{mm}$ 和 $d_2 = 30\text{mm}$，试求 AB 与 BC 段横截面上的正应力。

（3）某铣床工作台的进给液压缸如图5-44所示，缸内工作压力 $p = 2\text{MPa}$，液压缸内径 $D = 75\text{mm}$，活塞杆直径 $d = 18\text{mm}$，已知活塞杆材料的许用应力 $[\sigma] = 50\text{MPa}$，试校核活塞杆的强度。

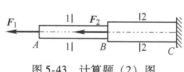

图5-43 计算题（2）图

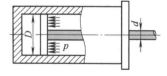

图5-44 计算题（3）图

（4）如图5-45所示，在杆件的斜截面 m—m 上，任一点 A 处的应力 $p = 120\text{MPa}$，其方位角 $\theta = 20°$，试求该点处的正应力 σ 和切应力 τ。

（5）如图5-46所示的结构中，已知 $P = 5\text{kN}$，斜杆 AC 的横截面面积 $A_1 = 50\text{mm}^2$，斜杆 BC 的横截面面积 $A_2 = 50\text{mm}^2$，AC 杆许用应力 $[\sigma] = 100\text{MPa}$，BC 杆许用应力 $[\sigma] = 160\text{MPa}$，试校核 AC、BC 杆的强度。

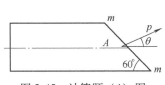
图 5-45　计算题（4）图

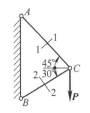
图 5-46　计算题（5）图

（6）如图 5-47 所示，在节点 A 受垂直力 P 作用。设 AB 杆直径 $d_1 = 20\text{mm}$，许用应力 $[\sigma]_1 = 140\text{MPa}$；$AC$ 杆直径 $d_2 = 18\text{mm}$，许用应力 $[\sigma]_2 = 160\text{MPa}$。若 $\alpha = 30°$，$\beta = 45°$，试求该桁架最大承载能力 P 的大小。

（7）如图 5-48 所示的桁架，杆 1 为圆截面钢杆，杆 2 为方截面木杆，在节点 A 处承受铅直方向的载荷 F 作用，试确定钢杆的直径 d 与木杆截面的边宽 b。已知载荷 $F = 50\text{kN}$，钢的许用应力 $[\sigma_\text{s}] = 160\text{MPa}$，木的许用应力 $[\sigma_\text{w}] = 10\text{MPa}$。

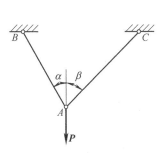
图 5-47　计算题（6）图

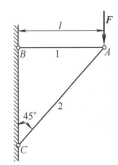
图 5-48　计算题（7）图

（8）三角构架如图 5-49 所示，钢杆 BC 直径 $d = 30\text{mm}$，许用应力 $[\sigma]_1 = 160\text{MPa}$，木板 AB 的面积 $A_2 = 5000\text{mm}^2$，许用应力 $[\sigma]_2 = 8\text{MPa}$，承受载荷 $P = 10\text{kN}$，试：1）校核三角构架的强度；2）为了节省材料，两杆横截面尺寸应取多大？

（9）等截面直杆如图 5-50 所示，已知 $A = 1\text{cm}^2$，$E = 200\text{GPa}$，$[\sigma] = 300\text{MPa}$，求最大正应力、杆件的总变形量和最大应变值 $\varepsilon_{\max}$，并校核其强度。

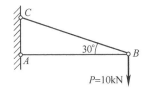
图 5-49　计算题（8）图

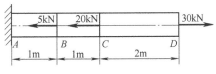
图 5-50　计算题（9）图

（10）如图 5-51 所示的硬铝试样，厚度 $\delta = 2\text{mm}$，试验段板宽 $b = 20\text{mm}$，标距 $l = 70\text{mm}$，在轴向拉力 $F = 6\text{kN}$ 作用下，试验段伸长 $\Delta l = 0.15\text{mm}$，板宽缩小 $\Delta b = 0.014\text{mm}$，试计算硬铝的弹性模量 E 与泊松比 μ。

（11）一根直径 $d = 10\text{mm}$ 的圆截面直杆，在轴向拉力 $F = 14\text{kN}$ 作用下，直径减小了 0.0025mm。试求材料的横向变形应变。已知材料的弹性模量 $E = 200\text{GPa}$。

（12）如图 5-52 所示的一简单托架，两杆横截面面积为 A，弹性模量为 E，受力为 P，试求托架 A 点的位移。

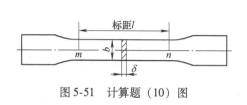

图 5-51　计算题（10）图

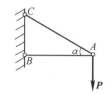

图 5-52　计算题（12）图

（13）在图 5-53 所示的结构中，AB 为水平放置的刚性杆，1、2、3 杆材料相同，弹性模量 $E = 210 \text{GPa}$。已知 $A_1 = A_2 = 100 \text{mm}^2$，$A_3 = 150 \text{mm}^2$，$P = 20 \text{kN}$，$l = 1 \text{m}$。求 C 点的水平位移和铅垂位移。

（14）如图 5-54 所示的两端固定等截面直杆，横截面面积为 A，承受轴向载荷 F 作用，试计算杆内横截面上的最大拉应力与最大压应力。

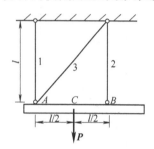

图 5-53　计算题（13）图

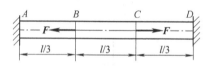

图 5-54　计算题（14）图

（15）如图 5-55 所示的结构，梁 BD 为刚体，杆 1 与杆 2 用同一种材料制成，横截面面积均为 $A = 300 \text{mm}^2$，许用应力 $[\sigma] = 160 \text{MPa}$，载荷 $F = 50 \text{kN}$，试校核杆的强度。

（16）在厚度 $t = 10 \text{mm}$ 的钢板上，冲出一个形状如图 5-56 所示的孔，直径 $d = 25 \text{mm}$；钢板剪切极限应力 $\tau_{\max} = 300 \text{MPa}$，求冲床所需的冲力 F。

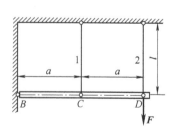

图 5-55　计算题（15）图

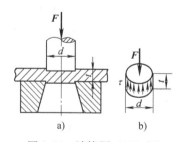

图 5-56　计算题（16）图

（17）电瓶车挂钩用插销连接，如图 5-57 所示。已知 $t = 8 \text{mm}$，插销材料的许用切应力 $[\tau] = 30 \text{MPa}$，许用挤压应力 $[\sigma_{bs}] = 100 \text{MPa}$，牵引力 $P = 15 \text{kN}$。试求选定插销的直径 d。

（18）矩形截面木拉杆的接头如图 5-58 所示。已知轴向拉力 $P = 50 \text{kN}$，截面宽度 $b = 250 \text{mm}$，木材的顺纹许用挤压应力 $[\sigma_{jy}] = 10 \text{MPa}$，顺纹许用剪应力 $[\tau] = 1 \text{MPa}$。试求接头

处所需的尺寸 l 和 a。

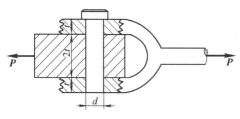

图 5-57　计算题（17）图

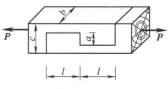

图 5-58　计算题（18）图

第6章 扭　　转

扭转变形是杆件的基本变形之一，是由一对转向相反，作用在垂直于杆轴线的两个平面内的外力偶所引起的。本章主要研究圆形和圆环形截面杆扭转时的应力与扭转变形，建立圆轴的强度和刚度条件。这种截面形状的杆件在扭转中的应力和变形计算较为简单，而且也是在机械工程中最常遇到的。一般非圆形截面直杆的扭转问题比较繁杂，要用弹性力学或试验方法才能解决，因此本章只简要介绍矩形截面等直杆自由扭转时的应力及变形的弹性力学研究结果。

机械工程中，有许多承受扭转的杆件，如汽车的转向轴（见图 6-1a）、钻机的钻杆（见图 6-1b）、水轮发电机的主轴（见图 6-1c）、方孔套筒扳手、搅拌机轴、车床的光杆、船舶的螺旋桨轴等。此外，生活中常用的钥匙、螺钉旋具等都受到不同程度的扭转作用。有些场合，扭转变形是与其他变形形式同时存在的。例如，机器中的传动轴在传动带拉力作用下将引起轴的扭转和弯曲变形（见图 6-1d）。另外，受工作压力和土壤阻力的钻杆、受轮压和水平制动力的起重机梁、攻螺纹用丝锥的锥杆、齿轮转动轴、船舶推进轴，除承受扭转变形外，还伴随有弯曲、拉压等变形。

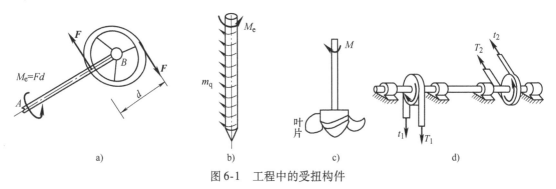

a)   b)   c)   d)

图 6-1　工程中的受扭构件

建筑结构中，纯粹受扭转的构件较少见，大多是伴随着弯曲变形而出现的，如房屋中的雨篷梁等，就是在主要受弯曲变形的同时伴随扭转变形。另外，体积巨大的重力拱坝或重力坝，在重力、水压力、温度应力等作用下，时间久了也会发生扭转变形。1940 年美国的塔科马海峡大桥彻底破坏前，在 8 级风力的作用下产生了巨大的扭曲变形。

工程计算中，将承受扭转的杆件简化为图 6-2 所示的计算简图。

这类杆件发生扭转变形的特点：

1）受力特点。在垂直于杆件轴线不同的平面内，受到一些外力偶的作用。

2）变形特点。变形后，直杆的纵向线变成了螺旋线，杆轴线保持不动，而杆件各横截面绕杆轴线发生相对转动。

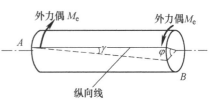

图 6-2　扭转时计算简图

扭转时杆件两个横截面相对转动的角度称为相对扭转角，用 φ 表示。例如，图 6-2 中的 φ 即表示截面 B 相对于截面 A 的扭转角。同时，杆件表面的纵向直线也转了一个角度 γ，称为剪切角，即切应变。

6.1　扭矩与扭矩图

1. 外力偶矩的计算

当圆轴承受绕轴线转动的外力偶矩作用时，特别是工程中常见的传动轴，其上的外力偶矩 M_e（单位为 $N \cdot m$）往往并不是直接给出的，给出的是轴所传递的功率和转速。这样，在分析内力和变形之前，首先要根据它所传递的功率和转速，求出使轴发生扭转的外力偶矩。

由理论力学可知，力偶在单位时间内所做的功（即功率）P，等于其矩 M_e 与角速度 ω 的乘积

$$P = M_e \omega$$

工程中功率的常用单位为千瓦（kW），转速 n 的常用单位为 r/min（rpm），则将 $\omega = \dfrac{2n\pi}{60}$，代入上式

$$P \times 10^3 = M_e \frac{2n\pi}{60}$$

则有

$$M_e = 9549 \frac{P}{n} \tag{6-1}$$

若功率的单位为马力（1 马力 = 735.5W），外力偶矩的计算公式为

$$M_e = 7024 \frac{P}{n}$$

2. 扭矩计算与扭矩图绘制

现以图 6-3a 所示的圆轴为例，设作用的外力偶矩 M_e 已知，试求任意横截面 C—C 上的内力。

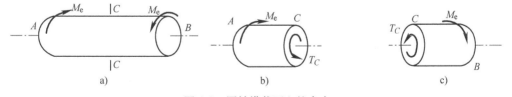

图 6-3　圆轴横截面上的内力

用截面法，假想在截面 C—C 处将杆件截开，取左半部分（见图 6-3b）为研究对象，也可取右半部分（见图 6-3c）为研究对象。由平衡条件 $\sum M_x = 0$，得内力偶矩 T_C 同外力偶矩 M_e 的关系

$$M_e - T_C = 0$$
$$T_C = M_e$$

内力偶矩 T_C 称为扭矩。它是截面 C—C 左右两部分在截面 C—C 上相互作用的分布内力系的合力偶矩。

虽然，取截面 C—C 的左半部分或右半部分为研究对象都可求出截面 C—C 上的扭矩 T_C，其数值相同，但其转向却相反。为了使从求得的同一截面上的扭矩有统一的表示，按右手螺旋法则将扭矩用矢量表示，当矢量方向与截面外法线的指向一致时，扭矩为正，反之为负，如图 6-4 所示。这样图 6-3b、c 所示的扭矩 T_C 的符号均为正。

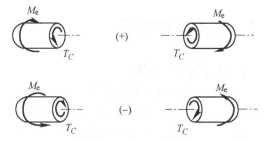

图 6-4　扭矩符号规定

工程实际中，轴可能受多个外力偶矩的作用。一般情况下，可沿杆件轴线绘制反映各横截面上扭矩变化规律的扭矩图，以便分析轴的内力分布情况，确定最大扭矩所在的截面，为计算轴的强度和刚度做准备。扭矩图是在以受扭杆横截面沿杆轴线的位置 x 为横坐标，以横截面上的扭矩 T 为纵坐标的直角坐标系中，按照选定的比例尺绘出的平面曲线。一般规定将正号的扭矩画在纵坐标轴的正向侧，负号的扭矩画在纵坐标轴的负向侧。

【例 6-1】　如图 6-5a 所示，圆轴的外力偶矩 $M_A = 3\mathrm{kN \cdot m}$，$M_B = 5\mathrm{kN \cdot m}$，$M_C = 6\mathrm{kN \cdot m}$，$M_D = 4\mathrm{kN \cdot m}$。试求：1）作出轴扭矩图；2）轴的最大扭矩及所在的位置。

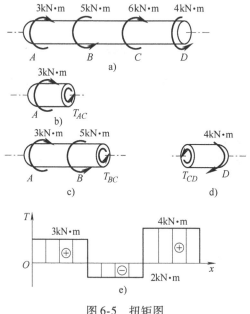

图 6-5　扭矩图

【解】　1）计算轴各段的扭矩。由于轴受四个外力偶矩作用，在 AB、BC、CD 三段中，截面上扭矩是不同的。用截面法根据平衡方程计算各段内的扭矩，计算时可先设所求截面上扭矩的符号为正。

在 AB 段，沿任意截面将轴截开，取左半部分为研究对象，受力图如图 6-5b 所示，由平衡方程 $T_{AB} - M_A = 0$，可得 $T_{AC} = 3\mathrm{kN \cdot m}$。在 AB 段内各个截面上的扭矩相等，都为 $T_{AB} =$

3kN·m。

类似地，BC 段内的扭矩，用任意截面在 BC 段内将轴截开，取左半部分为研究对象，受力图如图 6-5c 所示，由平衡方程 $T_{BC} + M_B - M_A = 0$，可得 $T_{BC} = -2$kN·m。数值前面的负号表示，截面上假设的扭矩方向与实际方向相反，即该截面上的扭矩符号为负。

同理，CD 段的扭矩为 $T_{CD} = 4$kN·m

2）作扭矩图，如图 6-5e 所示。

3）最大扭矩位于 CD 段，数值为 4kN·m，符号为正。

扭矩图也可以直接依据轴的外力偶矩的矢量方向绘出，以【例 6-1】为例说明。首先，根据右手螺旋法则将图 6-5a 所示轴上的外力偶矩用双力矢表示（见图 6-6）；然后，选择适当的比例尺，建立 T-x 坐标系；最后，沿轴线从轴的一端向另一端绘制扭矩图，绘图时如在某截面遇到双力矢的箭头与绘图的方向相反，则该截面上的扭矩值突增，即此处截面的扭矩图发生向上的突变，突变量的大小等于此处外力偶矩的大小；反之，绘图时如在某截面遇到双力矢的箭头与绘图的方向

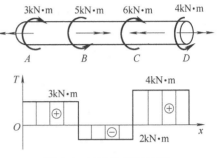

图 6-6　快速绘制扭转图

一致，则该截面上的扭矩值突减，即此处截面的扭矩图发生向下的突变，突变量的大小等于外力偶矩的大小。

【例 6-2】　如图 6-7 所示的传动轴，在轴的右端放置一受 50kN·m 力偶矩的主动轮，在其左端和中间分别放置了受有 25kN·m 力偶矩的从动轮。试问当将主动轮和中间的从动轮调换位置后轴的扭矩分布会发生哪些变化？

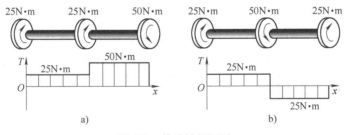

图 6-7　传动轴扭矩图

【解】　首先，分别将轴上的外力偶矩按右手螺旋法则用双力矢表示；然后，从轴的一端向另一端绘制轴的扭矩图，如图 6-7 所示。

图 6-7a 表明当主动轮在轴的一端时，轴的最大扭矩为 $T_{max} = 50$N·m；图 6-7b 表明当主动轮在从动轮之间时，轴的最大扭矩为 $T_{max} = 25$N·m。所以，主动轮位置按图 6-7b 所示安置更为合理。

因此，工程实际中，主动轮一般应放在两个从动轮的中间，这样会使整个轴的扭矩图分布比较均匀。这与主动轮放在从动轮的一边相比，整个轴的最大扭矩值会降低，能使轴上的最大工作应力和最大的变形量不超过其许用应力和许用变形量，而满足强度和刚度要求。

6.2　薄壁圆筒的扭转

1. 薄壁圆筒扭转时的应力与变形

（1）薄壁圆筒扭转时的试验现象　图 6-8a 所示为一等厚薄壁圆筒，壁厚 t 远小于其平均半径 R（$t \le 0.1R$）。受扭前在薄壁圆筒表面上画上周向线和纵向线，在两端施加外力偶矩 M_e 后，薄壁圆筒产生扭转变形（见图 6-8b）。可观察到下列现象：

1）薄壁圆筒表面上各周向线的形状、大小和间距均未改变，只不过各自绕轴线做了相对转动。

2）各纵向线都倾斜了同一角度 γ，纵向线与周向线所组成的微小矩形变成了平行四边形。

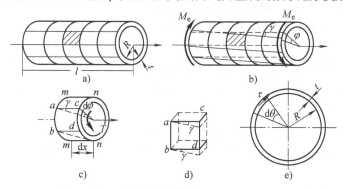

图 6-8　薄壁圆筒横截面应力分析

由于薄壁圆筒表面上各周向线间距未改变，则表明两相邻周向线之间没有沿轴线的线应变，所以薄壁圆筒周向线所在横截面上各点无垂直于该截面的正应力分量。另由于薄壁圆筒扭转的实验现象，两邻近纵向线组成的切于周向线的切平面，出现 γ 角的改变量，即切应变 γ，因此，在圆周各点存在切于圆周的切应力，且数值上相等。而且，由薄壁圆筒表面上各周向线的形状、大小未改变也进一步说明圆周各点切应力只能切于圆周。筒壁很薄，可以认为切应力沿壁厚方向均匀分布。所以，薄壁圆筒扭转时，其横截面上各点处，只产生周向的并在周向及厚度方向均匀分布的切应力。

（2）薄壁圆筒扭转时的切应力公式的推导　设薄壁圆筒的平均半径为 R，壁厚为 t，在横截面上取微面积 $dA = tRd\theta$，其上的微内力为 τdA（见图 6-8e），它对圆心的微内力矩为 $R\tau dA$。由静力学可知，在整个截面上所有这些微内力矩之和即为该截面上的扭矩 T，即

$$T = \int_A R\tau dA = \int_0^{2\pi} tR^2\tau d\theta = 2\pi tR^2\tau$$

所以

$$\tau = \frac{T}{2\pi R^2 t} \tag{6-2}$$

（3）薄壁圆筒扭转时的变形　取出圆筒受扭时的微段 dx，有下面的几何关系（见图 6-8c）

$$\gamma dx = Rd\varphi$$

式中　R——薄壁圆筒的平均半径；

$d\varphi$——微段 dx 两端面之间的相对扭转角。

设 l 为薄壁圆筒的长度，φ 为薄壁圆筒两端的相对扭转角，则

$$\varphi = \frac{\gamma}{R}\int_0^l \mathrm{d}x = \frac{\gamma l}{R} \tag{6-3}$$

通常用两端截面间的相对扭转角 φ 来量度扭转变形。

2. 纯剪切应力状态

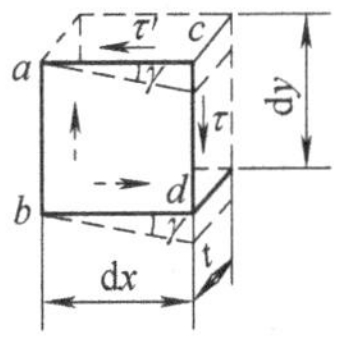

从受扭薄壁圆筒（见图 6-8b）中，用相距为 $\mathrm{d}x$ 的两个横截面，相距为 $\mathrm{d}y$ 的两个过轴线的径向纵截面，从薄壁圆筒中取出一个单元体（微小正六面体，见图 6-8d），单元体的宽度为薄壁圆筒的壁厚 t。单元体的左右两侧面是薄壁圆筒横截面的一部分，所以在这两个侧面上只有切应力 τ。根据单元体平衡条件 $\sum F_{iy} = 0$ 可知，这左、右两侧面上的切应力数值相等、方向相反。于是，这两个面上切应力的合力 $\tau t \mathrm{d}y$ 将合成一个力偶，其力偶矩为 $(\tau t \mathrm{d}y)\mathrm{d}x$。由于单元体处于平衡状态，因此，在单元体的顶面和底面，也必然存在切应力 τ'，并合成一个力偶，其力偶矩为 $(\tau' t \mathrm{d}x)\mathrm{d}y$，与前述力偶平衡（见图 6-9）。由平衡条件 $\sum M = 0$，得

图 6-9　纯剪切应力状态

$$(\tau t \mathrm{d}y)\mathrm{d}x = (\tau' t \mathrm{d}x)\mathrm{d}y$$

故

$$\tau = \tau' \tag{6-4}$$

上式表明：在单元体相互垂直的两个平面上，切应力必然成对存在，且数值相等；两者都垂直于两个平面的交线，其方向共同指向或共同背离该交线，这称为切应力互等定理。

如图 6-9 所示的单元体，其上下左右四个侧面上只有切应力而无正应力作用，单元体的这种应力状态称为纯剪切应力状态。纯剪切应力状态下的单元体只有角度的改变，没有边长的变化。切应力互等定理虽在纯剪切应力状态下推导出，但它是一般性定理，在有正应力作用时同样成立。

3. 剪切胡克定律

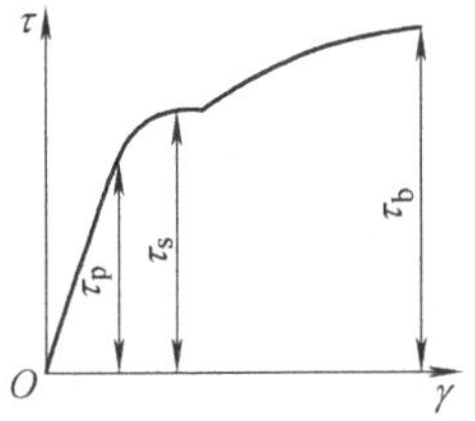

在薄壁圆筒扭转试验中测出逐渐增加的外力偶矩 M_e 与之相应的扭转角 φ，然后分别用式(6-2)、式(6-3)计算出切应力 τ 和切应变 γ，则可得到该材料的 τ-γ 曲线图。低碳钢的 τ-γ 曲线如图 6-10 所示，当切应力不超过材料的剪切比例极限 τ_p 时，切应力与切应变成正比，这就是材料的剪切胡克定律。即

$$\tau = G\gamma \tag{6-5}$$

式中　G——材料的剪切模量，它表明材料抵抗剪切变形的能力。

图 6-10　低碳钢的 τ-γ 曲线图

因为 γ 无量纲，所以 G 的量纲与 τ 相同，常用单位是 GPa，$1\mathrm{GPa} = 1 \times 10^9 \mathrm{Pa}$。不同材料的 G 值各不相同，该值可通过试验测定。常见材料的 G 值见表 6-1。

表 6-1　常见材料的 G 值

材料	钢	铸铁	铜	铝	木材
G /GPa	80 ~ 81	45	40 ~ 46	26 ~ 27	0.55

弹性模量 E、剪切模量 G 和泊松比 μ 是各向同性材料的三个弹性常数，三者之间的关系为

$$G = \frac{E}{2(1 + \mu)} \tag{6-6}$$

6.3　圆轴扭转时的应力和变形

1. 圆轴扭转时的切应力

进行圆轴扭转强度计算时，求出横截面上扭矩 T 后，还要进一步研究横截面上应力的分布规律，并求出横截面上的最大应力。一般来说，解决这个问题，应由变形几何分析中寻求变形协调条件来解决，因此是一种应力的超静定问题。

（1）变形几何关系　圆轴扭转时所发生的变形现象与薄壁圆筒扭转时的变形现象相似（见图 6-11a），即各圆周线的形状、大小和间距均未改变，仅绕轴线做相对转动；各纵向线倾斜了同一微小角度 γ。

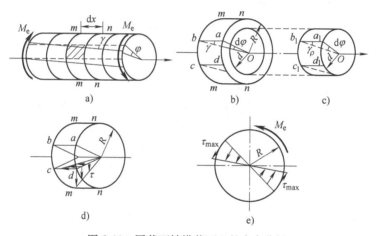

图 6-11　圆截面轴横截面上的应力分析

由此假设：圆轴扭转变形时，各横截面只发生绕轴线旋转的一个微小的刚性转动，同时，圆轴上的每条纵线与横截面的外缘边所形成的直角均发生变化。此假设称为圆轴扭转的平面假设。

在图 6-11a 所示中，用相邻的两个横截面 m—m 和 n—n，从圆轴中取出长为 $\mathrm{d}x$ 的微段，如图 6-11b 所示。在微段 $\mathrm{d}x$ 上取单元体 $abcd$。设截面 n—n 对 m—m 的相对扭转角为 $\mathrm{d}\varphi$。由圆轴扭转的平面假设，横截面 n—n 相对于 m—m 像刚性平面一样，绕轴线旋转了一个角度 $\mathrm{d}\varphi$，半径 Oa 也转了一个 $\mathrm{d}\varphi$ 角到达 Oa'。于是 ad 边相对于 bc 边发生了微小的相对错动，引起单元体 $abcd$ 的剪切变形。ad 边对 bc 边相对错动的距离为

$$aa' = R\mathrm{d}\varphi$$

从而得到圆轴表面原有矩形的直角的改变量 γ 为

$$\gamma \approx \frac{aa'}{ab} = \frac{R\mathrm{d}\varphi}{\mathrm{d}x} \tag{a}$$

这就是圆截面边缘上 a 点处的切应变 γ，该切应变发生在垂直于半径 Oa 的平面内。

同理，可以求得圆轴内距圆心为 ρ 处的切应变 γ_ρ（见图 6-11c）为

$$\gamma_\rho = \frac{\rho \mathrm{d}\varphi}{\mathrm{d}x} \tag{b}$$

由圆周扭转平面假设可知，对于同一横截面上各点，$\dfrac{\mathrm{d}\varphi}{\mathrm{d}x}$ 为一常数。故式（b）表明：横截面上任一点的剪切变形 γ_ρ 与其到圆心的距离 ρ 成正比，γ_ρ 发生在垂直于半径 Oa_1 的平面内。

（2）物理关系 根据剪切胡克定律，在切应力小于剪切比例极限时，横截面上距圆心为 ρ 的任一点处的切应力 τ_ρ 与该点处的切应变 γ_ρ 成正比，即

$$\tau_\rho = G\gamma_\rho$$

将式（b）代入上式，得

$$\tau_\rho = G\frac{\rho \mathrm{d}\varphi}{\mathrm{d}x} \tag{c}$$

式（c）表明：横截面上任一点处的切应力 τ_ρ 与该点到圆心的距离 ρ 成正比。在图6-11e 中绘出了圆轴某横截面上过圆心的直径线上的切应力分布图。因此，距圆心等距离的所有点处的切应力数值都相等。又因为 γ_ρ 发生在垂直于半径的平面内，所以 τ_ρ 也与半径垂直。考虑到切应力互等定理，实心圆轴纵截面上切应力的分布规律与其垂直的横截面上的切应力分布规律相同，如图6-11d所示。

（3）静力关系 因式（c）中 $\dfrac{\mathrm{d}\varphi}{\mathrm{d}x}$ 还未求出，所以，仍然无法用它计算切应力的大小。如图 6-12 所示，在圆轴的横截面上距圆心为 ρ 的点处，取微面积 $\mathrm{d}A$，微面积 $\mathrm{d}A$ 上有微剪力 $\tau_\rho \mathrm{d}A$，各微剪力对截面圆心之矩的积分就是该截面的扭矩 T，即

$$T = \int_A \rho \tau_\rho \mathrm{d}A \tag{d}$$

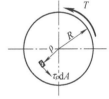

图 6-12 静力等效分析

这就是静力关系。

将式（c）代入式（d），并注意到在某一给定的横截面上积分时 $\dfrac{\mathrm{d}\varphi}{\mathrm{d}x}$ 是常量，于是

$$T = \int_A \rho \left(G\frac{\rho \mathrm{d}\varphi}{\mathrm{d}x} \right) \mathrm{d}A = G\frac{\mathrm{d}\varphi}{\mathrm{d}x} \int_A \rho^2 \mathrm{d}A \tag{e}$$

令

$$I_P = \int_A \rho^2 \mathrm{d}A \tag{6-7}$$

式中 I_P ——与横截面的几何形状、尺寸有关的量，称为横截面的极惯性矩，是一个表征截面几何性质的量（m^4）。

于是式（e）可写成

$$\frac{\mathrm{d}\varphi}{\mathrm{d}x} = \frac{T}{GI_P} \tag{6-8}$$

将式（6-8）代入式（c）中消去 $\dfrac{\mathrm{d}\varphi}{\mathrm{d}x}$，即可得

$$\tau_\rho = \frac{T\rho}{I_P} \tag{6-9}$$

式中　　T——所求横截面上的扭矩；

　　　　ρ——横截面上所求点到圆心的距离。

这就是圆轴扭转时横截面上距圆心为 ρ 的任一点处的切应力计算公式。

2. 最大切应力

圆轴扭转时横截面上最大切应力位于横截面周边上各点，即

$$\tau_{\max} = \frac{TR}{I_P}$$

令

$$W_P = \frac{I_P}{R} \tag{6-10}$$

式中　　W_P——抗扭截面模量（m^3）；

　　　　R——圆轴横截面的半径。

于是得

$$\tau_{\max} = \frac{T}{W_P} \tag{6-11}$$

等截面圆轴扭转时的最大切应力位于受扭矩最大横截面的周边上的各点，即

$$\tau_{\max} = \frac{T_{\max}}{W_P} \tag{6-12}$$

3. 几个常见截面的极惯性矩及抗扭截面模量

1）对直径为 D 的圆截面（见图 6-13），可得其极惯性矩和抗扭截面模量

$$I_P = \int_A \rho^2 \mathrm{d}A = \int_0^{D/2} \rho^2 2\pi\rho\mathrm{d}\rho = \frac{\pi D^4}{32} \tag{6-13}$$

和

$$W_P = \frac{I_P}{D/2} = \frac{\pi D^3}{16} \tag{6-14}$$

2）对于工程上广泛采用的空心圆截面构件的内、外径分别为 d、D（见图 6-14），则空心圆截面的极惯性矩和抗扭截面模量为

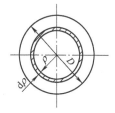

图 6-13　圆截面几何性质

图 6-14　空心圆截面轴

$$I_P = \int_{d/2}^{D/2} \rho^2 2\pi\rho\mathrm{d}\rho = \frac{\pi D^4}{32}(1 - \alpha^4) \tag{6-15}$$

$$\alpha = \frac{d}{D}$$

$$W_P = \frac{I_P}{D/2} = \frac{\pi D^3}{16}(1 - \alpha^4) \qquad (6\text{-}16)$$

式中 α ——空心圆截面内外径的比值,称为空心率。

3)当空心圆截面的壁厚 t 小于 $0.1R_0$（R_0 为平均半径）时,为薄壁圆环截面,从式(6-15) 得

$$I_P = \frac{\pi}{32}(D - d)(D^2 + d^2)(D + d)$$

$$\approx \frac{\pi}{32} \cdot 2t \cdot 4(2R_0)^3 \approx 2\pi R_0^3 t \qquad (6\text{-}17)$$

和

$$W_P = \frac{I_P}{R_0} \approx 2\pi R_0^2 t \qquad (6\text{-}18)$$

由上述计算式可以看出,在使用同样多的材料时,空心截面的极惯性矩和抗扭截面模量与实心圆截面相比更大;空心截面使材料更多的分布在高应力区,使材料得到充分利用,然而,空心轴的壁厚也不能过薄,否则会发生局部皱褶而丧失其承载能力（称为丧失稳定性）;在同样的强度和刚度要求下空心轴可以使用更少的材料。

4. 圆轴扭转时的变形公式

圆轴扭转变形一般用两个横截面间绕轴线的相对转角（见图6-15b 中扭转角 φ_{AC} ） 来表示。由式(6-8) 可得圆轴扭转时相距为 dx 的两个横截面之间的相对扭转角 $d\varphi$ 的计算式为

$$d\varphi = \frac{T}{GI_P}dx$$

式中 T ——圆轴扭转时相距为 dx 的两个横截面之间轴段承受的扭矩;

G ——材料的剪切模量;

I_P ——横截面的极惯性矩;

GI_P ——圆轴抗扭转变形的能力,称为圆轴的抗扭刚度,它与杆的截面形状、尺寸及材料等有关。

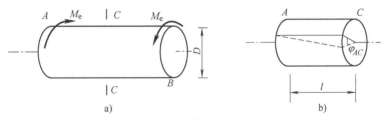

图 6-15 圆轴扭转时变形

相距为 l 的两个横截面 A 和 C 之间的扭转角为

$$\varphi_{AC} = \int_{\varphi_A}^{\varphi_C} d\varphi = \int_A^{l_C} \frac{T}{GI_P}dx \qquad (6\text{-}19)$$

若在 l 长度内,圆轴截面相等且扭矩 T 值不变（见图6-15a）,并且 G 为常量,则轴两端横截面 A 和 B 之间的扭转角为

$$\varphi_{AB} = \frac{Tl}{GI_P} \qquad (6\text{-}20)$$

若在两横截面之间的扭矩 T 有变化或轴为阶梯轴，即 I_P 并非常量，则应通过积分或分段计算出各段的扭转角，然后代数相加，即得轴的两端面的相对扭转角

$$\varphi = \sum_{i=1}^{n} \frac{T_i l_i}{G I_{Pi}} \tag{6-21}$$

扭转角的单位为弧度，用 rad 表示，其转向与扭矩的转向相同。所以扭转角的正负号则由扭矩的正负号来确定，正扭矩得正的扭转角，负扭矩得负的扭转角。

另外，圆轴的扭转变形的计算也为解决工程实际中的超静定轴提供了关于力之间关系的变形协调方程。超静定轴上的未知力可以通过静力平衡方程和变形协调方程联立求解。

5. 圆轴扭转时应力、变形公式的适用条件

圆轴扭转时应力、变形公式是以刚性平面假设为基础导出的。扭转试验和弹性力学更精确的理论分析都证明，只有对于横截面不变的圆轴是精确的，并且只有在这种情况下圆轴扭转的平面假设才是正确的。因此，圆轴扭转时应力、变形公式的适用条件为各向同性、小变形、等圆截面材料且其最大切应力不得超过剪切比例极限。但是，对小锥度的圆轴可近似使用上述公式进行计算；对阶梯状圆轴可分段使用上述公式进行计算；对空心圆轴也完全使用上述公式时，要在极惯性矩 I_P 的积分式中扣除中间的空心部分。

6.4　圆轴扭转时的强度和刚度条件

1. 圆轴扭转时的强度条件

圆轴扭转时的强度条件是其最大工作应力 τ_{max} 不得超过圆轴材料的许用切应力 $[\tau]$，即

$$\tau_{max} \leqslant [\tau]$$

对于等直圆轴，最大工作切应力发生在最大扭矩 T_{max} 所在横截面的周边各点处。于是由式 (6-12)，强度条件可写成

$$\tau_{max} = \frac{T_{max}}{W_P} \leqslant [\tau] \tag{6-22}$$

对于阶梯轴，因 W_P 各段不同，τ_{max} 不一定发生在 T_{max} 所在的截面上。这时要综合考虑扭矩 T 和抗扭截面模量 W_P 两个因素来确定其最大切应力。此时强度条件可写为

$$\tau_{max} = \left(\frac{T}{W_P} \right)_{max} \leqslant [\tau] \tag{6-23}$$

试验指出，材料的扭转许用切应力 $[\tau]$ 是根据扭转试验测得的极限切应力（屈服极限 τ_s 或强度极限 τ_b）除以适当的安全系数得到的，在静载荷下，许用切应力 $[\tau]$ 与材料的许用拉应力 $[\sigma]$ 有以下关系：对于塑性材料，$[\tau] = (0.5 \sim 0.6)[\sigma]$；对于脆性材料，$[\tau] = (0.8 \sim 1)[\sigma]$。另外，轴类零件由于考虑到动载荷等因素的影响，所取的许用剪应力一般比静载荷下的许用剪应力还要小。

圆轴扭转的强度条件可以解决以下三类强度计算问题：

1）强度校核。利用式 (6-22) 或式 (6-23) 计算轴的最大工作切应力后与轴的许用切应力比较。如果轴的最大工作切应力小于或等于轴的许用切应力，则轴满足强度要求；反之轴发生强度失效，应重新设计该轴。

2）轴的横截面选择。利用式（6-22）或式（6-23）通过与轴的横截面尺寸相关的量 W_P 来确定轴在安全承载的条件下的最小截面尺寸。

3）确定许用载荷。利用式（6-22）或式（6-23）通过与载荷相关的量 T 来确定轴在安全承载的条件下的最大外力载荷。

【例 6-3】 如图 6-16 所示，已知 $P = 7.5\text{kW}$，$n = 100\text{r/min}$，许用剪应力 $[\tau] = 40\text{MPa}$，空心圆轴的内外径之比 $\alpha = 0.5$，两轴长度相同，$G = 80\text{GPa}$。求：1）实心轴的直径 d_1 和空心轴的外径 D_2；2）确定两轴的质量之比；3）计算 A 截面上距圆心 10mm 处切应力的数值；4）求 B 截面和 C 截面之间的相对扭转角。

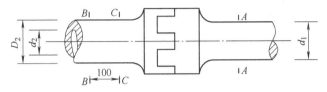

图 6-16 牙嵌离合器连接的传动轴

【解】 由于两轴的转速和所传递的功率均相等，故两者承受相同的外扭转力偶矩，横截面上的扭矩也因而相等。根据

$$M_e = 9549 \frac{P}{n}$$

求得

$$T = M_e = 9549 \times \frac{7.5}{100}\text{N} \cdot \text{m} = 716.2\text{N} \cdot \text{m}$$

1）设实心轴的直径为 d_1，空心轴的内、外径分别为 d_2、D_2。对于实心轴，根据

$$\tau_{\max} = \frac{T}{W_{P1}} = \frac{16T}{\pi d_1^3} = 40\text{MPa}$$

求得

$$d_1 = \sqrt[3]{\frac{16 \times 716.2}{\pi \times 40 \times 10^6}}\text{m} = 0.045\text{m} = 45\text{mm}$$

对于空心轴，根据

$$\tau_{\max} = \frac{T}{W_{P2}} = \frac{16T}{\pi D_2^3(1 - \alpha^4)} = 40\text{MPa}$$

计算出

$$D_2 = \sqrt[3]{\frac{16 \times 716.2}{\pi(1 - 0.5^4) \times 40 \times 10^6}}\text{m} = 0.046\text{m} = 46\text{mm}$$

$$d_2 = 0.5D_2 = 23\text{mm}$$

2）两者的横截面面积之比为

$$\frac{A_1}{A_2} = \frac{d_1^2}{D_2^2(1 - \alpha^2)} = \left(\frac{45 \times 10^{-3}}{46 \times 10^{-3}}\right)^2 \times \frac{1}{1 - 0.5^2} = 1.28$$

可见，如果轴的长度相同，在最大切应力相同的情形下，实心轴所用材料要比空心轴多。因此，空心轴可减小质量，节约材料。两者之所以有以上差别，原因在于横截面上的切应力沿半径是按线性规律分布的，靠近圆心的地方，其应力很小，材料没有充分发挥作用。

若把圆心附近的材料向边缘移置，使其成为空心轴，这样，在面积相同的情况下，空心轴的 I_P 和 W_P 增大，从而提高承载能力。因此，工程中采用空心轴。

3）A 截面上距圆心 10mm 处切应力的数值

$$\tau = \frac{T\rho}{I_P} = \frac{T\rho}{\dfrac{\pi d_1{}^4}{32}} = \frac{716.2 \times 0.01}{\dfrac{\pi (0.045)^4}{32}}\text{Pa} = 17.8\text{MPa}$$

4）B 截面和 C 截面之间的相对扭转角

$$\varphi_{BC} = \frac{Tl}{GI_P} = \frac{716.2 \times 0.1}{80 \times 10^9 \times \dfrac{\pi D_2{}^4}{32}(1 - \alpha^4)} = \frac{716.2 \times 0.1}{80 \times 10^9 \times \dfrac{\pi (0.046)^4}{32}(1 - 0.5^4)}\text{rad} = 0.002\text{rad}$$

2. 圆轴扭转时的刚度条件

在工程中，为了保证机器中的某些轴类零件能够正常工作，除应满足强度要求外，对其变形也有一定要求，即轴的扭转变形不应超过一定限度。对轴的扭转变形的限制条件称为刚度条件。例如，传动轴的扭转变形不能超过工程上的某一限度，如果超过将影响构件之间的正常传动，致使设备工作状态异常。对于精密机械，刚度要求往往起着主导作用。

工程中对受扭圆轴的刚度要求，通常是限制轴的单位长度扭转角 φ' 的最大值，所谓单位长度扭转角，是由式（6-8）表示的扭转角 $d\varphi$ 与轴的长度 dx 的关系，以消除轴长度对扭转变形的影响。工程中常用单位长度扭转角 φ' 来表示扭转变形的程度，即

$$\varphi' = \frac{d\varphi}{dx} = \frac{T}{GI_P} \tag{6-24}$$

为了保证轴的刚度，通常规定单位长度扭转角的最大值 φ'_{max} 不应超过规定的许用值 $[\varphi]$。这样就得到扭转的刚度条件为

$$\varphi'_{max} \leqslant [\varphi] \tag{6-25}$$

工程中，$[\varphi]$ 的单位习惯上用度/米（记为°/m）。考虑到 $1\text{rad}（弧度）= \dfrac{180°}{\pi}$，因此刚度条件为

$$\varphi'_{max}\frac{180°}{\pi} \leqslant [\varphi] \tag{6-26}$$

等直圆轴扭转时的刚度条件为

$[\varphi]$ 单位为 rad/m 时，$\varphi'_{max} = \dfrac{T_{max}}{GI_P} \leqslant [\varphi]$ $\qquad$ (6-27a)

或

$[\varphi]$ 单位为°/m 时，$\varphi'_{max} = \dfrac{T_{max}}{GI_P}\dfrac{180}{\pi} \leqslant [\varphi]$ $\qquad$ (6-27b)

如果是阶梯轴或小锥度轴等，则应综合考虑轴所承受的扭矩及其横截面尺寸等因素的影响，得到这类轴的最大单位长度扭转角，然后与轴的许用转角建立其刚度条件为

$[\varphi]$ 单位为 rad/m 时，$\qquad \varphi'_{max} = \left(\dfrac{T}{GI_P}\right)_{max} \leqslant [\varphi]$ $\qquad$ (6-28a)

或

$[\varphi]$ 单位为°/m 时，$\qquad \varphi'_{max} = \left(\dfrac{T}{GI_P}\right)_{max}\dfrac{180}{\pi} \leqslant [\varphi]$ $\qquad$ (6-28b)

单位长度的许用扭转角 $[\varphi]$ 的数值，根据载荷性质、生产要求和不同的工作条件等因素确定。在一般情况下：对精密机器的轴，$[\varphi] = 0.25 \sim 0.5°/m$；对一般传动轴，$[\varphi] = 0.5 \sim 1°/m$；对精密度较低的轴，$[\varphi] = 1 \sim 2.5°/m$。具体数值可查阅有关资料和相关手册。

由轴的刚度条件可以解决刚度计算的三个方面的问题：①刚度校核；②设计截面尺寸；③确定许用外载荷。

一般情况下，在设计轴的截面尺寸或确定轴的外载荷时，应该使其满足强度条件和刚度条件。一般机械设备中的轴，可先按强度条件确定轴的尺寸，再按刚度要求进行刚度校核；但精密机器对轴的刚度要求很高，往往其截面尺寸的设计是由刚度条件控制的。

3. 受扭圆杆的破坏

受扭圆杆横截面上作用有切应力，因此，在其上沿着横截面、过轴线的纵截面和同轴线的圆柱面切取的单元体，依切应力互等定理，则单元体处于纯剪切的应力状态。在第 8 章中将会介绍，受扭圆杆在与杆轴线成45°的斜截面上，会分别出现与切应力数值相等的压应力和拉应力（见图6-17）。

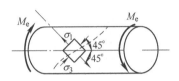

图 6-17 圆轴外表面
一点的主单元体

若材料（如 Q235 钢）的抗剪强度低于抗拉和抗压强度，则圆杆受扭时将会从最外层开始，沿横截面发生剪断破坏（见图6-18a）；若材料（如铸铁）的抗拉强度低于抗剪强度和抗压强度，则圆杆受扭时将会在与杆轴成45°的螺旋面上发生拉断破坏（见图6-18b）。

受扭圆轴的垂直于横截面而过轴线的径向纵截面上也会作用有大小与横截面切应力相等的切应力（见图6-19a），所以若材料（如木材）沿其纵向的抗剪强度低于沿横向的抗剪强度，则杆受扭首先从圆轴外表面出现纵向裂缝而破坏（见图6-19b）。

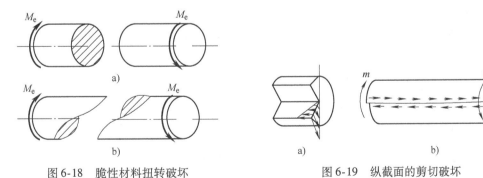

图 6-18 脆性材料扭转破坏   图 6-19 纵截面的剪切破坏

【**例6-4**】 如图6-20a 所示的传动轴，$n = 500r/min$，A 轮的输入功率 $P_1 = 500kW$，B 轮和 C 轮的输出功率分别为 $P_2 = 200kW$、$P_3 = 300kW$，已知 $[\tau] = 70MPa$，$[\varphi] = 1°/m$，$G = 80GPa$。求：确定 AB 段、BC 段直径。

【**解**】 （1）确定直径
计算外力偶矩

$$M_A = 9549 \frac{P_1}{n} = 9549 \text{ N} \cdot \text{m}$$

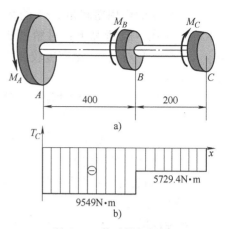

$$M_B = 9549\frac{P_2}{n} = 3819.6\,\text{N}\cdot\text{m}$$

$$M_C = 9549\frac{P_3}{n} = 5729.4\,\text{N}\cdot\text{m}$$

作扭矩图，如图 6-20b 所示，AB 段、BC 段的扭矩分别为 $T_{AB} = 9549\text{N}\cdot\text{m}$，$T_{BC} = 5729.4\text{N}\cdot\text{m}$。

（2）计算直径

AB 段：由扭转强度条件

$$\tau_{\max} = \frac{T_{AB}}{W_P} = \frac{16T_{AB}}{\pi d_{AB}^3} \leqslant [\tau]$$

$$d_{AB} \geqslant \sqrt[3]{\frac{16T_{AB}}{\pi[\tau]}} = \sqrt[3]{\frac{16\times9549}{\pi\times70\times10^6}}\,\text{mm} \approx 88\,\text{mm}$$

由扭转刚度条件

$$\varphi_{AB} = \frac{T_{AB}}{G\dfrac{\pi d_{AB}^4}{32}}\frac{180°}{\pi} \leqslant [\varphi]$$

$$d_{AB} \geqslant 91\,\text{mm}$$

取 $d_{AB} = 91\,\text{mm}$。

BC 段：同理，由扭转强度条件得 $d_{BC} = 74.7\,\text{mm}$

由扭转刚度条件得 $d_{BC} = 80\,\text{mm}$

取 $d_{BC} = 80\,\text{mm}$。

【例6-5】 如图 6-21a 所示，长度为 2m、直径 $D = 100\text{mm}$ 的圆轴在左端固定，右端的最上点和最下点同水平杆铰接，中间水平杆长 $l = 2\text{m}$、直径 $d = 20\text{mm}$，中间承受一集中力偶 M_1，$M_1 = 7\text{kN}\cdot\text{m}$。$G = 0.4E$，试计算圆轴中最大切应力及水平杆中的正应力。

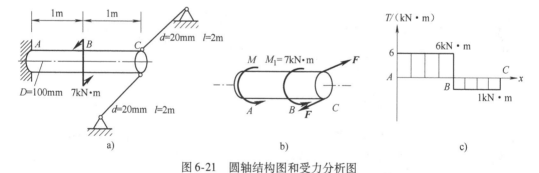

图 6-21 圆轴结构图和受力分析图

【解】 取圆轴为研究对象画受力分析图，如图 6-21b 所示。

由于该轴上有两个未知力，而此时轴的外载荷是平面力偶系，只能建立一个平衡方程，所以该轴是一次超静定轴。

轴的平衡方程

$$\sum M_i = M + M_1 - DF = M + 7 - 0.1F = 0 \qquad (a)$$

建立轴的变形协调方程

$$\varphi_{AC} = \frac{\Delta l}{\dfrac{D}{2}}$$

则

$$\varphi_{AC} = \varphi_{AB} + \varphi_{BC} = \frac{-M \cdot 1}{GI_P} + \frac{-0.1F \cdot 1}{GI_P} = \frac{\dfrac{Fl}{EA}}{\dfrac{D}{2}} = \frac{\dfrac{2F}{E\dfrac{\pi d^2}{4}}}{\dfrac{0.1}{2}}$$

所以

$$M + 0.1F = -0.5F \qquad (b)$$

联立求解式(a) 和式(b) 得

$$M = -6\text{kN} \cdot \text{m}, \, F = 10\text{kN}$$

圆轴的扭矩图如图 6-21c 所示，则最大扭矩

$$T_{max} = 6\text{kN} \cdot \text{m}$$

圆轴最大的切应力

$$\sigma_{max} = \frac{T_{max}}{W_P} = \frac{6 \times 10^3}{\dfrac{\pi D^3}{16}}\text{Pa} = \frac{6 \times 10^3}{\dfrac{0.1^3 \pi}{16}}\text{Pa} = 30.6\text{MPa}$$

水平杆中的正应力

$$\sigma = \frac{F}{A} = \frac{10 \times 10^3}{\dfrac{\pi d^2}{4}}\text{Pa} = \frac{10 \times 10^3}{\dfrac{0.02^2 \pi}{4}}\text{Pa} = 31.8\text{MPa}$$

6.5　矩形截面杆的扭转

1. 自由扭转和约束扭转

除圆截面杆的扭转之外，工程中也常遇到矩形截面杆受扭转的情况，例如，内燃机曲轴上的曲柄臂。有些农业机械中的方形截面传动轴，以及一些工程机械中主要承担弯曲变形的梁结构，因加力面不与梁的形心主轴所在的面共面，而伴随有扭转的产生等。

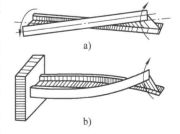

图 6-22　自由扭转和约束扭转

非圆截面杆的扭转分为自由扭转和约束扭转。自由扭转是指整个杆件扭转后，各个横截面的翘曲不受任何限制，任意两个相邻截面的翘曲程度完全相同，纵向纤维的长度无伸缩，故横截面上只有切应力而无正应力，如图 6-22a 所示。相反，若因约束条件或受力条件的限制，造成扭转时各横截面的翘曲程度不同，引起相邻两截面间纵向纤维长度的伸缩，于是横截面上既有切应力又有正应力，这种情况称为约束扭转，如图 6-22b 所示。约束

扭转所引起的正应力在一般实体杆（如矩形、椭圆形杆件）中通常很小，可忽略不计，但在薄壁截面杆件中不能忽略。

2. 矩形截面杆的自由扭转

图 6-23 所示为矩形截面杆受扭后的自由扭转变形。它与圆轴扭转相比，主要区别在于：扭转后横截面不再保持为平面，而发生翘曲。此时扭转的平面假设不再适用，因此，根据扭转平面假设而建立的圆轴扭转公式，已不能应用于非圆截面杆扭转时应力的计算。

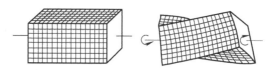

图 6-23 矩形截面杆的自由扭转

矩形截面杆的扭转一般在弹性力学中讨论，本节只介绍有关矩形截面杆在自由扭转时的最大切应力和变形的计算公式。矩形截面杆扭转时，横截面上切应力的分布如图 6-24 所示。图中画出了沿矩形截面周边、对称轴和对角线上的切应力分布情况。矩形截面周边上各点处的切应力方向与周边相切。这是因为在杆的侧表面上没有切应力，由切应力互等定理可知，截面的周边各点上不可能有垂直于周边的切应力。因此，周边各点的切应力形成与周边相切的切应力流。四个角点处的切应力为零，整个截面上的最大切应力 $\tau_{\max}$ 发生在长边中点处（A 点和 C 点），其值为

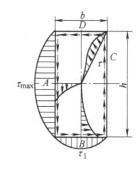

图 6-24 矩形截面的切应力分布

$$\tau_{\max} = \frac{T}{\alpha h b^2} = \frac{T}{W_P} \tag{6-29}$$

在短边中点（B 点和 D 点）的切应力为

$$\tau_1 = \nu \tau_{\max} \tag{6-30}$$

单位长度扭转角 φ' 为

$$\varphi' = \frac{T}{GI_P} = \frac{T}{G\beta h b^3} \tag{6-31}$$

式中　h 和 b ——矩形截面长边和短边的长度；

　　　　GI_P ——非圆截面杆件的抗扭刚度；

　　　　α、β、ν ——系数，与矩形截面边长比 $\frac{h}{b}$ 有关，其值可查表 6-2。

表 6-2　矩形截面杆扭转时的系数 α、β 和 ν

h/b	1.0	1.2	1.5	2.0	2.5	3.0	4.0	6.0	8.0	10.0	∞
α	0.208	0.219	0.231	0.246	0.258	0.267	0.282	0.299	0.307	0.313	0.333
β	0.141	0.166	0.196	0.229	0.249	0.263	0.281	0.299	0.307	0.313	0.333
ν	1.000	0.930	0.858	0.796	0.767	0.753	0.745	0.743	0.743	0.743	0.743

由表 6-2 可知，当 $\frac{h}{b} > 10$ 时，α 和 β 都接近于 $\frac{1}{3}$。因此，狭长矩形截面的 I_P 和 W_P 可按下式计算

$$\begin{cases} I_P = \dfrac{1}{3}hb^3 \\ W_P = \dfrac{1}{3}hb^2 \end{cases} \tag{6-32}$$

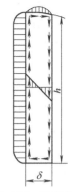

在狭长矩形截面上，扭转切应力的分布规律如图 6-25 所示。虽然最大切应力仍在长边中点，但实际上长边的切应力值变化很小，接近相等，只有在靠近角点处才迅速减小为零。

矩形截面杆扭转时的强度条件为

$$\tau_{max} = \frac{T}{\alpha hb^2} = \frac{T}{W_P} \leqslant [\tau] \tag{6-33}$$

式(6-33) 也可以计算强度的三类问题：①强度校核；②设计横截面尺寸；③确定矩形截面杆的许用外载荷。

图 6-25　狭长矩形截面的切应力分布

【例 6-6】　如图 6-26 所示，为了便于安装手摇把柄，将圆轴的一段 AB 制成正方形。若轴径 $d = 4\text{cm}$，$[\tau] = 60\text{MPa}$，试求许可承受的扭矩。

【解】　正方形边长 $a = \dfrac{d}{\sqrt{2}}$，其边长比为1，查表 6-2 可得 $\alpha = 0.208$，由强度条件

$$\tau_{max} = \frac{T}{\alpha hb^2} = \frac{T}{W_P} \leqslant [\tau]$$

得

$$T \leqslant [\tau]\alpha hb^2 = [\tau]\alpha \left(\frac{d}{\sqrt{2}}\right)^3 = 0.208 \times \left(\frac{4 \times 10^{-2}}{\sqrt{2}}\right)^3 \times 60 \times 10^6 \text{N} \cdot \text{m} = 285\text{N} \cdot \text{m}$$

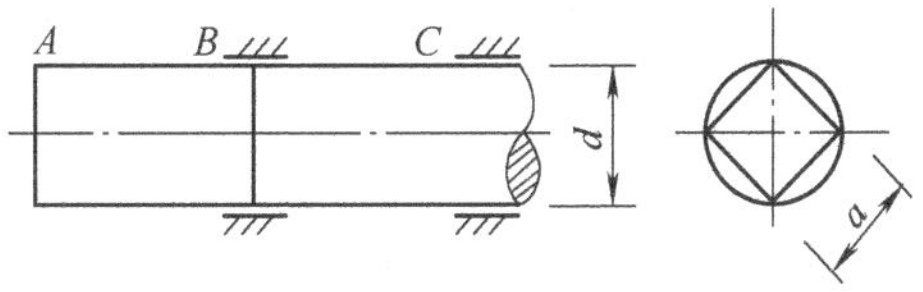

图 6-26　方截面轴

拓 展 阅 读

2018 年 3 月 4 日晚，大国重器（第二季）第七集《智造先锋》在 CCTV - 2 财经频道首播，"智造先锋信息化、工业化不断融合，以机器人技术为代表的智能装备产业蓬勃兴起。2017 年，中国继续成为全球第一大工业机器人市场，销量突破 12 万台，约占全球总产量的1/3。中国连续九年成为全球高端数控机床第一消费大国，全球 50% 的数控机床装在了中国的生产线上。让互联网、大数据、人工智能和实体经济深度融合，在这个国家科技创新优先重点发展的领域，中国企业正努力制造出全新的装备，包括中国第一套全流程数字化仿真系统，中国第一部超精密加工数控系统，全球最大的砂芯 3D 打印机，世界上最大的工程机械工厂的智能化改造。在这个世界上最大、最完备的工业体系内，智能制造正成为先锋，引领中国工业制造一场前所未有的变革。"

节目中华中数控作为唯一一家数控系统行业亮相大国重器。"高速度、高精度、智能

化，已经成为全球装备制造业竞争的焦点，对超精密加工控制系统的需求正快速上升。超精密镜面加工是金属切削加工的最高境界，刀具接触表面造成的划痕叫作粗糙度。在机床主轴转速达到24000r/min的超高速度下，把零件的粗糙度控制在0.02μm以下。这是头发丝直径的万分之一，也是超精密加工系统必须达到的标准之一。""如何在加工过程中，实时监控并调整微米级的加工精度，这是西方数控制造巨头的核心技术机密。华中数控的工程师们创造了一种独特的方法，用色谱图来观测，利用传感器采集刀头数据并传送到计算机。刀头的每一个细小波动，都用不同颜色来标记，就可以捕捉到肉眼难以捕捉到的误差。利用数据寻找加工误差并进行优化，这实际上是一套智能数据采集分析系统。华中数控研发的HNC-8高性能数控系统，分辨率达到1nm，拥有最大通道数十个，最大轴数127个，指标全面达到国际先进水平，加工效率高出国外系统20%。采用国产装备、国产系统、国产工业软件建成智能制造示范工厂，成为自主创新的典范。"

"HNC-8高性能数控系统攻克了高速、高精度运动控制技术，实现了纳米级插补和高速、高刚度、伺服驱动控制；突破了现场总线、五轴联动和多轴协同控制技术，研制了硬件可置换、软件跨平台的全数字数控系统软硬件平台，构建了数控系统云服务平台，实现了全数字化的系统内部通信和外部互联；提出了指令域大数据分析方法，实现了工艺参数优化、机床健康评估、热误差补偿等智能化功能的工程应用。"

要 点 总 结

1. 扭转的力学模型

（1）受力特征 在垂直杆件轴线不同的平面内，受到一些外力偶作用。

（2）变形特征 杆件表面纵向线变成螺旋线，即杆件任意两横截面绕杆件轴线发生相对转动。

2. 外力偶矩的计算

轴所传递的功率、转速与外力偶矩间有如下关系：

当功率单位为kW时，有 $M_e = 9549 \dfrac{P}{n}$

当功率单位为马力时，有 $M_e = 7024 \dfrac{P}{n}$

3. 扭矩和扭矩图

（1）扭矩 受扭杆件横截面上的内力，是一个横截面内的力偶，其力偶矩称为扭矩，用T表示，其值用截面法求得。

（2）扭矩的正负号 扭矩T的正负号规定，以右手螺旋法则表示扭矩矢量。当矢量的指向与截面外法线的指向一致时，扭矩为正；反之为负。

（3）扭矩图 表示沿杆件轴线各横截面上扭矩变化规律的图线。

4. 圆轴扭转时的切应力及强度条件

（1）切应力计算公式 横截面上距圆心为ρ的任一点的切应力 $\tau_\rho = \dfrac{T}{I_P} \cdot \rho$

（2）等截面圆轴扭转时的强度条件

$$\tau_{\max} = \frac{T_{\max}}{W_P} \le [\tau]$$

由强度条件可对受扭圆轴进行强度校核、截面设计和确定许用载荷三类问题的计算。

5. 圆轴扭转时的相对扭转角及刚度条件

（1）圆轴的相对扭转角计算

$$\varphi = \int_L \frac{T}{GI_P} dx$$

（2）圆轴扭转时的刚度条件

$$\varphi'_{\max} = \frac{T_{\max}}{GI_P} \cdot \frac{180°}{\pi} \le [\varphi]$$

由刚度条件，同样可对受扭圆轴进行刚度校核、截面设计和确定许用载荷三类问题的计算。

思 考 题

（1）在变速器中，常见到高速轴的直径小，而低速轴的直径大，为什么？

（2）薄壁圆筒纯扭转时，如果在其横截面及径向截面上有正应力存在，那么取出的分离体能否平衡，此时单元体上的切应力是否还满足切应力互等定理？

（3）在钢板试件的表面先画一正方形，如图 6-27 所示中的 $ABCD$ 所示，加轴向拉伸载荷 P 后，此正方形将变成菱形 $A'B'C'D'$。试根据这一变形现象，说明材料的三个弹性常数 E、G 和 μ 之间必定保持有一种函数关系。

（4）在塑性材料制成的圆轴表面上，先画许多小圆圈，问在圆轴受扭后，这些小圆圈将变成什么形状？试分析其原因。

（5）已知轴表面 A 点单元体的切应力方向，如图 6-28 所示，画出轴端外力偶矩 M_e 的转向。

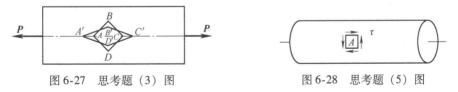

图 6-27 思考题（3）图　　　图 6-28 思考题（5）图

（6）等直圆截面杆在扭转时，横截面上的应力是切应力，在杆的斜截面上是否也是只有切应力？

（7）直径、长度和扭矩相同，但材料不同的两根圆轴，它们的 $\tau_{\max}$、φ 及 I_P 是否相同？若材料、长度和扭矩相同，而直径差一倍的两根圆轴，它们的 $\tau_{\max}$、φ 及 I_P 又有何不同？

（8）图 6-29a 表示一圆轴受扭转力偶 M 的作用，若用横截面 ABE、CDF 和水平纵截面 $ABCD$ 截出杆的一部分如图 6-29b 所示，由切应力互等定理可知，在水平纵截面上有切应力 τ'，它们在水平纵向截面内将组成一个合力偶，试分析此合力偶与这部分杆上的什么力偶相平衡？

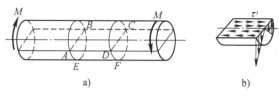

图 6-29　思考题（8）图

（9）在校核钢质圆轴的扭转刚度时，发现扭转角超过了许用值。试问下述两种修正方案中哪一种更有效？1）改用优质钢材；2）加大轴的直径。

（10）矩形截面直杆扭转时，横截面的角点为什么没有切应力？

习　题

6-1　选择题

（1）如图 6-30 所示，等截面圆轴上装有四个带轮，以下安排合理的是（　　）。

A. 将轮 C 与轮 D 对调　　　　　　B. 将轮 B 与轮 D 对调

C. 将轮 B 与轮 C 对调　　　　　　D. 将轮 B 与轮 D 对调，然后将轮 B 与轮 C 对调

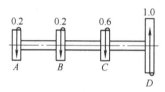

（单位：kN·m）

图 6-30　选择题（1）图

（2）公式 $\tau_\rho = \dfrac{T\rho}{I_P}$ 对图 6-31 所示四种横截面杆受扭时，适用的截面为（　　）（注：除选项 D 外其余为空心截面）。

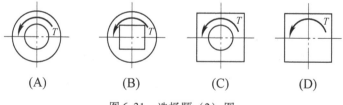

图 6-31　选择题（2）图

（3）由同一材料制成的空心圆轴和实心圆轴，长度和横截面面积均相同，则抗扭刚度较大的是（　　）。

A. 实心圆轴　　　　　　　　　　B. 空心圆轴

C. 二者一样　　　　　　　　　　D. 无法判断

（4）切应力互等定理适用情况正确的是（　　）。

A. 纯剪切应力状态

B. 平面应力状态，而不论有无正应力作用

C. 空间任意应力状态

D. 弹性范围（即切应力不超过剪切比例极限）

（5）关于低碳钢试件扭转破坏有四种说法，正确的是（　　　）。

A. 沿横截面拉断　　　　　　B. 沿45°螺旋面拉断

C. 沿横截面剪断　　　　　　D. 沿45°螺旋面剪断

6-2　计算题

（1）如图6-32所示的圆轴，试求：1）各轴指定截面的扭矩，并指出扭矩的符号；2）确定绝对值最大的扭矩及其所在位置，并绘制扭矩图。

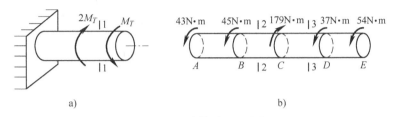

图 6-32　计算题（1）图

（2）已知横截面上的扭矩为 T，如图6-33所示，下列切应力分布图哪一个是正确的？

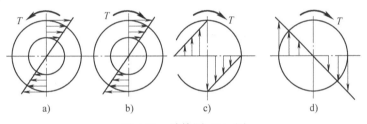

图 6-33　计算题（2）图

（3）如图6-34所示的一薄壁圆轴，受外力偶矩 $M = 1\text{kN} \cdot \text{m}$ 的作用，圆轴外径 $D = 8\text{cm}$，内径 $d = 7.2\text{cm}$，试求：1）横截面上切应力的大小；2）把所计算得到的薄壁圆轴横截面上的切应力和式(6-11)所计算得的横截面上的最大切应力比较，若以此值为精确值，相对最大误差是多少？

图 6-34　计算题（3）图

（4）一根受扭的钢丝，当扭转角为90°时其横截面上的最大切应力为95MPa，已知材料的剪切模量 $G = 80\text{GPa}$。问此钢丝的长度与直径之比 l/d 是多少？

（5）如图6-35a所示圆轴的 AC 段为实心圆截面，CB 段为空心圆截面，外径 $D = 30\text{mm}$，空心段内径 $d = 20\text{mm}$、外力偶矩 $M = 200\text{N} \cdot \text{m}$。试求：1）$AC$ 段和 CB 段横截面外边缘的切应力，以及 CB 段内边缘处的切应力；2）轴的最大切应力 $\tau_{\max}$；3）确定1—1截面（见图6-35b）上 A'、B'、C' 三点的应力。

（6）一空心圆轴和一实心圆轴，其材料相同。要按传递相同的扭矩 T 和具有相同的最大切应力设计。若空心轴的内、外半径之比 $\alpha = 0.8$，试求：1）空心轴的质量与实心轴的质量之比；2）空心轴的外径与实心轴的直径之比。

（7）一直径为50mm的传动轴如图6-36所示。电动机通过 A 轮输入100kW的功率，由 B、C 和 D 轮分别输出45kW、25kW和30kW以带动其他部件。要求：1）画轴的扭矩图；2）求轴的最大切应力；3）如将 A 轮放在轴的两端，对轴是否有利；4）如果将该传动轴由

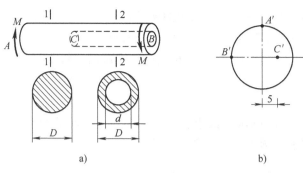

图 6-35　计算题（5）图

实心换成空心，其内外径之比为 0.5，$G = 80\text{GPa}$，$[\tau] = 60\text{MPa}$，试设计此轴的外径，并求出全轴的相对扭转角。

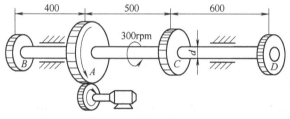

图 6-36　计算题（7）图

（8）杆件的横截面面积 $A = 2500\ \text{mm}^2$，承受转矩 $M = 1.5\text{kN} \cdot \text{m}$，横截面分别为正方形、矩形（$h/b = 4$）、圆形和圆环（$D/d = 2$）。已知 $G = 80\text{GPa}$，试分别计算四种截面上的最大切应力及最大单位长度扭转角。

（9）两轴由四个螺栓和凸缘连接，如图 6-37 所示。若使轴和螺栓的最大切应力相等，试求 D 与 d 之间的关系。

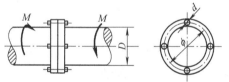

图 6-37　计算题（9）图

（10）直径 $d = 25\text{mm}$ 的钢杆，受轴向拉力 60kN 作用时，在标距为 200mm 的长度内伸长了 0.113mm；当它受一对转矩为 0.2kN·m 的力偶作用时，在标距为 200mm 的长度内转角为 0.732°。试求钢材的弹性模量 E、剪切模量 G 和泊松比 μ。

（11）如图 6-38 所示某实心传动轴，转速 $n = 300\text{r/min}$，传动轴主动轮输入的功率 $P_1 = 60\text{kW}$，传动轴从动轮输出的功率分别为 $P_2 = P_3 = P_4 = 20\text{kW}$，轴的直径 $d = 55\text{mm}$，$G = 80\text{GPa}$，$[\tau] = 40\text{MPa}$，$[\varphi] = 1°/\text{m}$。试求：1）作轴的扭矩图；2）校核该轴；3）当轴的直径未知时，确定 AB 段直径、BC 段直径和 CD 段直径；4）若全轴选同一直径，直径应为多少？5）当轴为空心轴，横截面的内外径之比 $\alpha = 0.8$，确定轴的内径和外径。

（12）已知轴的许用剪应力 $[\tau] = 21\text{MPa}$，剪切模量 $G = 80\text{GPa}$，许用单位长度扭转角 $[\varphi] = 0.3°/\text{m}$，问此轴的直径 d 达到多大时，轴的直径应由强度条件决定，而刚度条件总可满足。

（13）如图 6-39 所示，阶梯轴两端固定，在 C 截面上作用力偶矩 M。已知 d_1、d_2、

l_1、l_2 和剪切模量 G。求轴的两固定端的反力偶矩 M_A 和 M_B，以及 C 截面相对 A 截面的转角。

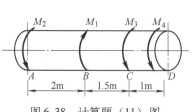

图 6-38 计算题（11）图

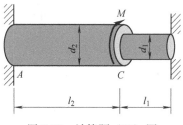

图 6-39 计算题（13）图

第7章 弯　曲

梁的弯曲变形特别是平面弯曲是工程中遇到的最多的一种基本变形，弯曲强度和刚度的研究在材料力学中占有重要位置。梁的内力分析及内力图的绘制是计算梁的强度和刚度的首要条件，应熟练掌握。本章理论比较集中和完整地体现了材料力学研究问题的基本方法，学习中应注意理解概念，熟悉方法，力求应用理论知识解决实际问题。

7.1　平面弯曲的概念和工程实例

当作用在杆件上的载荷和支座反力都垂直于杆件轴线时，杆件的轴线由直线变成了曲线（称为挠曲线或挠曲轴），此变形称为弯曲变形。绝大多数受弯杆件的横截面都具有对称轴，如图7-1a中的点画线。因而，杆件具有对称面（各横截面的对称轴所在的面），杆的轴线包含在对称面内。当所有外力（或者外力的合力）作用于对称面内时，杆件的轴线在对称面内弯曲成一条平面曲线，这种变形称为平面弯曲，也称为对称弯曲。

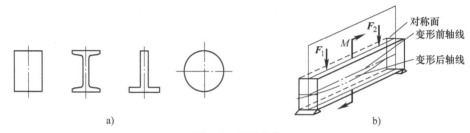

图 7-1　平面弯曲
a）具有对称轴的截面　b）平面对称弯曲

平面弯曲的受力和变形特征：

1）受力特征。作用于杆件上的外力矢量都垂直于杆的轴线，且都作用于梁的同一对称平面内。

2）变形特征。杆的轴线在梁的外力作用的对称面内由直线变为该平面内一条平面曲线。

工程中以弯曲变形为主的杆件称为梁。梁是建筑物中应用最多的一种构件，如阳台挑梁、水利工程中的水闸立柱、楼面梁等，如图7-2所示。

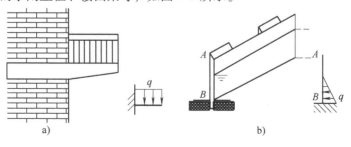

图 7-2　梁的工程实例
a）阳台挑梁　b）水闸立柱

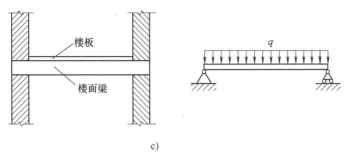

c)

图 7-2　梁的工程实例（续）

c）楼面梁

7.2　梁的计算简图

对于工程中的梁，一般应做以下三个方面的简化，以便将其抽象成便于分析的计算简图。

1）梁本身的简化。通常用梁的轴线来代表梁。

2）荷载的简化。梁上的荷载一般简化为集中力、集中力偶或分布荷载。

3）支座的简化。梁的支座有活动铰支座、固定铰支座和固定端支座三种理想情况。

如果梁的支座反力的数目等于梁的静力平衡方程的数目，就可以由静力平衡方程来完全确定支座反力，这样的梁称为静定梁，如图 7-3 所示。

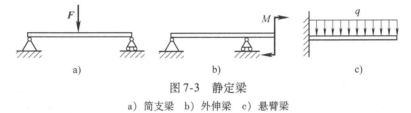

图 7-3　静定梁

a）简支梁　b）外伸梁　c）悬臂梁

如果梁的支座反力的数目多于梁的静力平衡方程的数目，就不能用静力平衡方程来完全确定支座反力，这样的梁称为超静定梁，如图 7-4 所示。

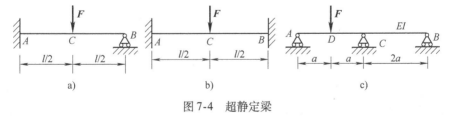

图 7-4　超静定梁

7.3　梁的剪力与弯矩

作用于梁上的外力确定后，由于梁是变形固体，则梁横截面上必然存在因抵抗变形而产生的内力，该内力可用截面法求得。以图 7-5a 所示的简支梁为例，现求其任意横截面 $m—m$（设横截面 $m—m$ 距支座 A 的距离为 a ）上的内力。梁两端的支座反力 F_{Ay} 、F_{By} 可由梁的静力平衡方程求得。假想沿 $m—m$ 截面将梁分为两部分。由于梁的整体处于平衡状态，因此，假想截开的任一部分也应处于平衡状态。取左段梁（也可以取右端，见图7-5c）作为研究对象，将右段梁对左段梁的作用以截开面上的内力来代替。由图 7-5b 可知，为使左段梁平衡，在横截面 $m—m$ 上必然存在一个在截面内的内力 F_S。由平衡方程

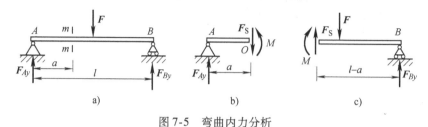

图7-5　弯曲内力分析

$$\sum F_y = 0 , \quad F_{Ay} - F_S = 0$$

得
$$F_S = F_{Ay}$$

在截面内的内力 F_S 称为剪力。因剪力 F_S 与支座反力 F_{Ay} 组成一力偶，故在横截面 $m—m$ 上必然还存在一个内力偶与之平衡。设此内力偶的矩为 M，则由平衡方程

$$\sum M_O = 0 , \quad M - F_{Ay}a = 0$$

得
$$M = F_{Ay}a$$

这个作用面与梁的纵向对称面重合的内力偶矩 M 称为弯矩，它的矩矢垂直于梁的纵向对称面。

为了使剪力和弯矩在分别取左段梁或右段梁为研究对象时剪力和弯矩有统一的表示，故将剪力和弯矩的符号规定如下：

1）剪力的符号规定（左上右下剪力为正）。在剪切面（剪力所在的截面）左右两侧发生相互错动，致使其左侧向下错动而右侧向上错动的剪力符号规定为正；反之为负。因此，当该截面的剪力符号为正时，如取左段梁为研究对象，则其右侧截面上的剪力指向向下；而如取右段梁为研究对象，其左侧截面上的剪力指向向上，如图 7-6 所示。

图 7-6　正剪力

2）弯矩的符号规定（左顺右逆弯矩为正）。弯矩所在截面的下部产生拉伸而上部产生压缩的弯矩符号规定为正；反之为负。因此，当该截面的弯矩符号为正时，如取左段梁为研究对象，则其右侧截面上的弯矩转向为逆时针；而如取右段梁为研究对象，其左侧截面上的弯矩转向为顺时针，如图 7-7 所示。

图 7-7　正弯矩

【例 7-1】　如图 7-8a 所示的悬臂梁，在自由端受有铅垂向下的集中力 qL，在 AB 段受有向上的均布力 q，$AC = L$，$AB = b = 0.6L$，$BC = a = 0.4L$；1—1 截面距自由端的距离为 $c = 0.15L$，2—2 截面距自由端的距离为 $d = 0.7L$。求 1—1、2—2 截面处的内力。

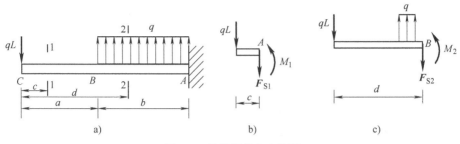

图 7-8　悬臂梁的内力分析

分析：求截面的内力用截面法。假想沿 1—1、2—2 截面截开，如果取右段为研究对象，则首先要求出固定端 A 的约束力；而如果取左段为研究对象时，未知量只有截面的内力。因此，可以取截面的左侧为研究对象，以减少计算量。

【解】　　（1）1—1 截面处截取的左段梁为研究对象，如图 7-8b 所示。

$$\sum F_y = qL + F_{S1} = 0$$

所以
$$F_{S1} = -qL$$

$$\sum M_A = 0, qLc + M_1 = 0$$

所以
$$M_1 = -qLc = -0.15qL^2$$

说明：该截面的剪力真实指向向上，符号为负号；该截面的弯矩真实转向为顺时针，符号为负号。

（2）2—2 截面处截取的左段梁为研究对象，如图 7-8c 所示。

$$\sum F_y = 0, qL + F_{S2} - q(d - a) = 0$$

所以
$$F_{S2} = q(d - a - L) = -0.7qL$$

$$\sum M_B = 0, qLd + M_2 - \frac{1}{2}q(d - a)^2 = 0$$

所以
$$M_2 = \frac{1}{2}q(d - a)^2 - qLd = -0.655qL^2$$

说明：该截面的剪力真实指向向上，符号为负号；该截面的弯矩真实转向顺时针，符号为负号。

从上面例题可以看出，当假设截面的内力符号为正时，平衡方程计算得出的该截面的内力代数值的正负号正好与规定的内力正负号相一致，省去再次判定该截面的内力符号的问题。

【例 7-2】　如图 7-9a 所示的外伸梁，A 端作用一顺时针转向的集中力偶 Fa，D 端作用一铅垂向下的集中力 F，E 截面作用一顺时针转向的集中力偶 Fa，E 是 BC 的中点，$AB = BC = CD = a$。求截面 B 的左极限截面、截面 B 的右极限截面、截面 E 的左极限截面和截面 E 的右极限截面的内力。

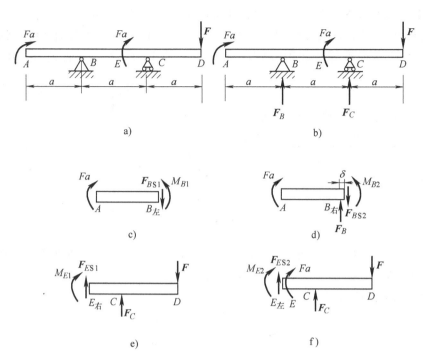

图 7-9 外伸梁内力分析

【解】 （1）确定支座反力 取梁 AD 为研究对象，受力分析如图 7-9b 所示。

$$\sum M_B = 0, Fa + Fa + 2Fa - F_C a = 0$$

所以
$$F_C = 4F$$

$$\sum M_C = 0, Fa + Fa + Fa + F_B a = 0$$

所以
$$F_B = -3F$$

（2）求内力

1）截面 B 的左极限截面内力，取左侧梁为研究对象，如图 7-9c 所示。

$$\sum F_y = 0, F_{BS1} = 0$$

$$\sum M_{B_{左}} = 0, Fa - M_{B1} = 0$$

所以
$$F_{BS1} = 0 , M_{B1} = Fa$$

2）截面 B 的右极限截面内力，取左侧梁为研究对象，如图 7-9d 所示。

$$\sum F_y = 0, F_{BS2} - F_B = 0$$

$$\sum M_{B_{右}} = 0, Fa - M_{B2} + F_{BS2}\delta = 0$$

所以
$$F_{BS2} = -3F , M_{B2} = Fa$$

说明：δ 为截面 B 的右极限截面距 B 截面的距离，δ 是一无穷小量，截面 B 的左极限截面的剪力为 0，而其右极限截面的剪力为 $-3F$，因此，在集中力作用的截面处剪力发生了突变，突变量为该截面作用的集中力的数值；截面 B 的左极限截面的弯矩为 Fa，而其右极限截面的弯矩也为 Fa，因此，在集中力作用的截面处弯矩不改变。

3）截面 E 的右极限截面内力，取右侧梁为研究对象，如图 7-9e 所示。

$$\sum F_y = 0,\ F_{ES1} + F_C - F = 0$$

$$\sum M_{E_{右}} = 0,\ F_C\left(\frac{a}{2} - \delta\right) - F\left(\frac{3a}{2} - \delta\right) - M_{E1} = 0$$

所以　　　　　　　　　　$$F_{ES1} = -3F,\ M_{E1} = \frac{Fa}{2}$$

4）截面 E 的左极限截面内力，取右侧梁为研究对象，如图 7-9f 所示。

$$\sum F_y = 0,\ F_{ES2} + F_C - F = 0$$

$$\sum M_{E_{左}} = 0,\ F_C\left(\frac{a}{2} + \delta\right) - F\left(\frac{3a}{2} + \delta\right) - Fa - M_{E2} = 0$$

所以　　　　　　　　　　$$F_{ES2} = -3F,\ M_{E2} = -\frac{Fa}{2}$$

说明：δ 为截面 E 的左（右）极限截面距 B 截面的距离，δ 是一无穷小量。截面 E 的左极限截面处的剪力为 $-3F$，而其右极限截面处的剪力为 $-3F$，因此，在集中力偶作用的截面处剪力不改变；截面 E 的左极限截面处的弯矩为 $-Fa/2$，而其右极限截面处的弯矩为 $Fa/2$，因此，在集中力偶作用的截面处弯矩发生突变，突变量为该截面作用的集中力偶的数值。

综上，集中力作用处剪力值出现突变；集中力偶作用处弯矩值出现突变。在剪力和弯矩的突变处，剪力和弯矩在此处截面上没有确定的数值。

假设所求横截面的内力符号为正时，从上面计算剪力和弯矩的过程，可以总结出如下规律：

1）梁任一横截面上的剪力等于该截面左侧（或右侧）梁上所有外力在截面方向投影的代数和。截面左侧梁上向上的外力或右侧梁上向下的外力在该截面方向投影的代数值为正，反之为负。

$$F_S = \sum F_i \qquad （左上右下外力投影的代数值为正）$$

2）梁任一横截面上的弯矩等于该截面左侧（或右侧）梁上所有外力对该截面形心之矩的代数和。截面左侧梁上的外力对该截面形心之矩为顺时针转向，或右侧梁上的外力对该截面形心之矩为逆时针转向为正；反之为负。

$$M = \sum M_i \qquad （左顺右逆外力对截面形心之矩为正）$$

取截面的左段梁或右段梁为研究对象都能求出该截面所受的内力，除力（矩）矢量的指向相反，其大小和方位都相同，满足作用和反作用定律。按理同一截面的变形相同，应该对应引起变形的内力也相同。下面通过引入剪力和弯矩的符号规定来解决取不同研究对象时，同一截面的内力统一问题。

7.4　梁的剪力图和弯矩图

用与梁轴线平行的 x 轴的坐标值表示横截面所在的位置，以横截面上按符号规定的剪力和弯矩为纵坐标，按适当的比例绘出剪力和弯矩的图线，这种将剪力和弯矩沿梁轴线的变化情况用曲线表示出来的图形称为剪力图和弯矩图。绘制剪力图时将符号为正的剪力绘在剪力坐标轴的正向，符号为负的剪力绘在剪力坐标轴的负向；同时，绘制弯矩图时将符号为正的弯矩绘在弯矩坐标轴的正向，符号为负的弯矩绘在弯矩坐标轴的负向，即将弯矩图绘在梁的受压侧。

由剪力图和弯矩图可以确定梁的最大内力的数值及其所在的横截面位置，即梁的可能危险截面的位置为梁的强度和刚度设计提供重要依据。

1. 按剪力方程和弯矩方程绘制内力图

首先，取与梁的轴线平行的 x 轴作为横坐标，梁的左端作为横坐标轴 x 的原点；F_S 或 M 的纵坐标轴表示横截面上对应的内力，一般取纵坐标轴向上为正。然后，根据梁的载荷图，确定内力方程的分段点 [一般在集中力（偶）作用处、分布载荷集度突变处]，列写各对应梁段的内力方程，求出分段点处横截面上剪力和弯矩的数值及其对应的符号，并将这些数值标在剪力图和弯矩图中相应位置处。分段点所在的截面也称为控制截面，分段点之间的图形可根据剪力方程和弯矩方程绘出。最后，在剪力图和弯矩图上注明绝对值最大的剪力和弯矩的数值。

【例7-3】 简支梁受力如图7-10a所示。试写出梁的剪力方程和弯矩方程，并作剪力图和弯矩图。

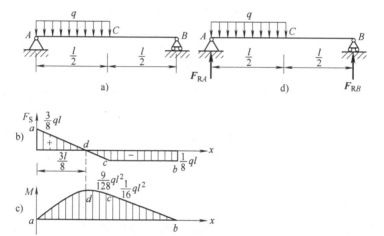

图7-10 简支梁内力图

【解】 （1）求支座反力 取 AB 杆为研究对象，受力分析如图7-10d所示。

$$\sum M_B = 0, \ -F_{RA}l + q \cdot \frac{l}{2} \cdot \frac{3l}{4} = 0, \ F_{RA} = \frac{3}{8}ql$$

$$\sum M_A = 0, F_{RB}l - q \cdot \frac{l}{2} \cdot \frac{l}{4} = 0, \ F_{RB} = \frac{1}{8}ql$$

（2）建立剪力方程和弯矩方程

1）建立坐标系。以梁的左端为坐标原点，建立平行于梁轴线的 x 坐标轴和表示横截面内力的纵坐标轴，如图7-10b、c所示。

2）建立剪力方程和弯矩方程。①控制截面选取：A 截面（集中力作用截面和载荷集度开始突变截面）、C 截面（载荷集度开始突变截面）、B 截面（集中力作用截面）。因此梁分为两段，即 AC 段和 CB 段。②列写各段内力方程。

AC 段

$$F_{S1}(x) = \frac{3}{8}ql - qx \quad \left(0 < x \leqslant \frac{l}{2}\right)$$

$$M_1(x) = \frac{3}{8}qlx - \frac{1}{2}qx^2 \quad \left(0 < x \leqslant \frac{l}{2}\right)$$

CB 段

$$F_{S2}(x) = -\frac{1}{8}ql \quad \left(\frac{l}{2} < x < l\right)$$

$$M_2(x) = \frac{1}{8}ql(l - x) \quad \left(\frac{l}{2} < x < l\right)$$

（3）绘剪力 F_S 图、弯矩 M 图

1）F_S 图：AC 段内，剪力方程 $F_{S1}(x)$ 是 x 的一次函数，剪力图为斜直线，故求出两个端截面的剪力值，A 截面的右极限截面的剪力 $F_{S1}(0) = \frac{3}{8}ql$（符号为正），$C$ 截面的左极限截面的剪力 $F_{S1}\left(\frac{1}{2}\right) = -\frac{1}{8}ql$（符号为负），分别以 a、c 标在 F_S-x 坐标图中，连接 a、c 的直线即为该段的剪力图；CB 段内，剪力方程为常数，剪力图为平行于 x 轴的水平线，各截面的剪力 $-\frac{1}{8}ql$（符号为负）。梁 AB 的剪力图如图 7-10b 所示。

2）M 图：AC 段内，弯矩方程 $M_1(x)$ 是 x 的二次函数，表明弯矩图为二次曲线（抛物线），求出两个端截面的弯矩，A 截面的右极限截面的弯矩 $M_1(0) = 0$，C 截面的左极限截面的弯矩 $M_1\left(\frac{l}{2}\right) = \frac{1}{16}ql^2$（符号为正），分别以 a、c 标在 M-x 坐标中。令弯矩方程 $M_1(x)$ 关于 x 的一阶导数等于零，计算梁段对应的弯矩方程是否存在极值，即 $\dfrac{dM_1(x)}{dx} = \dfrac{3}{8}ql - qx = 0 = F_{S1}(x)$（剪力为零的截面弯矩为极值），解得 $x = \dfrac{3}{8}l$，由于梁段 $0 < x \leqslant \dfrac{l}{2}$，所以弯矩存在极值为 $M_1\left(\frac{3}{8}l\right) = \frac{9}{128}ql^2$，以 d 点标在 M-x 坐标中。据 a、d、c 三点绘出该段的弯矩图；CB 段内，弯矩方程 $M_2(x)$ 是 x 的一次函数，分别求出 C 截面的右极限截面的弯矩 $M_2\left(\frac{l}{2}\right) = \frac{1}{16}ql^2$（符号为正）和 B 截面的左极限截面的弯矩 $M_2(l) = 0$，以 c、b 标在 M-x 坐标中，并连成直线。AB 梁的 M 图如图 7-10c 所示。

2. 按梁段上的分布载荷集度的微分关系和积分关系绘制剪力图和弯矩图

（1）梁段的剪力方程、弯矩方程和其上的分布载荷集度之间的微分关系　如图 7-11a 所示，分布载荷集度 $q(x)$ 是梁横截面位置坐标值 x 的连续函数，并规定指向向上的分布载荷集度为正。现将坐标原点取在梁的左端，用坐标为 x 和 $x + dx$ 的两相邻横截面从梁中取出 dx 微段端，如图 7-11b 所示。在坐标为 x 的截面上，内力为 $M(x)$ 和 $F_S(x)$，在坐标为 $x + dx$ 的截面上内力则为 $M(x) + dM(x)$ 和 $F_S(x) + dF_S(x)$。这里假设内力的符号均为正，由静力平衡条件

$$\sum F_y = 0, \ F_S(x) - [F_S(x) + \mathrm{d}F_S(x)] + q(x)\mathrm{d}x = 0$$

得

$$\frac{\mathrm{d}F_S(x)}{\mathrm{d}x} = q(x) \tag{7-1}$$

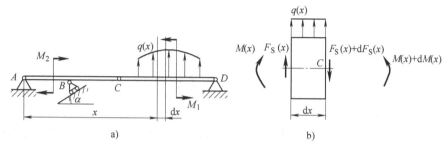

图 7-11 剪力、弯矩和分布载荷集度之间的微分关系

由

$$\sum M_C = 0, M(x) + \mathrm{d}M(x) - M(x) - F_S(x)\mathrm{d}x - q(x)\mathrm{d}x\frac{\mathrm{d}x}{2} = 0$$

略去高阶小量后得到

$$\frac{\mathrm{d}M(x)}{\mathrm{d}x} = F_S(x) \tag{7-2}$$

将式(7-1)代入式(7-2)又可得到

$$\frac{\mathrm{d}^2 M(x)}{\mathrm{d}x^2} = q(x) \tag{7-3}$$

式(7-1) ~式(7-3)就是梁段的剪力方程、弯矩方程与其上的分布载荷集度之间的微分关系。它们表明:

1)梁段的剪力图上某处的斜率等于梁在该处的分布载荷集度。

2)梁段的弯矩图上某处的斜率等于梁在该处的剪力。

3)梁段的弯矩图上某处的斜率变化率等于梁在该处的分布载荷集度。

根据式(7-1) ~式(7-3),可得出梁段的剪力图和弯矩图的如下规律:

1)在梁段上无分布荷载作用时,即 $q(x) = 0$ 时,由 $\frac{\mathrm{d}F_S(x)}{\mathrm{d}x} = q(x) = 0$ 可知,该梁段内各横截面上的剪力 $F_S(x) = C$(常数),故剪力图必为平行于 x 轴的直线。再由 $\frac{\mathrm{d}M(x)}{\mathrm{d}x} = F_S(x) = C$(常数)可知,梁段的弯矩方程 $M(x)$ 为 x 的一次函数,故梁段的弯矩图必为斜直线,其倾斜方向由该梁段的剪力符号决定:当 $F_S(x) > 0$ 时,弯矩图从左向右绘制为向上倾斜的直线;当 $F_S(x) < 0$ 时,弯矩图从左向右绘制为向下倾斜的直线;当 $F_S(x) = 0$ 时,弯矩图为水平直线。

2)在梁段上作用均布荷载时,即 $q(x) = $ 常数 $\neq 0$。由 $\frac{\mathrm{d}^2 M(x)}{\mathrm{d}^2 x} = \frac{\mathrm{d}F_S(x)}{\mathrm{d}x} = q(x) = C$(常数)可知,该梁段的剪力方程 $F_S(x)$ 为 x 的一次函数,而弯矩方程 $M(x)$ 为 x 的二次函数,故该梁段的剪力图是斜直线,而弯矩图是抛物线。①当 $q(x) > 0$(分布载荷指向向上)

时，剪力图从左向右绘制为向上倾斜的直线，弯矩图为开口向上的抛物线；②当 $q(x) < 0$（分布载荷指向向下）时，剪力图从左向右绘制为向下倾斜的直线，弯矩图为开口向下的抛物线；③由 $\dfrac{\mathrm{d}M(x)}{\mathrm{d}x} = F_S(x)$ 还可知，若某截面上的剪力 $F_S(x) = 0$，则该截面上的弯矩 $M(x)$ 必为极值。梁的最大弯矩有可能发在剪力为零的截面上。

（2）梁段的剪力方程、弯矩方程与其上的分布载荷集度之间的积分关系　由式(7-1) 可得，在 $x = a$ 和 $x = b$ 处两个横截面 A、B 间（两横截面间的梁段上无集中力作用）的积分为

$$\int_A^B \mathrm{d}F_S(x) = \int_a^b q(x)\,\mathrm{d}x$$

可写为

$$F_{SB} - F_{SA} = \int_a^b q(x)\,\mathrm{d}x \tag{7-4}$$

式中　F_{SA}、F_{SB}——在 $x = a$、$x = b$ 处两个横截面 A、B 上的剪力。

式(7-4) 表明，任何两个截面上的剪力之差，等于这两个截面间梁段上的分布载荷图的面积。

同理，由式(7-2) 可得

$$\int_A^B \mathrm{d}M(x) = M_B - M_A = \int_a^b F_S(x)\,\mathrm{d}x \tag{7-5}$$

式中　M_A、M_B——在 $x = a$、$x = b$ 处两个横截面 A、B 上的弯矩。

式(7-5) 表明，任何两个截面（两横截面间的梁段上无集中力偶作用）上的弯矩之差，等于这两个截面间的剪力图的面积。

式(7-4) 和式(7-5) 即为梁段的剪力方程、弯矩方程与其上的分布载荷集度之间的积分关系。在应用时要注意式中各量都是代数量。

另外，在集中力作用处剪力出现突变；在集中力偶作用处弯矩出现突变。因此，集中力作用处剪力图要发生突变，集中力偶作用处弯矩图要发生突变，突变量分别等于集中力和集中力偶的数值，这就是突变关系。

利用以上各点，除可以校核已作出的剪力图和弯矩图是否正确外，还可以利用微分关系、积分关系和突变关系绘制剪力图和弯矩图，而不必再建立剪力方程和弯矩方程，其步骤如下：

1）求支座反力。

2）分段，根据微分关系确定各段剪力图和弯矩图的形状。

3）根据积分关系和突变关系求控制面内力，绘制剪力图和弯矩图。

4）确定 $|F_S|_{max}$ 和 $|M|_{max}$。

【例 7-4】　梁的受力如图 7-12a 所示，利用微分关系、积分关系和突变关系绘制梁的剪力图和弯矩图。

【解】　（1）求支座反力　取 CB 杆为研究对象，画受力分析图，如图 7-12a 所示。

$$\sum M_B = 0, \quad 2.4P - 1.8F_{RA} + M + 0.6 \times 1.2q = 0, \quad F_{RA} = 10\text{kN}$$

$$\sum M_A = 0, \quad 0.6P + 1.8F_{RB} + M - 1.2 \times 1.2q = 0, \quad F_{RB} = 5\text{kN}$$

（2）分段确定内力曲线形状　控制截面：C（集中力作用截面）、A（集中力作用截面）、D（集中力偶和分布载荷集度突变截面）和 B（集中力和分布载荷集度突变截面），所

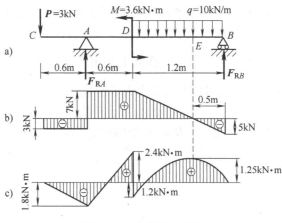

图 7-12　外伸梁内力图

以梁分为 CA、AD 和 DB 三段。

根据微分关系 $\dfrac{\mathrm{d}F_S(x)}{\mathrm{d}x} = q(x)$、$\dfrac{\mathrm{d}M(x)}{\mathrm{d}x} = F_S(x)$ 和 $\dfrac{\mathrm{d}^2M(x)}{\mathrm{d}x^2} = q(x)$，$CA$ 和 AD 段内，$q(x) = 0$，剪力图为水平线，弯矩图为斜直线；DB 段内，$q(x) = -q = $ 常数，剪力图为斜直线，弯矩图为开口向下的抛物线。

（3）根据积分关系和突变关系求控制面的内力值，绘剪力图、弯矩图

1）剪力图：$F_{SC右} = -3\mathrm{kN}$，$F_{SA右} = 7\mathrm{kN}$，据此可作出 CA 和 AD 两段 F_S 图的水平线。$F_{SD右} = 7\mathrm{kN}$，$F_{SB左} = F_{SD右} + (-10 \times 1.2\mathrm{kN}) = -5\mathrm{kN}$，据此作出 DB 段 F_S 图的斜直线。

总结：当剪力图从梁的左端向右端绘制时，在某截面遇见实际指向向上（下）的集中力时，则剪力图在该截面向上（下）突变，突变量等于该集中力的数值，而集中力偶不影响 F_S 图。

2）弯矩图：$M_C = 0$，$M_{A左} = M_C + (-3 \times 0.6\mathrm{kN \cdot m}) = -1.8\mathrm{kN \cdot m}$，据此可以作出 CA 段弯矩图的斜直线。A 支座的约束力 F_{RA} 只会使截面 A 左右两侧剪力发生突变，不改变两侧的弯矩值，故 $M_{A左} = M_{A右} = M_A = -1.8\mathrm{kN \cdot m}$，$M_{D左} = M_{A右} + (7 \times 0.6\mathrm{kN \cdot m}) = 2.4\mathrm{kN \cdot m}$，据此可作出 AD 段弯矩图的斜直线。求出 $M_{D右} = -1.2\mathrm{kN \cdot m}$，$M_B = 0$；由 DB 段的剪力图知在 E 处 $F_S = 0$，该处弯矩为极值，所以 $F_{SE} = 0 = F_{SD右} + (-10\overline{DE})$，则 DE 段的长度为 $0.7\mathrm{m}$，于是求得 $M_E = M_{D右} + \left(\dfrac{1}{2} \times 7 \times 0.7\right)\mathrm{kN \cdot m} = 1.25\mathrm{kN \cdot m}$。根据上述三个截面的弯矩值可作出 DB 段的弯矩图。

总结：当弯矩图从梁的左端向右端绘制时，在某截面遇见实际顺时针转向（逆时针转向）的集中力偶，则弯矩图在该截面向上（下）突变，突变量等于该集中力偶的数值，而集中力作用处弯矩值不变，但在 M 图上出现折角。

【例 7-5】　试根据梁段的弯矩方程、剪力方程与其上的分布载荷集度之间的微分关系、积分关系及集中力和集中力偶的突变关系指出图 7-13 所示剪力图和弯矩图的错误。

【解】　（1）确定支座 A 的约束力　取梁 AB 为研究对象，受力分析如图 7-13b 所示。

$$\sum M_B(F_i) = -3aF_{RA} + 2aq \cdot 2a + qa^2 = 0 , \quad F_{RA} = \frac{5qa}{3}$$

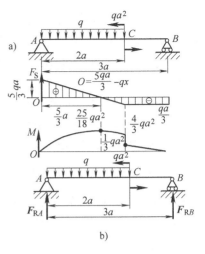

（2）检查内力图　控制截面为 A、C 和 B 截面。因此，梁分为 AC 和 CB 梁段。

1）剪力图：（从梁的左端向右端绘制）A 截面有向上的集中力，数值为 $\frac{5qa}{3}$，该截面处剪力图从零向上突变到 $\frac{5qa}{3}$；AC 梁段上作用有方向向下的均布载荷集度 q，其剪力图应是向下的斜直线，$F_{SC左} = F_{SA右} + (-q \cdot 2a) = -\frac{qa}{3}$；$C$ 截面上作用逆时针转向的集中力偶，不影响该截面的剪力值；CB 梁段上无分布载荷集度，剪力图是水平线，剪力值不变。

图 7-13　简支梁内力图和受力分析图

检查得知，梁的剪力图正确。

2）弯矩图：（从梁的左端向右端绘制）A 截面有向上的集中力，不影响该截面的弯矩值，该截面弯矩值为零；AC 梁段剪力图为向下的斜直线，因此弯矩图是开口向下抛物线，在剪力为零处弯矩取极大值，即 $M_{max} = 0 + \left(\frac{1}{2} \times \frac{5qa}{3} \times \frac{\frac{5qa}{3}}{q} \right) = \frac{25qa^2}{18}$，$M_{C左} = M_{max} + \left(-\frac{1}{2} \times \frac{qa}{3} \times \left(2a - \frac{\frac{5qa}{3}}{q} \right) \right) = \frac{4qa^2}{3}$；$C$ 截面作用有逆时针转向的集中力偶，该截面的弯矩图向下突变，突变量为集中力偶的数值，则 $M_{C右} - M_{C左} = -qa^2$，因此 $M_{C右} = -qa^2 + \frac{4qa^2}{3} = \frac{qa^2}{3}$，图示弯矩图在此截面处没有突变，错误；$CB$ 梁段剪力图是在 x 轴下的水平线，因此对应的弯矩图为向下的斜直线，$M_{B左} = M_{C右} + \left(-\frac{qa}{3}a \right) = 0$。

【例 7-6】　设梁的剪力图如图 7-14a 所示，试作梁的弯矩图和载荷图。已知梁上没有集中外力偶作用。

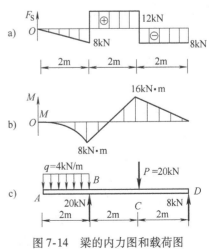

【解】　（1）梁的分段　从已知的剪力图具有三段连续的曲线组成，可知弯矩图也对应分为三段，即 AB、BC 和 CD 段。

（2）绘制弯矩图和载荷图

1）弯矩图：AB 段剪力图是向下的斜直线，则弯矩图是开口向下的抛物线，且剪力图在 A 截面为零，则该截面的弯矩为极大值，即 $M_{max} = 0$，因此 $M_{B左} = M_A + \left(-\frac{1}{2} \times 8 \times 2 \right) kN \cdot m = -8 kN \cdot m$，通过两点的

图 7-14　梁的内力图和载荷图

弯矩值画一条开口向下的抛物线；由于梁上没有集中外力偶作用，则 $M_{B左} = M_{B右}$，BC 的剪力图为 x 轴上的水平线，因此，对应的弯矩图为向上的斜直线，$M_{C左} = M_{B右} + (12 \times 2) \mathrm{kN \cdot m} = 16\mathrm{kN \cdot m}$，将两点的弯矩值连成一直线；由于梁上没有集中外力偶作用，则 $M_{C左} = M_{C右}$，CD 的剪力图为 x 轴下的水平线，因此，对应的弯矩图为向下的斜直线，$M_{D左} = M_{C右} + (-8 \times 2)\mathrm{kN \cdot m} = 0$，将两点的弯矩值连成一直线。

2）载荷图：梁 AD 长为6m，轴线与 x 轴平行；A 截面的剪力和弯矩为零，则该截面无集中力和集中力偶；AB 段剪力图是向下的斜直线，则该梁段上作用方向向下的均布载荷集度 $q = \dfrac{8}{2}\mathrm{kN/m} = 4\mathrm{kN/m}$；$B$ 截面的剪力图发生向上突变，突变量为 $|12 - (-8)|\mathrm{kN} = 20\mathrm{kN}$，则梁在 B 截面受一方向向上的集中力，数值为 $20\mathrm{kN}$；BC 的剪力图为水平线，则该梁段上无分布载荷集度；C 截面的剪力图发生向下突变，突变量为 $|(-8) - 12|\mathrm{kN} = 20\mathrm{kN}$，则梁在 C 截面受一方向向下的集中力，数值为 $20\mathrm{kN}$；CD 的剪力图为水平线，则该梁段上无分布载荷集度；D 截面的剪力图发生向上突变，突变量为 $|0 - (-8)|\mathrm{kN} = 8\mathrm{kN}$，则梁在 D 截面受一方向向上的集中力，数值为 $8\mathrm{kN}$。

在绘制剪力图和弯矩图时，应注意表 7-1 中的几种载荷作用下剪力图与弯矩图的特征。

表 7-1　几种载荷作用下剪力图与弯矩图的特征

一段梁上受外力的情况	向下的均布荷载 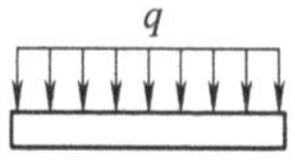 q	无荷载 	集中力 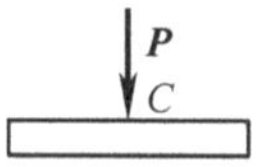 P C	集中力偶 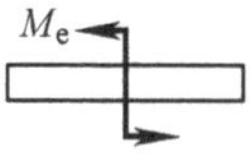 M_e
剪力图上的特征	向下方倾斜的直线  $\oplus$ 或 $\ominus$	水平直线，一般为  $\oplus$ 或 $\ominus$	在 C 处有突变  $C \downarrow P$	在 C 处无变化  C
弯矩图上的特征	上凸的二次抛物线 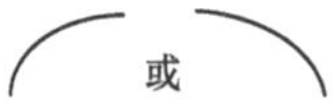 或	一般为斜直线  或	在 C 处有尖角 	在 C 处有突变 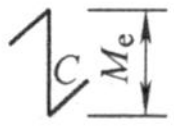 M_e
最大弯矩所在截面	在 $F_S = 0$ 的截面	—	在剪力变号的截面	在紧靠 C 点的某一侧的截面

7.5　弯曲正应力

1. 纯弯曲

为解决梁的强度问题，在求得梁的内力后，必须进一步研究横截面上的应力分布规律，以便寻找到梁的受应力最大的点。通常梁受外力弯曲时，其横截面上同时有剪力和弯矩两种内力，于是在梁的横截面上将同时存在切应力和正应力。因为只有横截面上的切向内力元素 $\tau \mathrm{d}A$ 才能构成剪力；而只有法向内力元素 $\sigma \mathrm{d}A$ 才能构成弯矩。

如图 7-15a 所示的简支梁，在其纵向对称面内对称地作用两个集中力 P。此时梁靠近支座的 AC、DB 段内，各横截面内既有弯矩又有剪力，这种情况称为横力弯曲或剪切弯曲。在

CD 段内的各横截面上剪力等于零,弯矩为一常数,这种弯曲情况称为纯弯曲。实践和理论都证明,弯矩是影响梁的强度和变形的主要因素。为了更集中地分析正应力与弯矩之间的关系,先考虑纯弯曲梁横截面上的正应力。

2. 梁的纯弯曲试验及简化假设

以矩形截面梁为例,首先在该梁表面画上垂直于轴线的横向线 *mm*、*nn* 和平行于轴线的纵向线 *pp*、*ss*(见图7-16a),然后使梁段 *CD* 发生线弹性小变形的纯弯曲变形(见图7-16b)。从梁的表面变形情况可观察到下列现象:

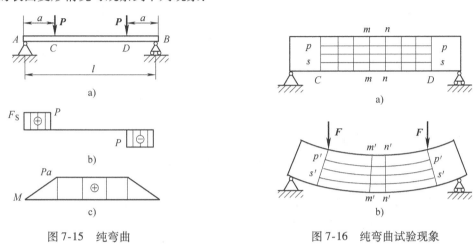

图 7-15 纯弯曲 图 7-16 纯弯曲试验现象

1)横向线仍为直线,但相对转动,仍与纵向线正交。

2)纵向线成同心圆弧,靠顶面缩短,靠底面伸长。

3)纵横线变形比,试验测量符合泊松比。

4)在梁宽方向,它的上部伸长,下部缩短,分别和梁的上部纵向缩短,下部纵向伸长存在简单的比例关系。

根据上面观测的表面变形现象,对梁的变形和受力做如下简化假设:

1)弯曲的平面假设。梁变形后,其横截面仍保持平面,并垂直于变形后梁的轴线,只是绕着梁上某一轴转过一个角度。

2)单向受力假设。梁的各纵向层互不挤压,每根纤维都只受轴向拉伸或压缩。

实践表明,以上述假设为基础导出的应力和变形公式符合实际情况。同时在纯弯曲情况下,由弹性理论也得到了相同的结论。

由上述假设可以建立起梁的变形模型,如图 7-17 所示。设想梁由许多层纵向纤维组成,变形后,其纵向层一部分产生伸长变形,另一部分则产生缩短变形。由于变形的连续性,二者交界处必有一层纤维既不伸长也不缩短,这一层称为中性层。中性层与横截面的交线为截面的中性轴,中性轴与横截面对称轴垂直。梁纯弯曲时,横截面就是绕中性轴转动,并且每根纵向纤维都处于轴向拉伸或压缩的简单受力状态。因此,横截面上位于中性轴两侧的各点分别承受拉应力或压应力,而中性轴上各点的应力为零。

中性层是研究梁弯曲变形的重要概念。看似如此简单的概念却耗费力学家将近 200 年的时间,每一次的进步都建立在对前人研究的批判与继承的基础上。这启示我们,在学习中要敢于和善于发现现有知识体系或实践应用中的不足,有意地培养批判性思维。

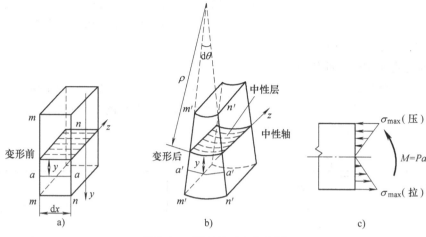

图 7-17　纯弯曲正应力分析

3. 纯弯曲时的正应力公式

（1）变形几何关系　用 m—m、n—n 两横截面截取相距为 $\mathrm{d}x$ 的一段梁（见图 7-17a），令 y 轴为横截面的对称轴，z 为中性轴（其位置待定）。弯曲变形后，与中性层距离为 y 的纤维 aa 变为弧线 $a'a'$（见图 7-17b），且 $a'a' = (\rho + y)\mathrm{d}\theta$，而原长 $aa = \mathrm{d}x = \rho\mathrm{d}\theta$。这里 ρ 为中性层的曲率半径，$\mathrm{d}\theta$ 是两横截面 m—m、n—n 的相对转角。由此得纤维 aa 的线应变为

$$\varepsilon = \frac{a'a' - aa}{aa} = \frac{(\rho + y)\mathrm{d}\theta - \rho\mathrm{d}\theta}{\rho\mathrm{d}\theta} = \frac{y}{\rho} \tag{a}$$

式（a）表明，纵向纤维的线应变 ε 与它到中性层的距离 y 成正比。

（2）物理关系　由假设 2），纵向纤维只受单向拉伸或压缩，因此，在正应力不超过材料的比例极限时，由拉压胡克定律可得

$$\sigma = E\varepsilon = E\frac{y}{\rho} \tag{b}$$

式（b）表明，横截面上任一点的正应力 σ 与该点到中性轴的距离成正比，即正应力沿截面高度成线性分布，而在距中性轴等距离的各点处正应力相等，中性轴上正应力等于零。这一变化规律如图7-17c所示。

（3）静力学关系　由于中性轴的位置及中性层的曲率半径 ρ 均未确定，因此，式（b）还不能用于计算应力。为此考虑正应力满足的静力学关系。

在横截面上任取一点，其坐标为 (y, z)，过此点的微面积 $\mathrm{d}A$ 上有微内力 $\sigma\mathrm{d}A$（见图 7-18）。在整个截面上这些微内力构成空间平行力系。而纯弯曲时梁横截面上的内力只有位于纵向对称面内的弯矩，于是根据静力学条件有

$$F_{\mathrm{N}} = \int_A \sigma\mathrm{d}A = 0 \tag{c}$$

$$M_y = \int_A z\sigma\mathrm{d}A = 0 \tag{d}$$

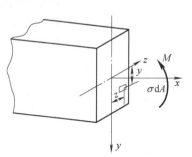

图 7-18　静力等效分析

$$M_z = \int_A y\sigma \mathrm{d}A = M \tag{e}$$

式中　A——横截面面积。

将式(b) 代入式(c) 得

$$\frac{E}{\rho}\int_A y\mathrm{d}A = \frac{E}{\rho}S_z = 0$$

由于 $\dfrac{E}{\rho}$ 不能为零，则静矩 $S_z = \displaystyle\int_A y\mathrm{d}A = 0$，这说明中性轴 z 轴必过截面形心（因为截面

在此坐标系下的形心坐标 $y_C = \dfrac{\displaystyle\int_A y\mathrm{d}A}{A} = \dfrac{S_z}{A} = 0$），因此中性轴位置唯一地被确定。

再将式(b) 代入式(d) 得

$$\frac{E}{\rho}\int_A yz\mathrm{d}A = \frac{E}{\rho}I_{yz} = 0 \tag{f}$$

由于 y 轴是对称轴，则惯性积 $I_{yz} = \displaystyle\int_A yz\mathrm{d}A$ 必等于零，故式(d) 自然满足。

最后将式(b) 代入式(e) 可得

$$\frac{E}{\rho}\int_A y^2 \mathrm{d}A = \frac{E}{\rho}I_z = M$$

于是

$$\frac{1}{\rho} = \frac{M}{EI_z} \tag{7-6}$$

式(7-6) 即为梁的曲率公式，其中 $I_z = \displaystyle\int_A y^2 \mathrm{d}A$ 称为截面对中性轴 z 的惯性矩。由式(7-6)可知：弯矩越大，梁的曲率也越大，即弯得越厉害；相同弯矩下，EI_z 越大，曲率越小，即说明梁比较刚硬，不易弯曲。工程中将 EI_z 称为梁的抗弯刚度，它表示梁抵抗弯曲变形的能力。

将式(7-6) 回代入式(b)，则得到纯弯曲时横截面上的正应力计算式

$$\sigma = \frac{My}{I_z} \tag{7-7}$$

式中　M——横截面的弯矩；

　　　y——需求应力的点到中性轴的距离。

在实际计算时，M 和 y 均可用绝对值代入，至于所求点的应力是拉应力还是压应力，可直接根据梁的变形情况判断，即梁的纤维伸长为拉应力，而梁的纤维缩短为压应力。

虽然是用矩形截面梁推导的纯弯曲正应力公式，但是整个推导过程中没有涉及矩形截面的任何量，因此，式(7-7) 适用于任何截面的梁求正应力。

4. 最大正应力和抗弯截面模量

由式(7-7) 可知，纯弯曲的等截面梁的最大正应力发生在距离中性轴最远处，即

$$\sigma_{\max} = \frac{My_{\max}}{I_z} = \frac{M}{\left(\dfrac{I_z}{y_{\max}}\right)} = \frac{M}{W_z} \tag{7-8}$$

式中　W_z——抗弯截面模量（m^3），$W_z = \dfrac{I_z}{y_{\max}}$，是衡量梁的抵抗弯曲强度的一个横截面几何量。

　　表7-2列出了矩形截面、实心圆截面和空心圆截面的截面几何量 I_z 和 W_z。对于工字形、T形、箱形等工程上的常用截面的惯性矩，可由矩形截面的结果，用平行移轴定理进行叠加求出（见附录 A.3）；对于各种轧制型钢的截面几何性质值可查附录 C 型钢规格表。

表7-2　矩形截面、实心圆截面和空心圆截面的截面几何量 I_z 和 W_z

截面形状及尺寸	对 z 轴的惯性矩 I_z	对 z 轴的抗弯截面模量 W_z
矩形截面	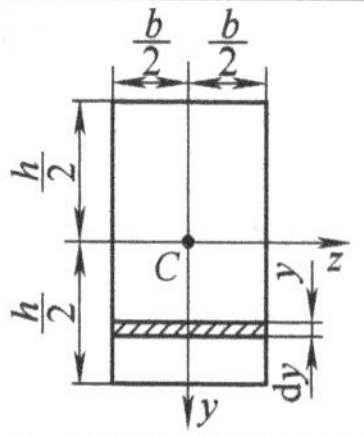 $\dfrac{bh^3}{12}$	$\dfrac{bh^2}{6}$
实心圆截面	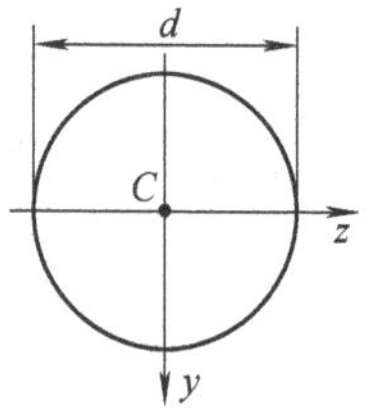 $\dfrac{\pi d^4}{64}$	$\dfrac{\pi d^3}{32}$
空心圆截面	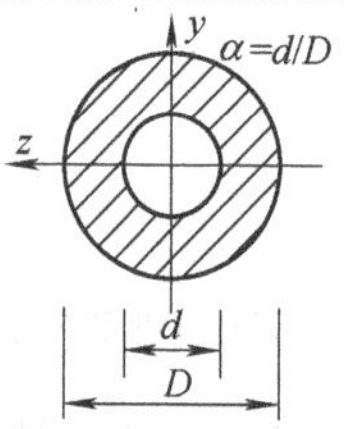 $\dfrac{\pi D^4}{64}(1-\alpha^4)$	$\dfrac{\pi D^3}{32}(1-\alpha^4)$

5. 横力弯曲时横截面上的正应力公式

　　梁在横力弯曲作用下时，其横截面上不仅有正应力，还有切应力。由于存在切应力，横截面不再保持平面，而发生"翘曲"现象。这使得横截面上的正应力不再是线性分布，而且在纵向纤维之间有可能存在着相互挤压的应力，这和外载荷、截面形式、跨度及支承条件等因素有关。但对于细长梁（ $l/h \geqslant 5$，l 为梁长，h 为截面高度），切应力对正应力和弯曲变形的影响很小，可以忽略不计，能够保证工程问题所需要的精度，故式(7-6) 和式(7-7) 仍然适用于横力弯曲下细长梁的正应力计算。当然式(7-6) 和式(7-7) 只适用于材料在线弹性范围，并且要求外力满足平面弯曲的加力条件。但是横力弯曲时，弯矩不是常数，此时横力弯曲的等截面梁的最大正应力发生在受弯矩最大的横截面上，并距离该横截面中性轴最远处，即

$$\sigma_{\max} = \frac{M_{\max} y_{\max}}{I_z} = \frac{M_{\max}}{\left(\dfrac{I_z}{y_{\max}}\right)} = \frac{M_{\max}}{W_z} \tag{7-9}$$

【例7-7】　如图 7-19a、b 所示的矩形截面悬臂梁，受到两个集中力的作用，且 $P_1 = 0.8$，$P_2 = 8\text{kN}$，$h = 2b = 80\text{mm}$。试求：（1）D 截面上 C_1 点、C_2 点和 C_3 点的正应力；（2）作梁 D 截面上弯曲正应力的分布图；（3）梁的最大正应力，并指出所在的位置。

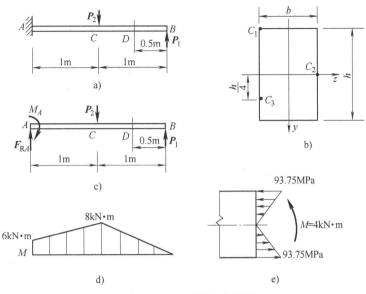

图 7-19　悬臂梁的应力分析

【**解**】　（1）确定支座反力　取梁 AB 为研究对象，画受力分析图，如图 7-19c 所示。

$$\sum M_A(F_i) = -M_A - P_2 \cdot 1 + P_1 \cdot 2 = 0 , \quad M_A = 6\text{kN} \cdot \text{m}$$

$$\sum F_y = 0 , \quad F_{RA} - P_2 + P_1 = 0 , \quad F_{RA} = 2\text{kN}$$

（2）绘制梁的弯矩图，如图 7-19b 所示。

（3）D 截面的弯矩值

$$\frac{M_D}{M_C} = \frac{0.5}{1} = \frac{M_D}{8} , \quad M_D = 4\text{kN} \cdot \text{m}$$

（4）D 截面 C_1 点、C_2 点和 C_3 点的正应力

$$\sigma_{C_1} = \frac{M_D}{W_z} = \frac{4 \times 10^3}{\dfrac{bh^2}{6}} = \frac{4 \times 10^3}{\dfrac{0.04 \times 0.08^2}{6}}\text{Pa} = 93.75\text{MPa}$$

$$\sigma_{C_2} = 0\text{MPa}$$

$$\sigma_{C_3} = \frac{M_D y}{I_z} = \frac{4 \times 10^3 \times \dfrac{h}{4}}{\dfrac{bh^3}{12}} = \frac{4 \times 10^3 \times \dfrac{0.08}{4}}{\dfrac{0.04 \times 0.08^3}{12}}\text{Pa} = 46.875\text{MPa}$$

（5）梁 D 截面上弯曲正应力的分布图，如图 7-19e 所示。

（6）梁的最大正应力

$$\sigma_{\max} = \frac{M_C}{W_z} = \frac{8 \times 10^3}{\dfrac{bh^2}{6}} = \frac{8 \times 10^3}{\dfrac{0.04 \times 0.08^2}{6}}\text{Pa} = 187.5\text{MPa}$$

梁的最大正应力位于 C 截面的上下边缘处。

7.6　弯曲切应力

　　梁在横力弯曲时，梁横截面上既有正应力，又有切应力。一般情况下，正应力是引起梁破坏的主要因素。但是当梁的跨长较短、截面较高、梁上作用的载荷靠近支座或者梁的截面腹板较薄（如工字形截面）的情况下，切应力的数值也可能相当大，这时还有必要进行切应力强度校核。本节以矩形截面梁为例，对切应力公式进行推导，并对其他几种常用截面梁的切应力做简要介绍。

1. 矩形截面梁横截面上的切应力

　　如图 7-20b 所示，矩形截面的高度为 h，宽度为 b，截面上的剪力 F_S 作用线沿截面的对称轴 y。因为梁的外表面没有切应力，根据切应力互等定理，在横截面上靠近两侧面边缘的切应力方向一定平行于横截面的侧边。设矩形截面的宽度相对于高度较小，可以认为沿截面宽度方向切应力的大小和方向都不会有明显变化。所以对横截面上切应力分布做如下的假设：

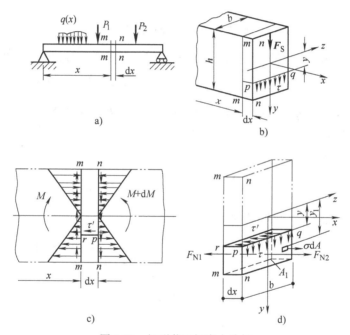

图 7-20　矩形截面切应力分析

　　1）横截面上各点处的切应力都平行于横截面的侧边，并与截面内剪力 F_S 的方向相同。

　　2）切应力沿截面宽度均匀分布，即切应力的大小只与坐标 y 有关，到中性轴距离相等，各点切应力相等（见图 7-20b）。

　　现从图 7-20a 所示梁中截取长 dx 的两横截面 m—m 和 n—n。一般情况下，这两个横截面上的弯矩是不相等的，分别为 M 和 $M + dM$。因而在上述两截面上同一个 y 坐标处的正应力也不相等（见图 7-20c）。

　　为计算横截面上距中性层为 y 处的切应力 $\tau(y)$，再以平行于中性层且距中性层为 y 的纵截面 pr 从微段梁中截取下部 $prmn$（见图 7-20c），并研究该六面体的平衡。在右侧面 pn 上

有弯矩 $M + \mathrm{d}M$ 引起的正应力 σ ，由微内力 $\sigma \mathrm{d}A$ 构成的内力系的合力是

$$F_{N2} = \int_{A_1} \sigma \mathrm{d}A = \int_{A_1} \frac{M + \mathrm{d}M}{I_z} y_1 \mathrm{d}A = \frac{M + \mathrm{d}M}{I_z} \int_{A_1} y_1 \mathrm{d}A = \frac{M + \mathrm{d}M}{I_z} S_z^* \tag{a}$$

式中　A_1——右侧面 pn 的面积，而

$$S_z^* = \int_{A_1} y_1 \mathrm{d}A \tag{b}$$

式（b）是部分截面积 A_1 对中性轴的静矩，此值随右侧面 pq 的位置而变。同理可以求得左侧面 rm 上内力系的合力为

$$F_{N1} = \frac{M}{I_z} S_z^* \tag{c}$$

由于 F_{N1} 和 F_{N2} 并不相等，故在切出的六面体顶面 pr 上一定有切应力存在，对应有切应力 $\tau'(y)$ 。根据切应力互等定理及切应力沿横截面宽度均匀分布的假设可知，$\tau'(y)$ 在数值上等于 $\tau(y)$ 的大小，且沿截面宽度也是均匀分布的。由 $\tau'(y)$ 构成的剪力

$$\mathrm{d}F_S' = \tau'(y) b \mathrm{d}x \tag{d}$$

为维持微段下部 x 方向的平衡，即

$$F_{N2} - F_{N1} - \mathrm{d}F_S' = 0 \tag{e}$$

将式（a）、式（c）、式（d）代入式（e）得

$$\frac{M + \mathrm{d}M}{I_z} S_z^* - \frac{M}{I_z} S_z^* - \tau'(y) b \mathrm{d}x = 0$$

简化后得

$$\tau'(y) = \frac{\mathrm{d}M}{\mathrm{d}x} \cdot \frac{S_z^*}{I_z b} = \frac{F_S S_z^*}{I_z b} \tag{f}$$

这里用到了微分关系 $\frac{\mathrm{d}M}{\mathrm{d}x} = F_S$ 。又因为 $\tau(y)$ 与 $\tau'(y)$ 在数值上相等，故横截面上距中性轴为 y 处切应力

$$\tau(y) = \frac{F_S S_z^*}{I_z b} \tag{7-10}$$

式中　F_S——横截面上的剪力，取剪力的绝对值；
　　　b——横截面宽度；
　　　I_z——整个横截面对中性轴的惯性矩；
　　　S_z^*——横截面上距中性轴为 y 处横线与横截面上边缘或下边缘所围成的部分面积 A_1 对中性轴的静矩。

式（7-10）即为矩形截面梁的弯曲切应力公式。

如图 7-20d 所示，在矩形截面上，距过形心的 z 轴为 y 处的横线与截面上边缘或下边缘所围成的矩形面积 A_1 对 z 轴的静矩为

$$S_z^* = \int_{A_1} y_1 \mathrm{d}A = \int_y^{\frac{h}{2}} b y_1 \mathrm{d}y_1 = \frac{b}{2} \left(\frac{h^2}{4} - y^2 \right) \tag{7-11}$$

由式（7-11）可知，当 $y = 0$ 时，即横截面中性轴与横截面上边缘或下边缘围成的面积对中性轴的静矩最大。

$$S_{z\text{max}}^* = \frac{bh^2}{8}$$

当 $y = \pm \dfrac{h}{2}$ 时，横截面的下边缘（上边缘）与横截面上边缘（下边缘）围成的面积对中性轴的静矩最小

$$S_{z\text{min}}^* = 0$$

因此，由式(7-20) 可知，矩形截面梁某横截面上距中性轴为 y 处横线上各点的切应力为

$$\tau(y) = \frac{F_S \dfrac{b}{2}\left(\dfrac{h^2}{4} - y^2\right)}{I_z b} = \frac{F_S}{2I_z}\left(\frac{h^2}{4} - y^2\right) \tag{7-12}$$

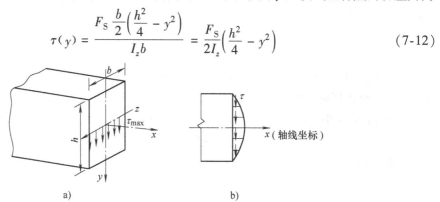

图 7-21　矩形截面切应力分布

由式(7-12) 可见，切应力 τ 沿截面高度按抛物线规律变化，如图 7-21b 所示。在截面上下边缘处 $\left(y = \pm \dfrac{h}{2}\right)$，切应力最小为

$$\tau_{\min} = \frac{F_S S_{z\text{min}}^*}{b I_z} = \tau\left(\pm \frac{h}{2}\right) = 0$$

在中性轴上各点（$y = 0$）处，切应力最大为

$$\tau_{\max} = \frac{F_S S_{z\text{max}}^*}{b I_z} = \tau(0) \frac{F_S \cdot \dfrac{bh^2}{8}}{I_z b} = \frac{F_S \cdot \dfrac{bh^2}{8}}{\dfrac{bh^3}{12}b} = \frac{3}{2} \cdot \frac{F_S}{bh} = \frac{3}{2} \cdot \frac{F_S}{A} \tag{7-13}$$

可见，矩形截面梁的某横截面上的最大切应力为该横截面上平均切应力的 1.5 倍。

等截面的矩形截面梁的最大切应力位于受剪力最大的横截面的中性轴处，即

$$\tau_{\max} = \frac{F_{S\max} S_{z\text{max}}^*}{I_z b} = \frac{3}{2} \cdot \frac{F_{S\max}}{bh} = \frac{3}{2} \cdot \frac{F_{S\max}}{A} \tag{7-14}$$

因此，矩形截面梁的最大切应力为其最大平均切应力的 1.5 倍。

2. 其他常见截面梁横截面上的最大切应力

（1）工字形薄壁截面梁　工字形薄壁截面梁的横截面由上下翼板和中间腹板组成（见图 7-22a）。腹板是矩形截面，所以，腹板上的切应力可按式(7-10) 进行计算，其上切应力沿腹板高度按抛物线规律变化，如图 7-22b 所示。最大切应力仍然发生在中性轴上各点处，其值为

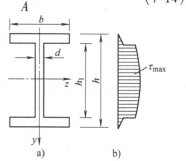

图 7-22　工字形截面切应力分布图

$$\tau_{max} = \frac{F_S S^*_{zmax}}{I_z d}$$

式中　S^*_{zmax}——中性轴一侧截面面积对中性轴的静矩。对于轧制的工字钢，式中的 $\dfrac{I_z}{S^*_{zmax}}$ 可以从附录 C 型钢规格表中查得。

在腹板与翼板交接处，由于翼板面积对中性轴的静矩仍然有一定值，所以切应力较大。腹板上的切应力接近于均匀分布。在翼板上也有平行于剪力 F_S 的切应力分量，其分布很复杂，但因其数值很小，计算的实际意义不大，通常不予考虑。另外，在翼板上还有与翼板长边平行的切应力分量，这也可以仿照在矩形截面中采用的方法来求得，其最大值仍小于腹板上切应力的最大值，所以在一般情况下也不必计算。

计算结果表明，腹板承担的剪力约为 $(0.95 \sim 0.97) F_S$，因此，也可用下式计算 τ_{max} 的近似值

$$\tau_{max} \approx \frac{F_S}{h_1 d}$$

式中　h_1——腹板的高度；
　　　d——腹板的宽度。

（2）圆形截面梁和薄壁圆环形截面梁横截面上的最大切应力

1）圆形截面梁如图 7-23a 所示。可以假设与中性轴平行的弦 AB 上各点的切应力均指向 A、B 两端点切线的交点 p，并假设其 y 向分量 τ_y 沿 AB 线均布。根据这一假设可以近似地用式(7-10) 来计算横截面上任一点上切应力沿 y 方向的分量 τ_y。经计算，在横截面中性轴上各点处切应力最大，均与 y 轴平行，并沿中性轴均匀分布，其值为

$$\tau_{max} = \frac{4}{3} \cdot \frac{F_S}{\pi R^2} = \frac{4}{3} \cdot \frac{F_S}{A} \tag{7-15}$$

可见，圆截面的最大切应力 τ_{max} 是平均切应力的 $\dfrac{4}{3}$ 倍。

2）圆环形截面梁的最大切应力也在中性轴上，如图 7-23b 所示，若圆环壁厚 t 远小于其平均半径 R_0（$R_0 > 10t$），可用下式计算最大切应力

$$\tau_{max} = \frac{F_S}{\pi R_0 t} = 2 \frac{F_S}{A} \tag{7-16}$$

可见，薄壁圆环截面梁的最大切应力是平均切应力的 2 倍。

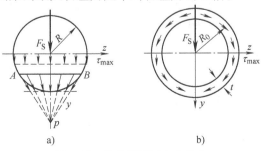

图 7-23　其他截面切应力分布

【例7-8】　如图7-24a所示的矩形截面简支梁，受均布载荷 q 作用。求梁的最大正应力和最大切应力，并进行比较。

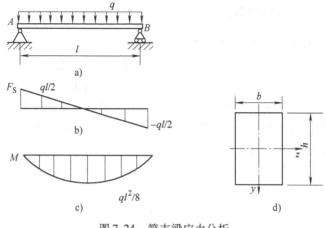

图7-24　简支梁应力分析

【解】　绘制梁的剪力图和弯矩图，如图7-24b、c所示，由图可知，最大剪力和最大弯矩分别为

$$F_{S\max} = \frac{1}{2}ql \ , \ M_{\max} = \frac{1}{8}ql^2$$

根据式（7-8）和式（7-14），梁的最大正应力和最大切应力分别为

$$\sigma_{\max} = \frac{M_{\max}}{W_z} = \frac{\frac{1}{8}ql^2}{\frac{bh^2}{6}} = \frac{3 \times ql^2}{4bh^2}$$

$$\tau_{\max} = \frac{3}{2} \times \frac{F_{S\max}}{A} = \frac{3}{2} \times \frac{\frac{1}{2}ql}{bh} = \frac{3}{4} \times \frac{ql}{bh}$$

最大正应力和最大切应力的比值为

$$\frac{\sigma_{\max}}{\tau_{\max}} = \frac{\frac{3}{4} \times \frac{ql^2}{bh^2}}{\frac{3}{4} \times \frac{ql}{bh}} = \frac{l}{h}$$

从本例看出，梁的最大正应力与最大切应力之比等于梁的跨度 l 与梁的高度 h 之比。一般梁的跨度远大于其高度（如细长梁的 $l/h \geqslant 5$ ，则 $\sigma_{\max}/\tau_{\max} \geqslant 5$ ），所以，梁的主要应力是正应力，主要考虑弯矩对梁的影响。

7.7　梁的强度条件

在一般情况下，梁内同时存在弯曲正应力和弯曲切应力，并且最大正应力和最大切应力发生在不同的横截面位置。因此，应分别建立正应力强度条件和切应力强度条件。

1. 梁的正应力强度条件

对细长梁进行强度计算时，主要考虑弯矩的影响，由于截面上的最大正应力作用点处，弯曲切应力为零，故该点是简单拉伸（压缩）状态，即单向应力状态。为保证梁的安全，梁的最大正应力点不能超过许用应力值，即弯矩 M 和到中性轴的距离 y 必须同时取最大值，即梁的强度条件

$$\sigma_{max} = \left(\frac{My_{max}}{I_z}\right)_{max} = \left(\frac{M}{W_z}\right)_{max} \leqslant [\sigma] \tag{7-17a}$$

对于等截面直梁，若材料的拉、压强度相等，则最大弯矩所在截面上距中性轴最远的点的正应力不大于许用应力。此时梁的强度条件式(7-17a) 可表达为

$$\sigma_{max} = \frac{M_{max}}{W_z} \leqslant [\sigma] \tag{7-17b}$$

式中　$[\sigma]$——材料的许用应力，对薄壁型钢一般可用轴向拉伸时所得的许用应力值；对于钢制实心梁，$[\sigma]$ 可取得稍高一些（约高20%）。这是因为当截面边缘的应力值 σ_{max} 达到屈服极限 σ_s 时，钢制实心梁截面上很多材料还处于弹性阶段，整个构件仍能正常工作。在具体计算时，为确定许用应力 $[\sigma]$ 也可查阅有关设计规范。

由脆性材料制成的梁，由于其抗拉强度和抗压强度相差很大，所以要分别对最大拉应力点和最大压应力点进行校核，即

$$\sigma_{max}^+ \leqslant [\sigma_t]$$

$$\sigma_{max}^- \leqslant [\sigma_c]$$

式中　σ_{max}^+、σ_{max}^-——梁内的最大拉应力和最大压应力数值；

　　　$[\sigma_t]$、$[\sigma_c]$——许用拉应力和许用压应力。

根据式(7-17)，可以解决梁的三类强度问题，即强度校核、截面设计（截面的最小尺寸）和许用载荷（梁的最大外载荷）计算。

2. 梁的切应力强度条件

对于某些特殊情形，如梁的跨度较小或载荷靠近支座时、焊接或铆接的薄壁截面梁、梁沿某一方向的抗剪能力较差（木梁的顺纹方向、胶合梁的胶合层）等，还需进行弯曲切应力强度校核。最大弯曲切应力通常发生在横截面的中性轴处，而此处弯曲正应力 $\sigma = 0$，该处的微元体处于纯剪切应力状态。所以，梁某截面的弯曲切应力强度条件为

$$\tau_{max} = \frac{F_S S_{zmax}^*}{I_z b} \leqslant [\tau] \tag{7-18a}$$

等截面直梁的 τ_{max} 一般发生在最大剪力 F_{Smax} 所在截面的中性轴上，式(7-18a) 可改写为

$$\tau_{max} = \frac{F_{Smax} S_{zmax}^*}{I_z b} = \alpha \frac{F_{Smax}}{A} \leqslant [\tau] \tag{7-18b}$$

式中　$[\tau]$——材料的许用切应力；

　　　F_{Smax}——最大的剪力值；

　　　α——与截面形状有关的系数，其取值见表7-3。

表 7-3　系数 α 的取值

截面形状	矩形截面	圆形截面	薄壁圆环截面	T 字形截面	工字形截面
α	1.5	1.333	2	$0.5(y_1/i)^2$	A/A_ω（A_ω 为腹板截面面积）

梁的正应力强度条件和切应力强度条件，可以解决以下三类强度计算问题：

（1）强度校核　在进行梁的强度校核时，必须同时满足正应力强度条件和切应力强度条件。但对于通常的细长梁，只要能满足正应力强度条件就能满足切应力强度条件，故只需进行正应力强度计算，可不进行切应力强度计算。但对下列几种特殊情况，不仅要进行正应力强度计算，还应进行切应力强度计算。

1）梁的跨度较小或支座附近载荷较大时，可能出现梁的弯矩较小而剪力却较大。

2）焊接组合截面（如工字形、T字形）钢梁，当腹板厚度与截面高度之比小于型钢截面的相应比值时，腹板切应力可能较大。

3）木梁或玻璃钢等复合材料梁。木梁的顺纹方向、玻璃钢梁的层间抗剪强度较差，可能出现沿中性层或胶合面的层间发生剪切破坏。

（2）截面选择　此时可以利用式(7-17)和式(7-18)分别通过和梁的截面尺寸有关的量 W_z、I_z 和 b 来确定梁在安全承载的条件下的截面的最小尺寸；在选择型钢截面时，一般先按正应力的强度条件选择截面的尺寸和形状，再按切应力强度条件校核。

（3）确定许用载荷　此时可以利用式(7-17)和式(7-18)分别通过与载荷有关的梁 M 和 F_S 来确定梁在安全承载条件下的最大外载荷。

【例7-9】　悬臂梁由三根木板条胶合而成，在自由端作用有载荷 P，截面尺寸如图7-25所示，跨度 $l=1.2m$，若在胶合面上胶、木之间的许用切应力为 $0.3MPa$，木材的许用应力 $[\sigma]=10MPa$ 和 $[\tau]=1MPa$，试求许用载荷 P 的大小。

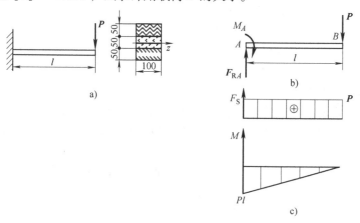

图7-25　胶合梁内力分析

【解】　（1）确定支座反力　取 AB 梁为研究对象，画受力分析图，如图7-25b所示。

$$\sum M_A = 0,\ -M_A - Pl = 0,\ M_A = -Pl$$

$$\sum F_y = 0,\ F_{RA} - P = 0,\ F_{RA} = P$$

（2）绘制梁的内力图　梁的内力图如图7-25c所示。

（3）确定许用载荷 P 的大小

1）木材正应力强度条件

$$\sigma_{max} = \frac{M_{max}}{W_z} = \frac{Pl}{\dfrac{0.1 \times 0.15^2}{6}} = \frac{1.2P}{\dfrac{0.1 \times 0.15^2}{6}} \leqslant [\sigma] = 10 \times 10^6$$

所以，$P \leqslant 3.125$kN

2）木材切应力强度条件

$$\tau_{max} = \frac{3F_{Smax}}{2A} = \frac{3P}{2A} = \frac{3P}{2 \times 0.1 \times 0.15} \leqslant [\tau] = 1 \times 10^6$$

所以，$P \leqslant 10$kN

3）胶合面上胶、木之间切应力强度条件

$$\tau_{max} = \frac{F_{Smax}S_z^*}{bI_z} = \frac{0.05 \times 0.1 \times 0.05P}{0.1 \times \dfrac{0.1 \times 0.15^3}{12}} \leqslant [\tau] = 1 \times 10^6$$

所以，$P \leqslant 11.25$kN

则许用载荷 P 取值为 3.125kN 。

7.8　弯曲变形

1. 研究梁的变形的目的

工程实际中，对某些受弯杆件，除了有强度要求外，往往还有刚度要求，即要求它的变形不能过大。例如，桥梁的变形过大，会在车辆通过时发生很大的震动；机床主轴变形过大时，会影响齿轮间的正常啮合及轴与轴承的配合，从而加速齿轮和轴承的磨损，使机床产生噪声并影响加工精度，降低其使用寿命，如图 7-26a、b 所示；管道变形过大，将影响管道内物料的正常输送，出现积液、沉淀和法兰连接不密等现象；楼板梁变形过大，会使梁下面的抹灰层开裂、脱落。与此相反，在另一些情况下，可利用构件的弯曲变形来达到工程中的某些目的。例如，车辆上用的叠板弹簧，正是利用其变形较大的特点，以减小车身的颠簸，达到减振目的，如图 7-26c 所示；弹簧扳手应有较大的弯曲变形，才可以使测得的力矩更准确，如图 7-26d 所示；对于高速工作的内燃机、离心机和压气机的主要构件，需要调节它们的变形使构件自身的振动频率避开外界周期力的频率，以免引起强烈的共振。

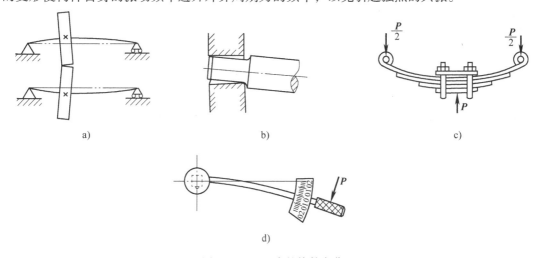

图 7-26　工程中的构件弯曲

a）齿轮间的啮合　b）轴与轴承配合　c）叠板弹簧　d）弹簧扳手

为了限制或利用杆件的弯曲变形，就需要掌握弯曲变形的计算方法。此外，研究弯曲变形，还有助于求解超静定梁及分析梁的振动应力和冲击应力等问题。本节主要研究梁在平面弯曲时由弯矩引起的变形，而剪力对梁的变形影响在细长梁中可忽略不计。

2. 梁弯曲变形的基本度量量——挠度和转角

直梁发生弯曲变形时，除受约束处以外的横截面的形心都发生了不同的线位移，以致原为直线的轴线变为平滑曲线，称这个平滑曲线为挠曲线。梁一般是在弹性变形的情况下工作的，因此，挠曲线也称为弹性曲线。

若直梁发生平面弯曲，则挠曲线成为一段梁纵向对称面内的平面曲线，挠曲线所在的平面常称为弯曲平面。如图 7-27 所示的简支梁，AB 线表示梁的轴线，xAy 平面为梁的纵向对称平面，载荷和反力都作用在这个平面内，梁发生平面弯曲。

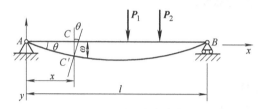

图 7-27　梁变形时发生的挠度和转角

（1）挠度 ω　梁变形时挠曲线位于中性层内，它既不伸长也不缩短，此时，梁的任意截面的形心位移，除垂直位移外还包括水平位移。但由于研究的是小变形，梁的挠曲线非常平缓，水平位移与垂直位移相比很小，忽略不计。因此，梁任意截面的形心位移用沿 y 轴方向的线位移来表示，称为该截面的挠度，常以“ω”来表示。ω 随截面的位置坐标值 x 而变，是 x 的函数，即

$$\omega = f(x)$$

此即为梁的挠曲线方程。挠度的正负号由所选坐标系而定。在图 7-27 所示的坐标系中，向上的挠度为正。

（2）转角 θ　梁任一横截面对其原有位置的角位移，称为该截面的转角，常以“θ”来表示。θ 也随截面的位置坐标值 x 而变，也是 x 的函数，即

$$\theta = g(x)$$

此即为梁的转角方程。由变形前横截面的位置转到变形后横截面的位置为逆时针方向转动时截面的转角为正。

挠度 ω 和转角 θ 是度量梁变形的两个基本量，但它们之间有确定的关系。因梁的变形很小，故转角 θ 也很小，由图 7-27 可知

$$\frac{\mathrm{d}\omega}{\mathrm{d}x} = \tan\theta = f'(x) \approx \theta \tag{7-19}$$

式（7-19）表示直梁弯曲时挠度 ω 与横截面转角 θ 之间的一个重要关系。

3. 挠曲线近似微分方程

由式（7-6）可知，梁在纯弯曲时曲率的表达式为

$$K = \frac{1}{\rho} = \frac{M}{EI}$$

对于一般的梁，由于其跨度 l 通常大于横截面高度 h 的 5 倍，在横力弯曲时，剪力 F_S 对梁变形的影响很小，可忽略不计，故上述关系式仍可应用。这时将 M 改写为 $M(x)$，ρ 改写为 $\rho(x)$，则

$$K(x) = \frac{1}{\rho(x)} = \frac{M(x)}{EI} \tag{a}$$

应用高等数学知识，则挠曲线 $\omega(x)$ 上任一点处的曲率为

$$K(x) = \frac{1}{\rho(x)} = \pm \frac{\dfrac{d^2\omega}{dx^2}}{\left[1 + \left(\dfrac{d\omega}{dx} \right)^2 \right]^{\frac{3}{2}}}$$

工程中，挠曲线为小曲率曲线，可以认为

$$1 + \left(\frac{d\omega}{dx} \right)^2 \approx 1 + \theta^2 \approx 1 \tag{b}$$

由式（a）和式（b）有

$$\frac{d^2\omega}{dx^2} = \pm \frac{M(x)}{EI} \tag{c}$$

式（c）中的正负号取决于 $M(x)$ 和 $\dfrac{d^2\omega}{dx^2}$ 所做的正负号规定。如图 7-28 所示，可以发现 $M(x)$ 的符号规定与 xOy 坐标系中 $\dfrac{d^2\omega}{dx^2}$ 的符号规定正好一致，所以挠曲线的近似微分方程为

$$\frac{d^2\omega}{dx^2} = \frac{M(x)}{EI} \tag{7-20}$$

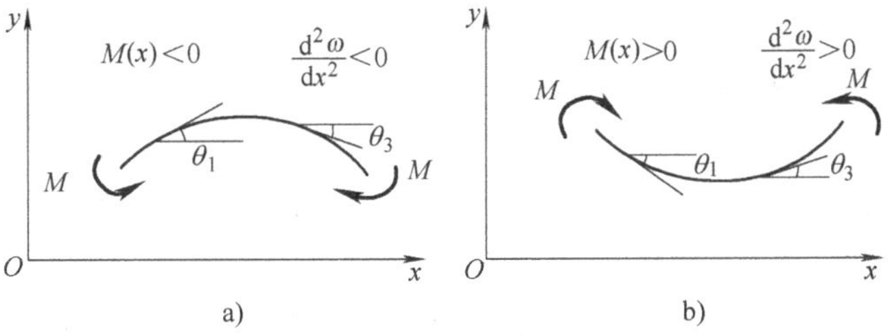

图 7-28　$M(x)$ 和 $\dfrac{d^2\omega}{dx^2}$ 的正负

求解式（7-20）这一微分方程，即可得出挠曲线方程和转角方程，从而可以求出梁各截面的挠度和转角。

对于等截面梁，抗弯刚度 EI 为常数时，对式（7-20）连续求二次导数，并注意到内力和载荷集度的微分关系：弯矩方程对 x 的一次导数等于剪力方程，而剪力方程对 x 的一次导数等于作用在梁上的分布载荷集度 $q(x)$，所以，有

$$EI \frac{d^3\omega}{dx^3} = \frac{dM(x)}{dx} = F_S(x) \tag{7-21a}$$

$$EI \frac{d^4\omega}{dx^4} = \frac{dF_S(x)}{dx} = q(x) \tag{7-21b}$$

4. 用积分法求梁的变形

对于等截面梁，抗弯刚度 EI 为常数时，故方程式（7-20）可改写为

$$EI \frac{\mathrm{d}^2 \omega}{\mathrm{d}x^2} = M(x)$$

积分一次得转角方程

$$EI \frac{\mathrm{d}\omega}{\mathrm{d}x} = EI\theta = \int M(x)\,\mathrm{d}x + C \qquad (7\text{-}22)$$

再积分一次得挠度方程

$$EI\omega = \int \left[\int M(x)\,\mathrm{d}x \right]\mathrm{d}x + Cx + D \qquad (7\text{-}23)$$

为了定出积分常数 C 和 D，可以利用梁在支承处的已知边界条件以及挠曲线的连续性和光滑性条件确定。例如，在铰支座处，挠度等于零；在固定端处，挠度和转角均等于零（见图 7-29a、b）；弯曲变形的对称点，转角应等于零。另外，梁在任一点上的挠度和转角都是唯一的，不应有图 7-29c、d 所示的不连续和不光滑的现象，这就是挠曲线的连续光滑条件。

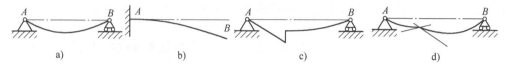

a)　　　　　　b)　　　　　　c)　　　　　　d)

图 7-29　边界条件及挠曲线的连续性和光滑性条件

转角方程和挠度方程通过引入边界条件和连续条件可以得到一条连续光滑的曲线，也就是这个梁变形以后的挠曲线。这就说明梁的变形曲线是变形协调和连续光滑的，变形反映的是结构的整体性能或刚度性能，具有整体上的协调性。如果这个变形失去了整体的变形协调，就会有两种结果：一种是材料局部破坏；另一种是材料结构分裂。一个社会、一个团体，整体协调特别重要，只有志同道合，齐心协力，才能完成共同的目标，这也就是我们建设和谐社会的目的。

【例 7-10】　有一受均布载荷作用的简支梁如图 7-30 所示，EI 为常数。试求：（1）该梁的挠曲线方程和转角方程；（2）该梁的最大挠度和最大的转角；（3）梁的 C 截面的挠度和转角。

【解】　（1）列梁挠曲线近似微分方程

支座反力　$F_{RA} = F_{RB} = \dfrac{ql}{2}$

弯矩方程　$M(x) = \dfrac{qlx}{2} - \dfrac{qx^2}{2}(0 < x < l)$

将 $M(x)$ 代入式（7-20），即得梁的挠曲线近似微分方程

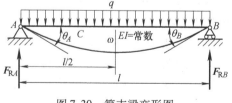

图 7-30　简支梁变形图

$$EI \frac{\mathrm{d}^2 \omega}{\mathrm{d}x^2} = \frac{qlx}{2} - \frac{qx^2}{2}$$

（2）积分　将上式连续积分两次，可分别得

$$\theta = \frac{\mathrm{d}\omega}{\mathrm{d}x} = \frac{1}{EI}\left(\frac{qlx^2}{4} - \frac{qx^3}{6} + C\right) \tag{a}$$

$$\omega = \frac{1}{EI}\left(\frac{qlx^3}{12} - \frac{qx^4}{24} + Cx + D\right) \tag{b}$$

（3）确定积分常数　边界条件为：当 $x = 0$ 时，$\omega = 0$；当 $x = l$ 时，$\omega = 0$。根据这两个边界条件可得

$$D = 0 \text{ 和 } C = -\frac{ql^3}{24}$$

将它们代入式(a) 和式(b) 可得

转角方程

$$\theta = \frac{1}{EI}\left(\frac{qlx^2}{4} - \frac{qx^3}{6} - \frac{ql^3}{24}\right) \tag{c}$$

挠度方程

$$\omega = \frac{1}{EI}\left(\frac{qlx^3}{12} - \frac{qx^4}{24} - \frac{ql^3x}{24}\right) \tag{d}$$

（4）求 $\omega_{\max}$、$\theta_{\max}$、ω_C、θ_C　由 $\frac{\mathrm{d}\omega}{\mathrm{d}x} = 0$，得 $x = \frac{l}{2}$，即在 $x = \frac{l}{2}$ 时，挠度最大，则

$$\omega_{\max} = \omega(x)\big|_{x=\frac{l}{2}} = -\frac{5ql^4}{384EI}$$

负号表示 $\omega_{\max}$ 的方向向下。

由 $\frac{\mathrm{d}\theta}{\mathrm{d}x} = \frac{\mathrm{d}^2\omega}{\mathrm{d}x^2} = 0$，得 $x = l$ 或 $x = 0$，即在 $x = l$ 或 $x = 0$ 时，转角最大。

$$\theta_{\max} = \theta(x)\big|_{x=l\text{或}0} = \pm\frac{ql^3}{24EI}$$

负号表示转角为顺时针转向。

$$\omega_C = \omega(x)\big|_{x=\frac{l}{4}} = -\frac{57ql^4}{6144EI}$$

$$\theta_C = \theta(x)\big|_{x=\frac{l}{4}} = -\frac{7ql^3}{192EI}$$

在计算挠度和转角的具体数值时，应注意统一单位。例如，当 q 的单位采用 N/m，l 的单位采用 m，I 的单位采用 m^4，E 的单位采用 Pa 时，则求得的挠度的单位是 m，转角的单位是 rad。

例 7-10 可以作为港珠澳大桥青州航道桥主塔之间的力学模型图。当只考虑桥板的重力时，分析跨长 458m 的主跨段桥梁的变形规律，以及它的最大工作挠度和工作转角。$q = 233.3\text{N/m}$，$EI = 1.4 \times 10^{14}\ m^4$，$l = 458\text{m}$，则 $\omega_{\max} = 0.95\text{mm}$。桥梁设计中控制初始挠度 $[\omega] \leqslant l/4800$，防止底板开裂，可知青州航道桥主跨段的初始挠度不超过 95mm，这就可以防止底板的开裂。而估算青州航道桥主跨段的初始挠度只有 0.95mm，远远小于设计要求，这不仅提高了该桥梁的承载能力，还延长了桥梁的使用寿命。这主要得益于桥梁的设计者们

采用了合适的扁平流线形的整体式正交异性桥面板钢箱梁，有效地提高了梁的抗弯刚度。港珠澳大桥这座桥梁界"珠穆朗玛峰"，引起了举世瞩目。由于港珠澳大桥的技术成本高、风险极大，西方国家曾认为这是不可能做到的。港珠澳大桥最终的成功落成与我国社会主义制度的优越性，专家们的努力以及港珠澳大桥的所有建设者们所发挥的中国智慧和中国力量密不可分。他们在面临技术空白、技术垄断，和西方人漫天要价的艰巨形势下，依靠自身力量，突破层层困境，经历了无数挑战与考验，将国外同行眼中的不可能变为可能。终于让港珠澳大桥如蛟龙般横亘沧海，使之成为当时世界上最长的跨海大桥。

【例7-11】 梁 AB 的受载和支承如图7-31所示，试求跨中 C 截面的挠度。已知梁 AB 的抗弯刚度 EI 为常量，BD 杆的抗拉刚度为 EA。

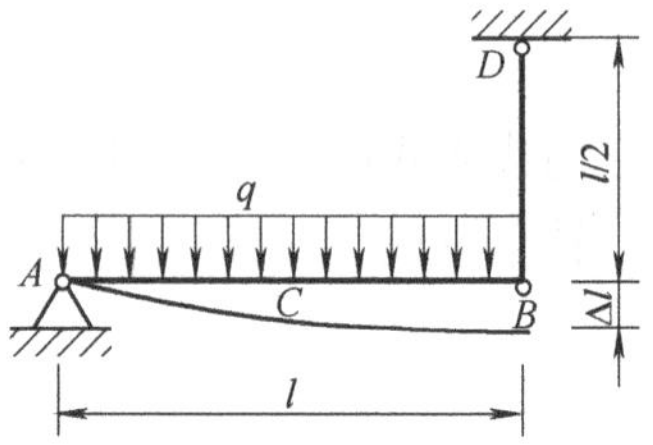

图 7-31 梁的受载和支承

【解】 （1）支座反力

$$F_{RA} = F_{RB} = \frac{ql}{2}$$

（2）B 处相当于一个弹性支座，BD 杆受拉伸长

$$\Delta l_{BD} = \frac{F_{NBD} l_{BD}}{EA} = \frac{F_{RB} \cdot l_{BD}}{EA} = \frac{ql^2}{4EA}$$

（3）积分

$$EI \frac{d^4 \omega}{dx^4} = q(x) = -q$$

$$EI \frac{d^3 \omega}{dx^3} = -qx + C_1$$

$$EI \frac{d^2 \omega}{dx^2} = -\frac{qx^2}{2} + C_1 x + C_2$$

$$EI \frac{d\omega}{dx} = -\frac{qx^3}{6} + \frac{C_1 x^2}{2} + C_2 x + C_3$$

$$EI\omega = -\frac{qx^4}{24} + \frac{C_1 x^3}{6} + \frac{C_2 x^2}{2} + C_3 x + C_4$$

（4）确定积分常数
位移边界条件

$$\omega(x)|_{x=0} = 0 , \quad C_4 = 0$$

$$\omega(x)|_{x=l} = \Delta l_{BD} , \quad -\Delta l_{BD} = \frac{1}{EI}\left[-\frac{ql^4}{24} + \frac{l^3}{6}C_1 + \frac{l^2}{2}C_2 + lC_3 + C_4 \right]$$

内力边界条件

$$EI\omega''|_{x=0} = M = 0 , \quad C_2 = 0$$

$$EI\omega'''|_{x=0} = F_S = \frac{ql}{2} , \quad C_1 = \frac{ql}{2}$$

所以，$C_1 = \dfrac{ql}{2}$，$C_2 = C_4 = 0$；$C_3 = \dfrac{ql^3}{24} - \dfrac{EIql}{4EA}$

（5）挠曲线及跨中挠度

$$\omega = \frac{1}{EI}\left[\frac{qx^4}{24} + \frac{qlx^3}{12} - \frac{ql^3x}{24} - \frac{EIqlx}{4EA}\right]$$

$$\omega_C = \omega(x)\Big|_{x=\frac{l}{2}} = -\frac{5ql^4}{384EI} - \frac{ql^2}{8EA}$$

当 $EA \to \infty$ 时，即图示结构相当于简支梁。简支梁的跨中挠度为 $-\dfrac{5ql^4}{384EI}$。

5. 用叠加法求梁的变形

积分法是求梁变形的基本方法，利用此方法求任意截面的转角和挠度时，需先求得梁的转角方程和挠度方程。当梁上同时作用若干个载荷，而且只需求出某几个特定截面的转角和挠度时，积分法就显得偏于烦琐。在此种情况下，用叠加法求梁的变形要方便得多。

实际上，叠加法不仅可用于求梁的变形，也可用来计算梁的支座反力、内力、应力；不仅适用于梁，也适用于杆、轴和其他结构。在线弹性和小变形的条件下，构件或结构上同时作用几个载荷时，各载荷产生的效果（支座反力、内力、应力、变形等）互不影响，它们产生的效果等于各个载荷单独作用时产生的效果之和（代数和或矢量和，由所求量的性质而定）。上述原理称为叠加原理。

因此，根据叠加原理，先分别计算出每个载荷单独作用时梁的挠度和转角，再求出它们的代数和，即为梁在所有载荷共同作用下的挠度和转角。

表7-4给出了常用梁在简单载荷作用下的变形，利用它们求解在多个载荷共同作用下的梁的变形是很方便的。

表 7-4　常用梁在简单载荷作用下的变形

序号	支承和载荷作用情况	梁端转角	挠曲线方程	最大挠度
1		$\theta_B = -\dfrac{Pl^2}{2EI}$	$\omega = -\dfrac{Px^2}{6EI}(3l - x)$	$\omega_B = -\dfrac{Pl^2}{3EI}$
2		$\theta_B = -\dfrac{Pc^2}{2EI}$	当 $0 \leqslant x \leqslant c$ 时， $\omega = -\dfrac{Px^2}{6EI}(3c - x)$ 当 $c \leqslant x \leqslant l$ 时， $\omega = -\dfrac{Pc^2}{6EI}(3x - c)$	$\omega_B = -\dfrac{Pc^2}{6EI}(3l - c)$

（续）

序号	支承和载荷作用情况	梁端转角	挠曲线方程	最大挠度
3	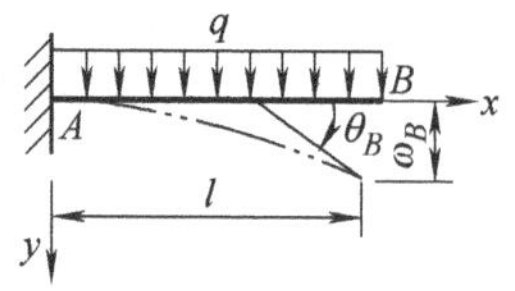	$\theta_B = -\dfrac{ql^3}{6EI}$	$\omega = -\dfrac{qx^2}{24EI}(x^2 + 6l^2 - 4lx)$	$\omega_B = -\dfrac{ql^4}{8EI}$
4	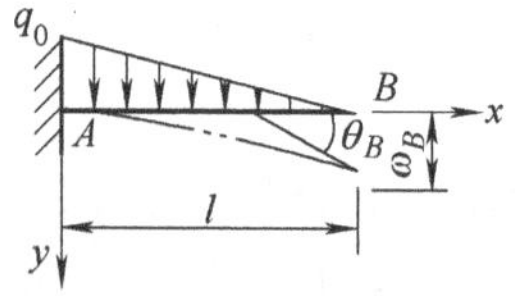	$\theta_B = -\dfrac{q_0 l^3}{24EI}$	$\omega = -\dfrac{q_0 x^2}{120EIl}(10l^3 - 10l^2 x + 5lx^2 - x^3)$	$\omega_B = -\dfrac{q_0 l^4}{30EI}$
5	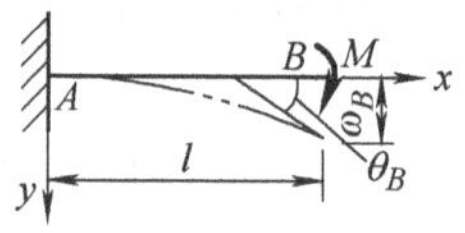	$\theta_B = -\dfrac{Ml}{EI}$	$\omega = -\dfrac{Mx^2}{2EI}$	$\omega_B = -\dfrac{Ml^2}{2EI}$
6	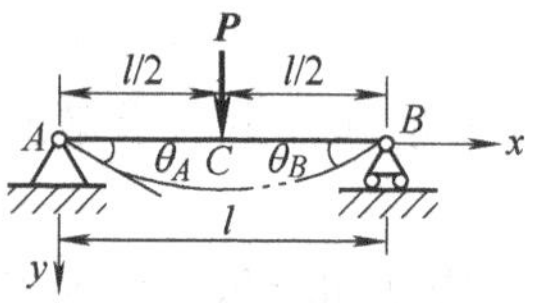	$\theta_A = -\theta_B = -\dfrac{Pl^2}{16EI}$	当 $0 \leqslant x \leqslant l/2$ 时，$\omega = -\dfrac{Px}{12EI}\left(\dfrac{3l^2}{4} - x^2\right)$	$\omega_C = -\dfrac{Pl^3}{48EI}$
7	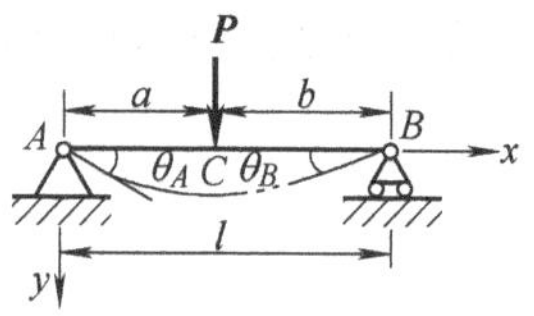	$\theta_A = -\dfrac{Pab(l+b)}{6lEI}$ $\theta_B = \dfrac{Pab(l+a)}{6lEI}$	当 $0 \leqslant x \leqslant a$ 时，$\omega = -\dfrac{Pbx}{6lEI}(l^2 - x^2 - b^2)$ 当 $a \leqslant x \leqslant l$ 时，$\omega = -\dfrac{Pa(l-x)}{6lEI}(2lx - x^2 - a^2)$	在 $x = \sqrt{(l^2 - b^2)/3}$ 处最大 $\omega_{max} = -\dfrac{\sqrt{3}\,Pb}{27lEI}(l^2 - b^2)^{3/2}$ $\omega_{x=l/2} = -\dfrac{Pb}{48EI}(3l^2 - 4b^2)$ 设 $(a > b)$
8	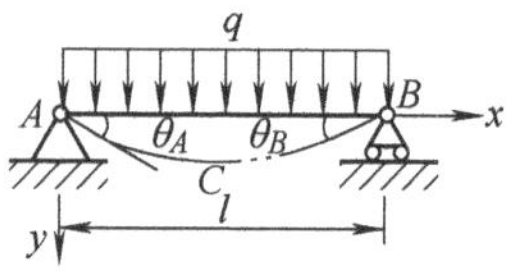	$\theta_A = -\theta_B = -\dfrac{ql^3}{24EI}$	$\omega = -\dfrac{qx}{24EI}(l^3 - 2lx^2 + x^3)$	$\omega_C = -\dfrac{5ql^4}{384EI}$
9	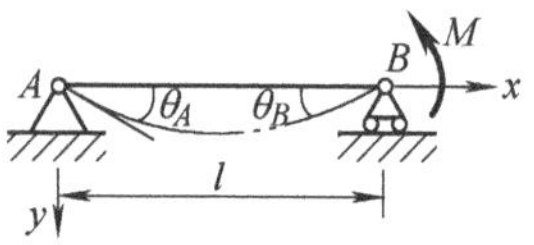	$\theta_A = -\dfrac{Ml}{6EI}$ $\theta_B = \dfrac{Ml}{3EI}$	$\omega = -\dfrac{Mx}{6lEI}(l^2 - x^2)$	在 $x = l/\sqrt{3}$ 处最大 $\omega_{max} = -\dfrac{Ml^2}{9\sqrt{3}\,EI}$ $\omega_{x=l/2} = -\dfrac{Ml^2}{16EI}$
10	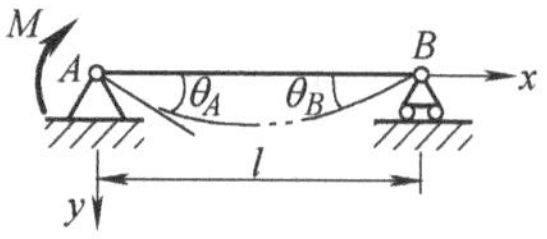	$\theta_A = -\dfrac{Ml}{3EI}$ $\theta_B = \dfrac{Ml}{6EI}$	$\omega = -\dfrac{Mx}{6lEI}(l-x)(2l-x)$	在 $x = (1 - 1/\sqrt{3})l$ 处最大 $\omega_{max} = -\dfrac{Ml^2}{9\sqrt{3}\,EI}$ $\omega_{x=l/2} = -\dfrac{Ml^2}{16EI}$

注：在图示直角坐标系中，挠度向上（即与 y 轴的正向相反）的为正，向下的为负；转角逆时针转向的为正，顺时针转向的为负。

【例 7-12】　试按叠加法求出图 7-32a 所示梁中点 C 的挠度和支座处截面的转角。

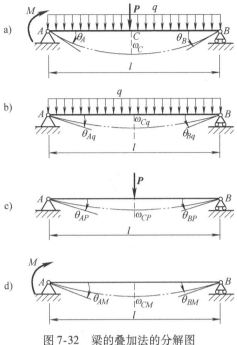

图 7-32　梁的叠加法的分解图

【解】　可将作用在此梁上的载荷分为三种简单的载荷，如图 7-32b、c、d 所示，然后从表 7-4 中查出有关的计算式，并按叠加法求出其代数和，即可得到所要求的变形。

$$\omega_C = \omega_{Cq} + \omega_{CP} + \omega_{CM} = -\left(\frac{5ql^4}{384EI} + \frac{Pl^3}{48EI} + \frac{Ml^2}{16EI}\right)$$

$$\theta_A = \theta_{Aq} + \theta_{AP} + \theta_{AM} = -\left(\frac{ql^3}{24EI} + \frac{Pl^2}{16EI} + \frac{Ml}{3EI}\right)$$

$$\theta_B = \theta_{Bq} + \theta_{BP} + \theta_{BM} = \frac{ql^3}{24EI} + \frac{Pl^2}{16EI} + \frac{Ml}{6EI}$$

【例 7-13】　变截面悬臂梁如图 7-33a 所示，在自由端 C 处作用集中力 P，已知 $l_1 = l_2 = l$，$I_1 = 2I_2 = I$。试求 C 截面的转角 θ_C 和挠度 ω_C。

【解】　由于悬臂梁 ABC 中 AB 段与 BC 段的惯性矩不同，所以采用逐段刚化法，分段计算变形。

（1）令 AB 段刚化，只考虑 BC 段变形　BC 段相当于一个 B 截面固定的悬臂梁，如图7-33b 所示。

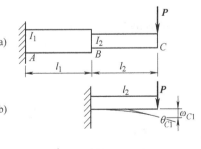

$$\theta_{C1} = \frac{-Pl_2^2}{2EI_2} = \frac{-Pl^2}{EI}, \quad \omega_{C1} = \frac{-Pl_2^3}{3EI_2} = \frac{-2Pl^2}{3EI}$$

（2）令 BC 段刚化，只考虑 AB 段变形　将集中力 P 简化到 B 截面上为一个集中力 P 和一个集中力偶 Pl_2。此时，杆件相当于 A 端固定的悬臂梁 AB，在 B 点作用力 P 及力偶 Pl_2，同时 B 端右侧空挑着一段刚性杆 BC。AB 段的变形必然在 C 点引起新的位移。

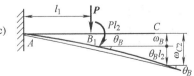

图 7-33　变截面梁的变形图

$$\theta_B = \frac{-(Pl_2)l_1}{EI_1} - \frac{Pl_1^2}{2EI_1}, \quad \omega_B = \frac{-(Pl_2)l_1^2}{2EI_1} - \frac{Pl_1^3}{3EI_1}$$

由于梁的 AB 段和 BC 段其挠曲线在 B 点连续光滑，当 AB 变形时，BC 随之倾斜，但仍保持为一段直线。

$$\theta_{C2} = \theta_B = -\left(\frac{(Pl_2)l_1}{EI_1} + \frac{Pl_1^2}{2EI_1}\right) = \frac{-3Pl^2}{2EI}$$

$$\omega_{C2} = \omega_B + \theta_B \cdot l_2 = -\frac{(Pl_2)l_1^2}{2EI_1} - \frac{Pl_1^3}{3EI_1} + \left[-\frac{(Pl_2)l_1}{EI_1} - \frac{Pl_1^2}{2EI_1}\right]l_2 = -\frac{7Pl^3}{3EI}$$

（3）求 θ_C 和 ω_C

$$\theta_C = \theta_{C1} + \theta_{C2} = -\frac{Pl^2}{EI} - \frac{3Pl^2}{2EI} = -\frac{5Pl^2}{2EI}$$

$$\omega_C = \omega_C + \omega_{C2} = -\frac{2Pl^3}{3EI} - \frac{7Pl^3}{3EI} = -\frac{3Pl^3}{EI}$$

6. 梁的刚度条件

在梁按强度条件设计后，常需进一步按梁的刚度条件检查梁的变形是否在设计条件许可范围内，因为在很多情况下当变形超过一定限度时，梁的正常工作条件就不能够得到保证。若梁的变形超过许可值，应按刚度条件重新进行梁的设计。

在各类工程设计中，对于杆件弯曲位移许用值的规定相差很大。对于梁的挠度，其许用值通常用许用挠度与跨长的比值 $\left[\frac{\omega}{l}\right]$ 作为标准。例如，在土建工程方面，$\left[\frac{\omega}{l}\right]$ 的值常限制为 $\frac{1}{1000} \sim \frac{1}{250}$；在机械制造工程方面，主要轴的 $\left[\frac{\omega}{l}\right]$ 值则限制为 $\frac{1}{10000} \sim \frac{1}{5000}$；传动轴在支座处的转角的许用值 $[\theta]$ 一般限制为 $0.001 \sim 0.005\text{rad}$。

刚度条件包括：①梁某截面的挠度或最大挠度不超过许用挠度（梁某截面的挠度与跨长的比值，或最大挠度与跨长的比值不超过许用挠度与跨长的比值）；②梁某截面的转角或最大转角不超过许用转角，即

$$\frac{\omega}{l} \leqslant \left[\frac{\omega}{l}\right] \text{ 或 } \omega \leqslant [\omega] \tag{7-24}$$

和
$$\theta_{\max} \leqslant [\theta] \tag{7-25}$$

梁的刚度条件可以解决以下三类问题：

1）刚度校核。在进行梁的刚度校核时应同时满足式(7-24)和式(7-25)。

2）截面选择。通过式(7-20)计算的某指定截面的变形量或最大变形量与梁截面的几何尺寸 I_z 有关，利用式(7-24)和式(7-25)可确定梁在满足安全承载时的最小尺寸。

3）确定许用载荷。通过式(7-20)计算的某指定截面的变形量或最大变形量与梁的载荷相关的 M 有关，利用式(7-24)和式(7-25)可确定梁在满足安全承载时的最大载荷。

【例7-14】　如图7-34所示，有一长度 $l = 4\text{m}$ 的悬臂梁，在自由端承受集中力 $P = 10\text{kN}$，试按强度条件及刚度条件从附录C型钢规格表中选择一工字形截面型钢。已知 $[\sigma] = 170\text{MPa}$，$[\omega] = \frac{l}{400}$。

【解】　（1）按强度条件选择截面

$$M_{max} = Pl = 40 \mathrm{kN \cdot m}$$

$$W = \frac{M_{max}}{[\sigma]} = \frac{40 \times 10^3}{170 \times 10^6} \mathrm{m}^3 = 0.235 \times 10^{-3} \mathrm{m}^3$$

$$= 235 \mathrm{cm}^3$$

查附录 C 选用 20a 号工字钢, 其 $W = 237 \mathrm{cm}^3$,
$I = 2370 \mathrm{cm}^4$。

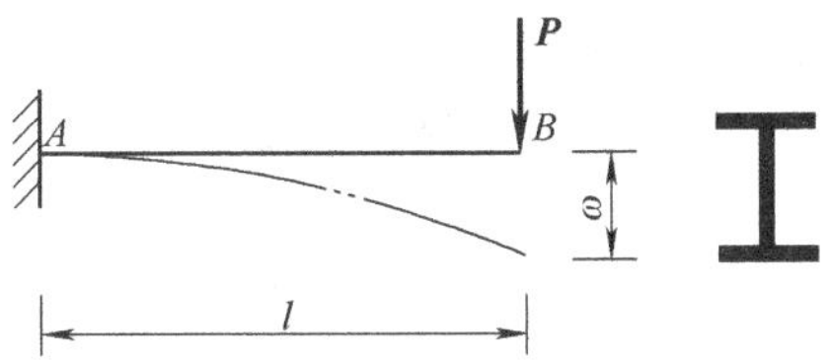

图 7-34　悬臂梁的变形图

（2）进行刚度校核

$$\omega = \frac{Pl^3}{3EI} = \frac{10 \times 10^3 \times 4^3}{3 \times 210 \times 10^9 \times 2370 \times 10^{-8}} \mathrm{m} = 4.29 \times 10^{-2} \mathrm{m} = 42.9 \mathrm{mm} > [\omega] = 10 \mathrm{mm}$$

不满足刚度条件。

（3）按刚度条件重新选择截面, 由 $\omega = \frac{Pl^3}{3EI} \leqslant [\omega]$ 有

$$I \geqslant \frac{Pl^3}{3E[\omega]} = 1.016 \times 10^{-4} \mathrm{m}^4 = 10160 \mathrm{cm}^4$$

查附录 C 选用 32a 号工字钢 $I = 11100 \mathrm{cm}^4$, $W = 692 \mathrm{cm}^3$, 显然能满足刚度条件。

$$\sigma_{max} = \frac{M_{max}}{W} = \frac{40 \times 10^3}{692 \times 10^{-6}} \mathrm{Pa} = 57.8 \mathrm{MPa} < [\sigma]$$

此时, 梁的最大工作应力仍满足强度要求, 故此梁的截面取决于刚度条件。

7.9　超静定梁

1. 超静定梁的概念

前面各节讨论的都是静定梁, 其全部未知力（内力和外力）可由静力平衡方程求得, 如图 7-35a 所示。

工程中为了提高梁的刚度或强度, 常增加梁的约束, 这些增加的约束对于梁的平衡来说是多余的, 但是对于提高梁的强度、刚度等是非常必要的, 具有经济和使用功能上的优势。增加的约束使得梁未知力的数目多于梁独立的静力平衡方程的数目, 仅依靠梁的静力方程不能够将未知力全部求出来, 这样的梁称为超静定梁, 此类问题称为超静定问题, 如图 7-35b 所示。超静定结构中未知力的数目与独立的静力平衡方程的数目的差值称为超静定次数。因此, 超静定问题根据超静定次数分为一次超静定、二次超静定等。

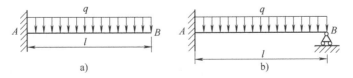

图 7-35　静定梁和超静定梁

a）静定梁　b）超静定梁

2. 变形比较法解超静定梁

变形比较法解超静定问题的关键是建立变形协调条件, 增加补充方程, 使总的方程数目与未知力数目相等。首先, 选择适当约束作为多余约束, 解除后用约束力代替, 得到基本静

定系统，简称静定基；然后，静定基在解除的多余约束处变形应与原超静定结构保持一致，建立变形协调条件，求得补充方程；最后，将梁的静力平衡方程和补充方程，联立，求解联立方程组后即求解出梁上所有未知力。

【例 7-15】 实心钢直径 $d = 60\text{mm}$，跨长 $l = 200\text{mm}$。若中间轴承偏离 AB 连线 $\delta = 0.1\text{mm}$，如图 7-36a 所示。已知弹性模量 $E = 200\text{GPa}$。试求：（1）钢轴各约束处的约束力；（2）钢轴的最大工作应力。

【解】 选简支梁作为静定基，为此视中间支座为多余约束，解除后代之以多余约束分力 F_{RC}（见图 7-36b），变形协调条件为 $\omega_C = \delta$。由静定基可知 C 截面处的挠度为

$$\omega_C = \frac{F_{RC}(2l)^3}{48EI}$$

代入变形协调条件，解得

$$F_{RC} = \frac{48EI\delta}{(2l)^3}$$

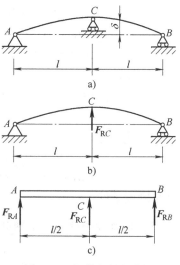

图 7-36 超静定梁的分析

取静定基为研究对象，由于是小变形，按原始尺寸原则画受力分析图，如图 7-36c 所示。

$$\sum M_A(\boldsymbol{F}_i) = F_{RC}l + 2F_{RB}l = 0 ,\ F_{RB} = -\frac{24EI\delta}{(2l)^3}$$

$$\sum M_B(\boldsymbol{F}_i) = F_{RC}l + 2F_{RA}l = 0 ,\ F_{RA} = -\frac{24EI\delta}{(2l)^3}$$

最大弯矩

$$M_{\max} = -\frac{1}{2}F_{RC}l = -\frac{3EI}{l^2}\delta$$

则

$$\sigma_{\max} = \frac{|M_{\max}|}{W_z} = \frac{\dfrac{3E}{l^2} \cdot \dfrac{\pi d^4}{64}\delta}{\dfrac{\pi d^3}{32}} = \frac{3 \times 200 \times 10^9 \times 0.1 \times 10^{-3} \times 60 \times 10^{-3}}{2 \times (200 \times 10^{-3})^2}\text{Pa} = 45\text{MPa}$$

云冈石窟内有著名的超高大佛像，又称为"大佛窟"。在大佛的右臂和腿之间有一托臂力士，气定神闲地托起大佛近两吨重的右臂。托臂力士的应用既巧妙地产生了力学作用，又起到了美观装饰效果。大佛的手臂简化成材料力学模型就是一个受均布载荷的悬臂梁，托臂力士相当于在悬臂梁的自由端多加一个约束，采用这个措施减小了手臂固定端的弯曲正应力，提高了大佛手臂的弯曲强度。这是一个超静定结构。超静定结构正是因为这些多余约束的存在，使得超静定结构相比静定结构，受力更为均匀，有更强的防护能力抵抗突然破坏，而且刚度、稳定性也得到了提高。这种结构变形协调。同样，协调变形条件的建立是解决复杂超静定结构的"制胜关键"。

要 点 总 结

1. 平面弯曲。载荷作用面（外力偶作用面或横向力与梁轴线组成的平面）与弯曲平面（即梁轴线弯曲后所在平面）相平行或重合的弯曲。

2. 梁横截面上的内力分量——剪力与弯矩。梁横截面上的内力可用截面法计算。为了将不同研究对象得出的同一截面的内力结果统一起来，将内力按变形规定了正负号；可按梁段上内力的方程和其规定的正负号在规定的坐标系中图示出梁的内力分布情况，也可按梁段的剪力方程、弯矩方程和其上的分布载荷集度之间的微分关系和积分关系，以及集中力和集中力偶对剪力图和弯矩图的突变关系快速绘制出梁的剪力图和弯矩图。

3. 梁的弯曲应力及强度条件。

（1）弯曲正应力和正应力强度条件

1）一般情况下，梁的横截面上同时存在剪力和弯矩，因此，梁的弯曲应力既有正应力又有切应力。无论是纯弯曲还是横力弯曲，在线弹性的条件下，细长梁横截面上某点的正应力计算式

$$\sigma = \frac{M}{I_z} y$$

2）等截面梁的强度条件

$$\sigma_{\max} = \frac{M_{\max}}{W_z} \leqslant [\sigma]$$

（2）矩形截面梁的弯曲切应力和切应力强度条件

1）矩形截面梁任一点切应力的计算公式

$$\tau = \frac{F_S S_z^*}{b I_z}$$

2）等截面梁的切应力强度条件

$$\tau = \frac{F_{S\max} S_{z\max}^*}{I_z b} \leqslant [\tau]$$

4. 梁的弯曲变形及梁的刚度条件。梁的弯曲变形的基本度量量是挠度和转角。在线弹性和小变形的条件下，可以利用梁的挠曲线近似微分方程通过积分法或者叠加法求解梁的变形情况。

1）挠曲线近似微分方程

$$\frac{\mathrm{d}^2 \omega}{\mathrm{d} x^2} = \frac{M(x)}{E I_z}$$

2）梁的刚度条件

$$\theta \leqslant [\theta], \frac{\omega}{l} \leqslant \left[\frac{\omega}{l}\right] \text{ 或 } \omega \leqslant [\omega]$$

5. 简单超静定梁的计算。解超静定结构除用到平衡条件外，还要利用解除多余约束的结构（静定基）必须与原结构的变形相协调的条件，增加补充方程，然后联立求解即可。

思 考 题

（1）如图 7-37 所示的梁，集中力 **P** 作用在固定于梁上截面 *C* 处的倒 *L* 刚臂上。在求梁的支座反力时，是否可将力 **P** 沿其作用线移动至梁上？求梁的剪力和弯矩时，是否也可做这样的处理？

（2）试判断图 7-38 所示各组中两梁的内力图是否相同？为什么？

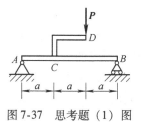

图 7-37　思考题（1）图

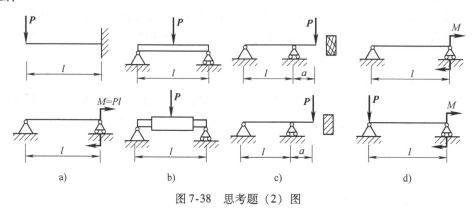

图 7-38　思考题（2）图

（3）结合图 7-39 所示结构的内力特点，回答：1）若结构对称，载荷也对称，则剪力图、弯矩图有什么特点？2）若结构对称，载荷反对称，则剪力图、弯矩图有什么特点？3）在以上两种情况下，对称截面处内力值有什么结论？

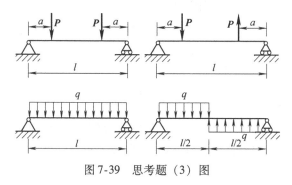

图 7-39　思考题（3）图

（4）如图 7-40 所示，具有中间铰链的梁在中间铰链处内力有何特点？请画出图示结构弯矩图的示意图。

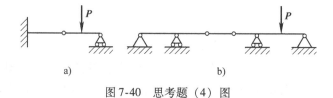

图 7-40　思考题（4）图

（5）如图 7-41 所示，一根圆木绕 *z* 轴弯曲时，适当地削去一层，如图 7-41 所示，在同样弯矩作用下反而降低了最大正应力。试说明其中的道理。

（6）在使用过程中被弯曲甚至要打结的缆绳，一般是由钢丝组合制成的，问钢丝直径大些、根数少些的缆绳好？还是钢丝直径小些、根数多些的缆绳好？为什么？

（7）型钢为什么要制成工字形或槽形？为什么对抗拉和抗压强度不相等的材料常采用 T 字形截面？

（8）如图 7-42 所示，独轮车过跳板，若跳板的支座 B 是固定铰，试从弯矩方面考虑支座 A 在什么位置时跳板的受力最合理？已知跳板全长为 l，小车重力为 P。

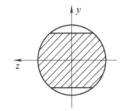
图 7-41　思考题（5）图

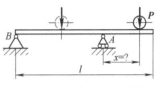
图 7-42　思考题（8）图

（9）根据所学的知识，提出一些提高梁抗弯强度的措施。

（10）用挠曲线近似微分方程求解梁的挠度和转角时，其近似性表现在哪里？在哪些情况下用它来求解是不正确的？

（11）如图 7-43 所示，若将 x 坐标向右为正改为向左为正时，挠度 ω 与转角 θ 的符号是否也会改变？

（12）如图 7-44 所示的等截面悬臂梁是处在纯弯曲情况下，由 $\dfrac{1}{\rho} = \dfrac{M}{EI}$ 可知，曲率半径 $\rho =$ 常量，则挠曲线为圆弧，$\omega = \rho\left[1 - \sqrt{1 - \left(\dfrac{Mx}{EI}\right)^2}\right]$，但实际由微分方程求出的挠曲线方程 $\omega(x) = \dfrac{Mx^2}{2EI}$ 是一抛物线，为什么会这样？试分析两种结果所得最大挠度的相对误差。

图 7-43　思考题（11）图

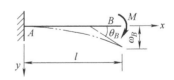
图 7-44　思考题（12）图

（13）梁最大挠度处的截面转角是否一定是零？梁的最大弯矩截面处的挠度是否是最大？挠度为零的截面，转角是否一定为零？在集中力偶 M 作用的截面上，弯矩发生突变，挠曲线在此是否也发生突变？

（14）梁弯曲变形时，关于挠曲线形状和内力图图形有什么关系？

（15）超静定梁与静定梁的区别是什么？什么叫作"多余"约束？它们真的是多余的吗？从变形和内力两方面比较静定梁和超静定梁各自的优势。

习 题

7-1 选择题

（1）对剪力和弯矩的关系，下列说法正确的是（　　）。

A. 同一梁段上，剪力为正，弯矩也必为正

B. 同一梁段上，剪力为正，弯矩必为负

C. 同一梁段上，弯矩的正负不能由剪力唯一确定

D. 剪力为零处，弯矩也必为零

（2）梁在某截面处的剪力为零时，则该截面处的弯矩为（　　）

A. 极值　　　　 B. 零值　　　　 C. 最大值　　　　 D. 最小值

（3）一般情况下，提高钢制梁刚度的最有效措施有（　　）。

A. 增加梁的横截面面积

B. 用高强度钢代替普通钢

C. 减小梁的跨度或增加支撑

D. 保持截面面积不变，改变截面形状，增加截面对中性轴的惯矩

7-2 判断题

（1）横截面上只有正应力的变形必定是轴向拉压变形。　　　　　　　　（　　）

（2）使用杠杆工作时，它的变形一般只是弯曲变形。　　　　　　　　　（　　）

（3）按力学等效原则，将梁上的集中力平移不会改变梁的内力分布。　　（　　）

（4）若连续梁的连接铰处无载荷作用，则该铰的剪力和弯矩均为零。　　（　　）

（5）弯矩图表示梁的各横截面上弯矩沿梁轴线变化的规律，是分析梁的危险截面的依据之一。　　　　　　　　　　　　　　　　　　　　　　　　　　　　　　（　　）

（6）弯曲正应力计算公式由于是在梁纯弯曲下导出的，因此，在使用中该公式只适用于纯弯曲梁。　　　　　　　　　　　　　　　　　　　　　　　　　　　　　（　　）

（7）材料、长度、截面形状和尺寸完全相同的两根梁，当受力相同时，其变形和位移也相同。　　　　　　　　　　　　　　　　　　　　　　　　　　　　　　　（　　）

（8）用高强度优质碳钢代替低碳钢，既可以提高梁的强度，又可以提高梁的刚度。
　　　　　　　　　　　　　　　　　　　　　　　　　　　　　　　　　（　　）

（9）挠曲线近似微分方程的使用条件是线弹性范围内的直梁。　　　　　（　　）

7-3 计算题

（1）如图 7-45 所示，已知 P、M、q、a。试求：1）各梁中截面 1—1、2—2、3—3 上的剪力和弯矩（这些截面无限接近于截面 C 或截面 D），并指出各指定截面的剪力和弯矩的符号；2）建立各梁的剪力方程和弯矩方程；3）绘制各梁的剪力图和弯矩图；4）求出各梁剪力和弯矩绝对值的最大值 $|F_S|_{max}$ 和 $|M|_{max}$，并指出所在的位置。

（2）试根据载荷集度、剪力和弯矩之间的微分关系，改正图 7-46 所示 F_S 图和 M 图中的错误。

（3）试利用载荷集度、剪力和弯矩之间的微分关系，作图 7-47 所示梁的剪力图、弯矩图。

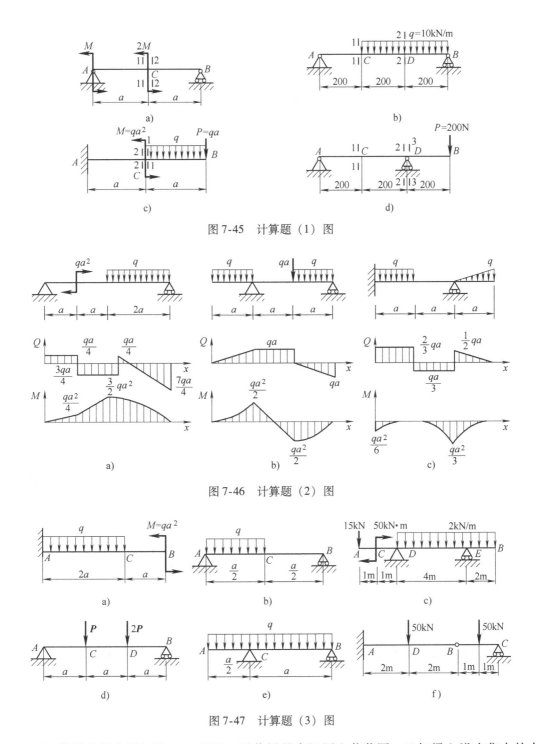

图 7-45　计算题（1）图

图 7-46　计算题（2）图

图 7-47　计算题（3）图

（4）设梁的剪力图如图 7-48 所示，试作梁的弯矩图和载荷图。已知梁上没有集中外力偶作用。

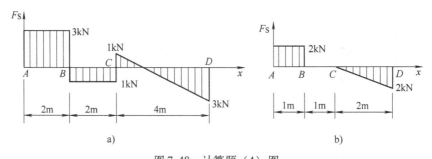

图 7-48 计算题（4）图

（5）已知梁的弯矩图如图 7-49 所示，作梁的载荷图和剪力图。

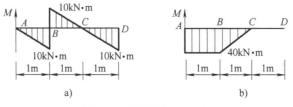

图 7-49 计算题（5）图

（6）梁的截面如图 7-50 所示，在平面弯曲的情况下，试作：1）如图 7-50a 所示，截面的弯矩符号为正，绘出沿直线 1—1 和直线 2—2 上的弯曲正应力分布图；2）如图 7-50b 所示，截面的弯矩符号为负，绘出沿直线 1—1 和直线 2—2 上的弯曲正应力分布图。

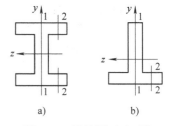

图 7-50 计算题（6）图

（7）试计算图 7-51 所示的矩形截面简支梁的 1—1 截面上 a 点、b 点和 c 点的正应力和切应力。

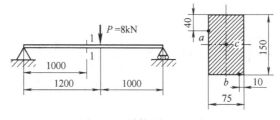

图 7-51 计算题（7）图

（8）一 T 形截面外伸铸铁梁的载荷及尺寸如图 7-52 所示。已知梁的许用应力 $[\sigma^+]$ = 40MPa，$[\sigma^-]$ = 160MPa。试求：1）梁的最大拉应力和最大压应力，并指出所在的位置；

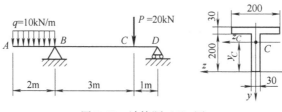

图 7-52 计算题（8）图

2）$E = 200\text{GPa}$，求梁下边缘的总伸长量 Δl；3）试按正应力强度条件校核梁的强度；4）若载荷不变，将 T 形截面倒置，即翼缘在下，是否合理，为什么？

（9）如图 7-53 所示的简支梁。已知材料的许用应力 $[\sigma] = 160\text{MPa}$。试设计：1）圆截面直径 d；2）$b/h = 1/2$ 的矩形截面；3）工字形截面型钢；4）内外径之比为 $\dfrac{d}{D} = \dfrac{3}{5}$ 的空心圆截面。请说明哪种截面最省材料？当 1）、2）和 4）截面的面积相等时，哪种截面的最大正应力最大？哪种截面的最大正应力最小？并计算后者比前者减小了百分之几。

（10）边长为 160mm 的正方形截面悬臂木梁，如图 7-54 所示。已知木材的许用应力 $[\sigma] = 10\text{MPa}$，现需要在 C 截面上中性轴处钻一圆孔，求圆孔的最大直径 d（不考虑圆孔处应力集中的影响）。

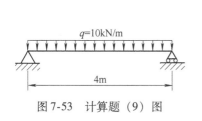

图 7-53　计算题（9）图

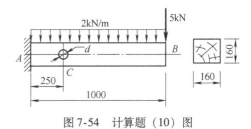

图 7-54　计算题（10）图

（11）$20a$ 号工字钢梁支承及受力如图 7-55 所示，若 $[\sigma] = 160\text{MPa}$，试确定许用载荷 P。

（12）矩形截面梁尺寸如图 7-56 所示，许用应力 $[\sigma] = 160\text{MPa}$。试按下列两种情况校核此梁：1）梁截面的 120mm 边竖直放置；2）梁截面的 120mm 边水平放置。并指出哪种放置方式更合理。

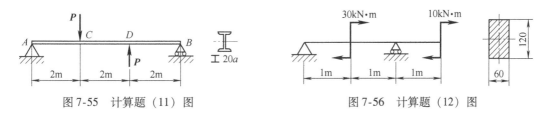

图 7-55　计算题（11）图　　　　　　　　图 7-56　计算题（12）图

（13）铸铁圆管的一端伸出支座以外 0.3m，在管外伸段受铅垂向下的集中荷载 10kN，管的外径为 100mm、壁厚 10mm。若材料的许用应力 $[\sigma] = 60\text{MPa}$、$[\tau] = 30\text{MPa}$，试校核管外伸部分的强度。

（14）一简支工字形钢梁，梁上载荷如图 7-57 所示。已知 $l = 6\text{m}$，$q = 6\text{kN/m}$，$P = 20\text{kN}$，钢材的许用应力 $[\sigma] = 170\text{MPa}$，$[\tau] = 100\text{MPa}$，试选择工字钢的型号。

（15）如图 7-58 所示，14 号工字钢梁 AD，在 A 端铰支，B 处由钢杆 BC 悬吊于 C。已知钢杆直径 $d = 25\text{mm}$，梁和杆均用 Q235 普通碳素结构钢制成，$[\sigma] = 170\text{MPa}$，试求许用均布载荷 q。

（16）写出图 7-59 所示各梁的边界条件和连续光滑条件。在图 7-59d 中支座 B 的弹簧刚度为 C（N/m）。

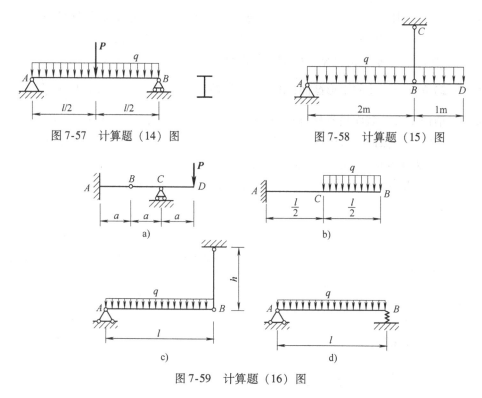

图 7-57 计算题（14）图   图 7-58 计算题（15）图

图 7-59 计算题（16）图

（17）用积分法求图 7-60 所示各梁的挠曲线方程和转角方程及各梁的最大挠度和转角，并求图 7-60a 所示梁跨中的挠度和 B 截面的转角；图 7-60b 所示梁 C 截面的挠度和转角；图 7-60c 所示梁自由端的挠度和转角；图 7-60d 所示梁 A 截面的转角和跨中的挠度。设 EI = 常量。

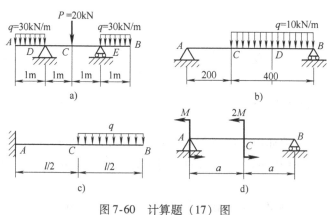

图 7-60 计算题（17）图

（18）应用叠加法，试求：1）图 7-61a 所示变截面梁的自由端的挠度和转角；2）图 7-61b 所示中弹簧的刚度系数为 k，求 C 截面的挠度和转角；3）图 7-61c 所示梁截面 A 的挠度和截面 B 的转角；4）图 7-61d 所示梁截面 B 的转角。设 EI = 常量。

（19）在建筑工地上，工人师傅经常将准备砌墙的砖码放在跳板上，跳板支承在脚手架上，可以当作简支梁。砖有两种放法：一是沿板均匀码放（见图 7-62a）；二是集中堆放在

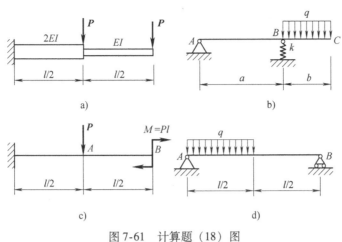

图 7-61　计算题（18）图

板的中间（见图 7-62b）。试问这两种堆砖方式，引起跳板的最大正应力和最大挠度各有多大的差别？

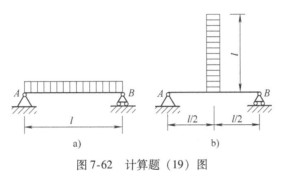

图 7-62　计算题（19）图

（20）图 7-58 所示为一木梁 AD，其 B 处用长为 1.5m 钢拉杆吊起。若已知梁的横截面为边长 $a = 0.2$m 的正方形，$E_1 = 10$GPa；钢拉杆的横截面面积为 $A_2 = 250$mm^2，$E_2 = 210$GPa。试求木梁在均布荷载 $q = 40$kN/m 作用下拉杆 BC 的伸长量和梁自由端 D 沿竖直方向的挠度 ω_D。

（21）一凸轮轴尺寸如图 7-63 所示。为保证凸轮的正常工作，要求轴上安装凸轮处 B 点的挠度不大于许用挠度 $[\omega] = 0.05$mm。已知轴的 $E = 200$GPa，载荷 $P = 1.6$kN，轴径 $d = 32$mm，试校核该轴的刚度。

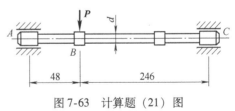

图 7-63　计算题（21）图

（22）有一等直圆松木桁条，跨度为 4m，两端搁置在桁架上，可视为简支梁，在全跨度上作用有分布集度为 $q = 1.82$kN/m 的均布载荷。已知松木许用应力 $[\sigma] = 10$MPa，弹性模量 $E = 10$GPa，许用相对挠度 $\left[\dfrac{\omega}{l}\right] = \dfrac{1}{200}$。试求此桁条横截面所需的直径 d。

（23）试求图 7-64 所示各超静定梁的支座反力，并绘制 F_{S}、M 图。设 $EI =$ 常量。

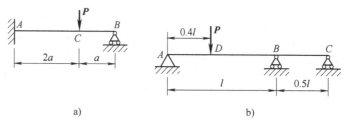

图 7-64 计算题（23）图

（24）如图 7-65 所示的三支座等截面轴，由于制造不精确，支座 C 高出 A、B 支座连线 δ。若 l 和 EI 均已知，求梁内的最大弯矩。

（25）在水平面内的圆形截面直角曲拐 ABC（$AB \perp BC$），在 BC 段内受铅直向下的均布荷载 q 的作用，如图 7-66 所示。若截面直径为 d、弹性模量 E 和剪切模量 G 均已知，试求 C 截面的垂直位移。

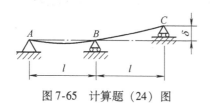

图 7-65 计算题（24）图

图 7-66 计算题（25）图

第8章 应力状态分析与强度理论

本章研究了描述构件内一点处的应力状态的基本方法,着重阐述平面应力状态分析的解析法与图解法,并对空间应力状态进行了简单介绍,在熟悉广义胡克定律的基础上重点掌握关于材料破坏规律的四种常见强度理论。掌握各类典型组合变形 [如拉伸(压缩)弯曲组合、偏心拉伸(压缩)、弯曲与扭转组合等] 的应力及强度计算。

8.1 概述

8.1.1 应力状态的概念

前文分别介绍了拉伸、压缩、扭转与对称弯曲时构件的强度问题,强度条件为

$$\sigma_{max} \leqslant [\sigma] = \frac{\sigma_u}{n} \quad 或 \quad \tau_{max} \leqslant [\tau] = \frac{\tau_u}{n}$$

工作应力 σ_{max} 或 τ_{max} 由相关的应力公式计算得到;材料的许用应力 $[\sigma]$ 或 $[\tau]$ 是通过直接的试验(如拉伸试验或扭转试验)测得材料相应的极限应力,并除以安全因系数 n 得到的。此强度条件并没有考虑材料失效(断裂或屈服)的原因,在实际应用中局限性较大。例如,分析铸铁试件扭转破坏时,断面为什么是与轴线成45°角的螺旋面;铸铁受压破坏时,为什么断面与轴线约成45°角;低碳钢拉伸试验中,当应力达到屈服极限时,为什么产生与轴线成45°角的滑移线等。

另外,实际中的构件大多产生组合变形,如图8-1所示的螺旋桨轴既受拉又受扭,横截面上既有正应力又有剪应力,根据横截面上的应力分析和相应的试验结果不能直接建立判断其失效的依据与强度条件。

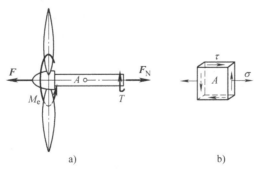

a)   b)

图8-1 螺旋桨轴受力一点的应力状态

构件受到外力作用产生复杂变形时,构件内一点与周围各点相对位置发生变化,在该点沿各个方位都有相互作用力,即过该点任意斜截面上都存在应力。考虑到受力构件的破坏面都与极值应力有关,而极值应力不一定作用在横截面上,因此,要深入讨论强度问题,必须

研究过一点不同截面上的应力情况。

所谓应力状态，是指在构件受力后，通过一点的不同方向面上的应力的总称。

应力分析就是研究这些不同方向截面上应力随截面方向的变化规律。如图 8-2b 所示，是通过轴向拉伸杆件内点 k 的几个不同方向截面上的应力情况（集合）。一点的应力状态分析，不仅可以解释构件在试验中的破坏现象，而且是建立构件在复杂受力（既有正应力，又有剪应力）时失效判据与强度的重要基础。

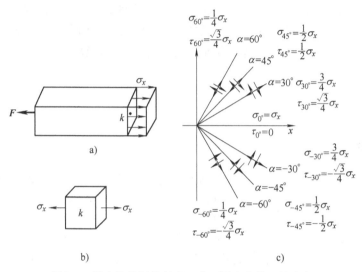

图 8-2　轴向拉伸杆件任意一点不同方向截面的应力

8.1.2　描述一点应力状态的基本方法

讨论一点应力状态时，一般在该点截面取一个无限小的正六面体，称为单元体。由于在不同的基本变形情况下，横截面上的应力可以求出，所以一般用横截面和与之正交的纵向截面取单元体，这样的单元体各个侧面上的应力可以确定，称为原始单元体。例如，对于矩形截面构件，可选到一对相距很近的横截面和两对相距很近、分别平行上下和前后表面的纵向截面截取单元体，如图 8-3a 所示；对于圆形截面杆，则取一对相距很近的横截面，一对夹角很小且包含轴线的纵向平面，以及与杆同轴线的半径相差很小的两圆柱面截取单元体，如图 8-3b 所示。

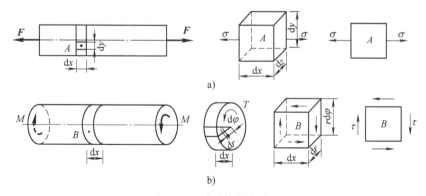

图 8-3　单元体的截取

正因为单元体是无限小的，收敛于其中心点，所以，单元体有如下特点：根据材料的均匀连续假设，单元体（代表一个材料点）各微面上的应力均匀分布，相互平行的两个侧面上应力大小相等、方向相反；互相垂直的两个侧面上剪应力服从切应力互等定理。

当受力物体处于平衡状态时，从物体中截取的单元体是平衡的，单元体外任意一个局部也必然是平衡的。所以，当单元体三对面上的应力已知时，就可以应用假想截面将单元体从任意方向面处截开，由平衡条件就可以求得任意方向面上的应力。因此，通过单元体及其三对互相垂直的面上的应力，可以描述一点的应力状态。

【例 8-1】　试从图 8-4 所示构件中 k 点处取出单元体，并表明单元体各面上的应力。

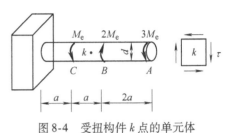

【解】　k 点为轴的外表面点，取单元体如图8-4所示，为纯剪切应力状态，切应力为

$$\tau = \frac{3M_e - 2M_e}{W_p} = \frac{16M_e}{\pi d^3}$$

图 8-4　受扭构件 k 点的单元体

8.1.3　点的主应力与应力状态的分类

理论证明：任一点的单元体中，总是存在这样一个特殊的单元体，其相互垂直的各个侧面上的切应力为零，把这样的单元体称为主单元体，如图 8-5b 所示；切应力为零的平面称为主平面；主平面上的正应力称为主应力，每个点都存在三个主应力，分别将它们表示为 σ_1、σ_2、σ_3，且按其代数值的大小排列为 $\sigma_1 \geq \sigma_2 \geq \sigma_3$，分别称 σ_1、σ_2、σ_3 为第一主应力、第二主应力、第三主应力。

根据三个主应力的情况，可将点的应力状态分为以下三类：

1）单向应力状态是指三个主应力中只有一个主应力不为零的应力状态。例如，拉（压）杆内的各点和横力弯曲梁上下边缘处各点均为单向应力状态。

2）二向应力状态是指三个主应力中有两个主应力不为零的应力状态，又称为平面应力状态。例如，受扭圆轴除轴线上以外各点处和横力弯曲梁除上下边缘以外各点处均为二向应力状态。

3）三向应力状态是指三个主应力均不为零的应力状态，又称为空间应力状态。例如，钢轨与车轮的接触处为三向应力状态。

单向应力状态为简单应力状态，二向应力状态和三个应力状态为复杂应力状态。

在任意载荷作用下，受力构件内一点处的应力状态，最多可能有 9 个应力分量，如图 8-5a 所示，分别为 σ_x、τ_{xy}、τ_{xz}、σ_y、τ_{yx}、τ_{yz}、σ_z、τ_{zx}、τ_{zy}。根据切应力互等定理，数值上 $\tau_{xy} = \tau_{yx}$，$\tau_{yz} = \tau_{zy}$ 及 $\tau_{zx} = \tau_{xz}$，因此，一点处的应力状态的独立应力分量为 6 个。

应力分量的下标符号的表示方法：切应力分量的两个下标中，前一个下标表示该应力分量作用的平面（即平面的外法线方向）；后一个下标表示应力分量作用线（即应力矢）的方向。正应力分量的两个下标必然相同，故简化成一个下标。

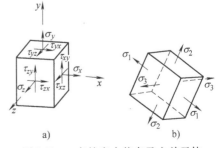

图 8-5　一点的应力状态及主单元体

8.2　平面应力状态下的应力分析

平面应力状态是工程中最常见的应力状态，在单元体四个侧面上作用有应力，且应力作用线均平行于单元体主应力为零的那个表面，如图 8-6a 所示。

如图 8-6a 所示，在单元体的六个侧面中，z 面（垂直于 z 轴的平面）为主平面，其上主应力为零；x、y 面（分别垂直于 x、y 轴的平面）上作用着已知的应力 σ_x、τ_{xy} 和 σ_y、τ_{yx}。为便于研究，规定正应力以拉应力为正，切应力绕单元体任一点的矩为顺时针方向时为正。

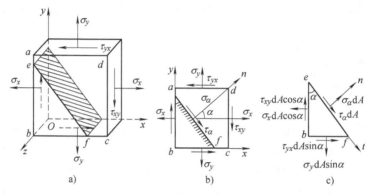

图 8-6　平面应力状态

8.2.1　平面应力状态分析的解析法

1. 任意斜截面上的应力

如图 8-6a 所示，求单元体与 z 平面垂直的任意斜截面上的应力。设斜截面 ef 的外法线 n 与 x 轴间的夹角（方位角）为 α，简称 α 截面，并规定从 x 轴到外法线 n 逆时针转向的方位角 α 为正，α 截面上的应力分量用 σ_α 和 τ_α 表示（见图 8-6b）。截面法是分析单元体斜截面上应力的基本方法，下面应用这一方法确定平面应力状态中单元体任意截面上的应力。

假想沿斜截面 ef 将上述单元体切开，取 ebf 为研究对象，如图 8-6c 所示。设截面 ef 的面积为 $\mathrm{d}A$，则截面 eb 与 bf 的面积分别为 $\cos\alpha\mathrm{d}A$ 与 $\sin\alpha\mathrm{d}A$。考虑单元体的平衡，以 ef 截面的法线 n 和切线 t 为参考轴，由平衡方程得

$$\sum F_n = 0,\ \sigma_\alpha \mathrm{d}A + (\tau_{xy}\mathrm{d}A\cos\alpha)\sin\alpha - (\sigma_x\mathrm{d}A\cos\alpha)\cos\alpha +$$
$$(\tau_{yx}\mathrm{d}A\sin\alpha)\cos\alpha - (\sigma_y\mathrm{d}A\sin\alpha)\sin\alpha = 0$$

$$\sum F_t = 0,\ \tau_\alpha \mathrm{d}A - (\tau_{xy}\mathrm{d}A\cos\alpha)\cos\alpha - (\sigma_x\mathrm{d}A\cos\alpha)\sin\alpha +$$
$$(\tau_{yx}\mathrm{d}A\sin\alpha)\sin\alpha + (\sigma_y\mathrm{d}A\sin\alpha)\cos\alpha = 0$$

根据切应力互等定理可知，τ_{xy} 和 τ_{yx} 在数值上相等。整理以上两个平衡方程，可得平面应力状态下任意斜截面（α 截面）上的应力分量为

$$\sigma_\alpha = \frac{\sigma_x + \sigma_y}{2} + \frac{\sigma_x - \sigma_y}{2}\cos 2\alpha - \tau_{xy}\sin 2\alpha \tag{8-1}$$

$$\tau_\alpha = \frac{\sigma_x - \sigma_y}{2}\sin2\alpha + \tau_{xy}\cos2\alpha \tag{8-2}$$

式（8-1）和式（8-2）为平面应力状态下斜截面应力的一般公式。它们反映了在平面应力状态下，一点不同方位斜截面上的应力 σ_α 和 τ_α 随 α 角变化的规律，也即一点处的应力状态。

由平面应力状态下斜截面应力的一般公式可得出，在单元体内相互平行的两个截面上，$\sigma_\alpha = \sigma_{\alpha+180°}$ 和 $\tau_\alpha = \tau_{\alpha+180°}$，即相互平行的截面上应力相等；单元体内相互垂直的两个截面上，$\sigma_\alpha + \sigma_{\alpha+90°} = \sigma_x + \sigma_y$ 和 $\tau_\alpha = -\tau_{\alpha+90°}$，即相互垂直截面上的正应力之和为常量，切应力大小相等、符号相反证明了切实力互等定理。

2. 主应力

利用式（8-1）、式（8-2）可确定正应力和切应力的极值及其所在平面的位置。将式（8-1）对 α 求导数，得

$$\frac{d\sigma_\alpha}{d\alpha} = -2\left[\frac{\sigma_x - \sigma_y}{2}\sin2\alpha + \tau_{xy}\cos2\alpha\right] \tag{a}$$

若 $\alpha = \alpha_0$，能使导数 $\dfrac{d\sigma_\alpha}{d\alpha} = 0$，则在 α_0 所确定的截面上，正应力为极大值或极小值（即最大值或最小值）。将 α_0 代入式（a），并令其等于零，得

$$\frac{\sigma_x - \sigma_y}{2}\sin2\alpha_0 + \tau_{xy}\cos2\alpha_0 = 0 \tag{b}$$

得

$$\tan2\alpha_0 = -\frac{2\tau_{xy}}{\sigma_x - \sigma_y} \tag{8-3}$$

由式（8-3）可以求出相差 90° 的两个角度 α_0 和 $\alpha_0 + 90°$，它们确定两个互相垂直的平面，即最大或最小正应力所在平面。

由式（8-3）计算出 $\sin2\alpha_0$ 和 $\cos2\alpha_0$，代入式（8-1）得

$$\left.\begin{array}{r}\sigma_{max}\\\sigma_{min}\end{array}\right\} = \frac{\sigma_x + \sigma_y}{2} \pm \sqrt{\left(\frac{\sigma_x - \sigma_y}{2}\right)^2 + \tau_{xy}^2} \tag{8-4}$$

比较式（b）和式（8-2）可知：满足式（b）的角恰好使 τ_α 等于零，因为切应力为零的平面是主平面，所以，由式（8-4）求得的最大或最小的正应力即为两个主应力。

两个主应力与相差 90° 的两个主平面的关系可按下述方法确定：方法一，比较 σ_x 和 σ_y 的代数值，若 $\sigma_x \geqslant \sigma_y$，则绝对值较小的 α_0 确定 σ_{max} 所在的主平面；若 $\sigma_x < \sigma_y$，则绝对值较大的 α_0 确定 σ_{max} 所在的主平面。方法二，根据切应力的方向确定 σ_{max} 所在方位，σ_{max} 的方位总是顺着 τ_{xy} 的指向。

在分析一点的应力状态时，一般需要求出该点的三个主应力，除了上面求出的 σ_{max}、σ_{min}，还有平行于 xy 坐标平面的那一对平面，其上切应力为零，则正应力也为主应力，利用主应力的排序规则，按代数值排序，最后写出 σ_1、σ_2、σ_3。

3. 最大切应力

将式（8-2）对角 α 求导，并令其为零，即

$$\frac{d\tau_\alpha}{d\alpha} = (\sigma_x - \sigma_y)\cos2\alpha - 2\tau_{xy}\sin2\alpha = 0 \tag{c}$$

设极值切应力所在平面的方位角为 α_1 ，由式（c）可得

$$\tan2\alpha_1 = \frac{\sigma_x - \sigma_y}{2\tau_{xy}} \tag{8-5}$$

式（8-5）给出两个方位角 α_1 和 $\alpha_1 + 90°$ ，将这两个方位角代入式（8-2），可得出两个极值切应力

$$\left.\begin{array}{r}\tau_{\max}\\\tau_{\min}\end{array}\right\} = \pm \sqrt{\left(\frac{\sigma_x - \sigma_y}{2}\right)^2 + \tau_{xy}^2} \tag{8-6}$$

式（8-6）与式（8-4）比较可得

$$\tau_{\max} = \frac{\sigma_{\max} - \sigma_{\min}}{2} \tag{8-7}$$

由式（8-7）知，最大切应力等于两个主应力之差的一半，比较式（8-3）和式（8-5），可得

$$\tan2\alpha_1 = -\cot2\alpha_0 = \tan2(\alpha_0 + 45°)$$

有 $\alpha_1 = \alpha_0 + 45°$ ，切应力极值所在平面与主平面的夹角为 $45°$ 。

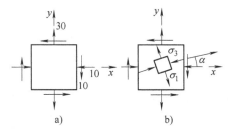

图 8-7　一点的应力状态及其主单元体

【例 8-2】　试用解析法求图 8-7 所示应力状态的主应力及其方向，并画出主单元体（各应力单位：MPa）。

【解】　已知 $\sigma_x = -10\text{MPa}$ ，$\sigma_y = 30\text{MPa}$ ，$\tau_{xy} = 10\text{MPa}$

$$\left.\begin{array}{r}\sigma_{\max}\\\sigma_{\min}\end{array}\right\} = \frac{\sigma_x + \sigma_y}{2} \pm \sqrt{\left(\frac{\sigma_x - \sigma_y}{2}\right)^2 + \tau_{xy}^2} = \left(\frac{-10+30}{2} \pm \sqrt{\left(\frac{-10-30}{2}\right)^2 + 10^2}\right)\text{MPa}$$

$$= (10 \pm 22.36)\ \text{MPa} = \begin{array}{l}32.36\text{MPa}\\-12.36\text{MPa}\end{array}$$

$$\tan2\alpha_0 = -\frac{2\tau_{xy}}{\sigma_x - \sigma_y} = -\frac{2 \times 10}{-10 - 30} = 0.5$$

$$\alpha_0 = 13°17'$$

主单元体的三个主应力分别为：$\sigma_1 = 32.36\text{MPa}$ ，$\sigma_2 = 0$ ，$\sigma_3 = -12.36\text{MPa}$ 。

由于 $\sigma_x < \sigma_y$ ，因此，α_0 为 x 轴与 σ_3 所夹角度，σ_1 与 σ_3 作用面垂直。主单元体如图 8-7b 所示。

8.2.2　平面应力状态分析的图解法

1. 应力圆

平面应力状态下任意斜截面的应力公式可以看作 α 的参数方程，将式（8-1）、式（8-2）整理成以下形式：

$$\sigma_\alpha - \frac{\sigma_x + \sigma_y}{2} = \frac{\sigma_x - \sigma_y}{2}\cos2\alpha - \tau_{xy}\sin2\alpha$$

$$\tau_\alpha = \frac{\sigma_x - \sigma_y}{2}\sin2\alpha + \tau_{xy}\cos2\alpha$$

将两式各自平方后相加，消去参数 α ，可得

$$\left(\sigma_\alpha - \frac{\sigma_x + \sigma_y}{2} \right)^2 + \tau_\alpha^2 = \left(\frac{\sigma_x - \sigma_y}{2} \right)^2 + \tau_{xy}^2 \tag{8-8}$$

由于 σ_x、σ_y、τ_{xy} 为已知量，故以 σ_α、τ_α 为变量建立直角坐标系（横坐标为正应力 σ ，纵坐标为切应力 τ ），则式(8-8) 表示圆心为 $\left(\dfrac{\sigma_x + \sigma_y}{2} ,\ 0 \right)$ ，半径为 $\sqrt{\left(\dfrac{\sigma_x - \sigma_y}{2} \right)^2 + \tau_{xy}^2}$ 的

圆，即当斜截面随方位角 α 变化时，其上的应力 σ_α、τ_α 在 $\sigma-\tau$ 直角坐标系内的轨迹是一个圆，这一圆称为应力圆或摩尔圆，如图 8-8 所示。圆上任意一点的横、纵坐标分别代表相应截面上的正应力和切应力。

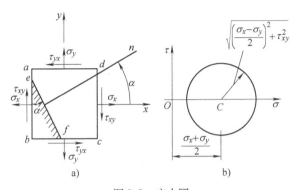

图 8-8　应力圆

以平面应力状态为例，说明应力圆的作法：

1）建立 $\sigma-\tau$ 坐标系，选定比例尺。

2）在坐标上，确定点 D (σ_x, τ_{xy})，D' (σ_y, τ_{yx})，由切应力互等定理知 $\tau_{xy} = -\tau_{yx}$ 。

3）连接 DD' 与 σ 轴相交于 C 点。

4）以 C 点为圆心，CD 为半径作圆，该圆就是相应于该单元体的应力圆。

依照以上步骤所作圆的圆心、半径分别为

$$\overline{OC} = \frac{1}{2}(\overline{OA} - \overline{OB}) + \overline{OB} = \frac{1}{2}(\overline{OA} + \overline{OB}) = \frac{\sigma_x + \sigma_y}{2}$$

$$\overline{CD} = \sqrt{\overline{CA}^2 + \overline{AD}^2} = \sqrt{\left(\frac{\sigma_x - \sigma_y}{2} \right)^2 + \tau_{xy}^2}$$

所以，这一圆周就是该单元体对应的应力圆，如图 8-9 所示。

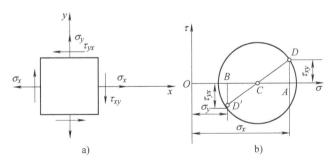

图 8-9　应力圆画法

2. 单元体与应力圆的关系

单元体上任意斜截面的应力与应力圆周上的点是一一对应的。例如，利用应力圆求方位角为 α 的斜截面应力，如图 8-10 所示，将应力圆的半径 CD 按方位角 α 的转向转动 2α 得到

半径 CE，圆周上 E 点的坐标即为斜截面上的正应力 σ_α 和切应力 τ_α。

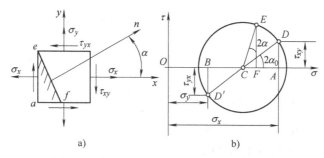

图 8-10 斜截面应力与应力圆周点之间关系

证明： 依据条件绘制应力圆，如图 8-10b 所示，可知 $\overline{OC} = \dfrac{\sigma_x + \sigma_y}{2}$，$\overline{CA} = \overline{OA} - \overline{OC} = \dfrac{\sigma_x - \sigma_y}{2}$，$\overline{AD} = \tau_{xy}$

故

$$\overline{OF} = \overline{OC} + \overline{CF} = \overline{OC} + \overline{CE}\cos(2\alpha_0 + 2\alpha)$$

$$= \overline{OC} + \overline{CD}\cos2\alpha_0\cos2\alpha - \overline{CD}\sin2\alpha_0\sin2\alpha$$

$$= \frac{\sigma_x + \sigma_y}{2} + \frac{\sigma_x - \sigma_y}{2}\cos2\alpha - \tau_{xy}\sin2\alpha = \sigma_\alpha$$

$$\overline{FE} = \overline{CE}\sin(2\alpha_0 + 2\alpha)$$

$$= \overline{CD}\sin2\alpha_0\cos2\alpha + \overline{CD}\cos2\alpha_0\sin2\alpha$$

$$= \frac{\sigma_x - \sigma_y}{2}\sin2\alpha + \tau_{xy}\cos2\alpha = \tau_\alpha$$

由以上证明可以得出在平面应力状态下，单元体上的应力与应力圆上的坐标值之间的对应关系如下：

1）点面的对应关系。单元体某一面上的应力，必对应于应力圆上某一点的坐标。

2）夹角关系。圆周上任意两点所引的夹角等于单元体上对应两截面夹角的两倍，并且两者的转向一致。

依据上述关系，应用应力圆可以确定主应力的数值及主平面的方位。

由图 8-11 可以看出，A_1、B_1 的纵坐标均为零，即单元体上与这两点对应的截面上的切应力为零。因此，这两点就是与主平面对应的点，它们的横坐标分别代表两个主平面上的主应力的值。

$$\overline{OA_1} = \overline{OC} + \overline{CA_1} = \frac{\sigma_x + \sigma_y}{2} + \sqrt{\left(\frac{\sigma_x - \sigma_y}{2}\right)^2 + \tau_{xy}^2} = \sigma_{\max} = \sigma_1$$

$$\overline{OB_1} = \overline{OC} - \overline{CB_1} = \frac{\sigma_x + \sigma_y}{2} - \sqrt{\left(\frac{\sigma_x - \sigma_y}{2}\right)^2 + \tau_{xy}^2} = \sigma_{\min} = \sigma_2$$

确定主平面位置，在应力圆上 D 点（代表法线为 x 轴的平面）到 A_1 点所对应圆心角为顺时针的 $2\alpha_0$，在单元体中由 x 轴也按顺时针方向量取 α_0，这样就确定了 σ_1 所在主平面的

位置（规定顺时针方向的 α_0 是负的），从应力圆上可以看出

$$\tan(-2\alpha_0) = \frac{\overline{DA}}{\overline{CA}} = \frac{2\tau_{xy}}{\sigma_x - \sigma_y}$$

$$\tan 2\alpha_0 = -\frac{2\tau_{xy}}{\sigma_x - \sigma_y}$$

此式即为确定主平面方向角的公式。

在应力圆上也容易求得极值切应力的数值，并确定其作用面。在应力圆上，极值切应力对应 G_1、G_2 两点，如图 8-11 所示。极大值和极小值符号相反，其大小为圆的半径。故

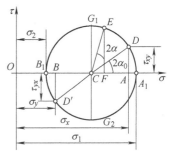

$$\overline{CG_1} = +\sqrt{\left(\frac{\sigma_x - \sigma_y}{2}\right)^2 + \tau_{xy}^2} = \tau_{\max}$$

$$\overline{CG_2} = -\sqrt{\left(\frac{\sigma_x - \sigma_y}{2}\right)^2 + \tau_{xy}^2} = \tau_{\min}$$

图 8-11　应力圆表示主应力
与极值切应力

$$\begin{cases} \tau_{\max} = \pm \dfrac{\sigma_1 - \sigma_2}{2} \\ \tau_{\min} \end{cases}$$

且由对应关系知，极值切应力所在的截面与主平面成 45°角。

应力圆除作为图解法的工具用以量测某些量外，还具有更重要的功能：一方面是通过简明的几何关系导出一些基本公式；另一方面是利用它可以得到许多应力状态的信息，以便帮助我们进行一些复杂问题的分析。

【**例 8-3**】　试分析铸铁在轴向压缩实验中为什么沿斜截面发生压缩剪切破坏。

【**解**】　铸铁在单向压缩时，各点处于单向应力状态，依据应力圆的画法绘出应力圆如图 8-12 所示，应力圆中切应力极值点 b、d 处，a 点为 σ_x，依据单元体与应力圆的应力对应关系，可以得出单元体的 45° 方向面上即有正应力又有切应力且切应力达到最大值。铸铁的抗剪能力比抗压能力低，所以发生斜截面剪切破坏。

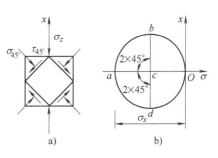

图 8-12　单向应力状态主单元体
及其应力圆

利用【例 8-3】的解答同样可以解释低碳钢试样拉伸到屈服时，表面会出现与轴线成 45°角的滑移线的现象。

【**例 8-4**】　如图 8-13 所示，$\sigma_x = 80\text{MPa}$，$\sigma_y = -40\text{MPa}$，$\tau_{xy} = -60\text{MPa}$，利用应力圆求解单元体 $\alpha = 30°$ 斜截面上的切应力、主应力及主平面方位。

【**解**】　（1）画应力圆　建立 $\sigma\text{-}\tau$ 坐标系，如图 8-13b 所示，选定比例尺，确定点 $D(80, -60)$、$D'(-40, 60)$，连接 DD' 与 σ 坐标交于 C 点，以 C 点为圆心，以 DD' 为半径作圆，即为图 8-13a 所示单元体的应力状态所对应的应力圆。由 CD 按逆时针转到 2α 位置 E

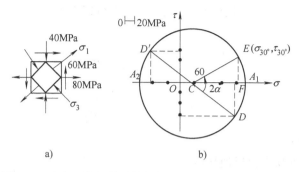

图 8-13　应力圆求解单元体斜截面上的应力与主应力

点，即为单元体30°斜截面对应的应力（$\sigma_{30°}$，$\tau_{30°}$）。

（2）按相应比例尺量出所求物理量

$$\sigma_{30°} = OF = 101.96\text{MPa}；\tau_{30°} = EF = 21.96\text{MPa}$$

$$\sigma_1 = OA_1 = 104.84\text{MPa}；\sigma_3 = OA_2 = -64.84\text{MPa}$$

$$\alpha_0 = \frac{\angle DCA_1}{2} = 22.5°$$

8.3　空间应力状态分析简介

受力物体内一点处的应力状态中，一般情况下所取单元体三对平面上都有正应力和切应力，如图8-14所示。单向应力、双向应力状态是三向应力状态的特例。

1. 三向应力圆

三向应力状态分析比较复杂，这里只对三个主应力都不为零的三向应力状态做简单介绍。

如图8-15所示，钢轨的轨头部分受车轮的静压力作用时，围绕接触点截取一个单元体，其三个相互垂直的平面都是主平面，在表面上有接触压应力σ_3，在横截面和铅垂纵截面上分别有压应力σ_2和σ_1。再如，螺钉在拉伸时，其螺纹根部内的单元体则处于三个主应力均为拉应力的空间应力状态。

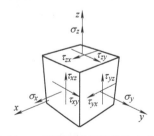

图 8-14　一般情况下单元体的应力状态

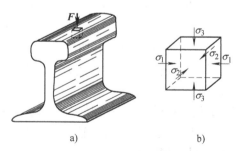

图 8-15　车轮与钢轨接触点的应力状态

对危险点处于空间应力状态下的构件进行强度计算时，通常需要确定其最大正应力和最大切应力。当单元体的三个主应力σ_1、σ_2和σ_3均为已知时，如图8-16a所示，利用应力圆，可确定该单元体的最大正应力和最大切应力。

　　首先，研究单元体内平行于 σ_3 的斜截面上的应力，如图 8-16a 所示，斜截面将单元体分成两部分，这里研究左半部分的平衡，如图 8-16b 所示。由于主应力 σ_3 所在前后两个面的面积相等，故这两个面上的力互相平衡。因此，平行于 σ_3 的斜截面上的应力与 σ_3 无关，可以根据平面应力状态分析，由 σ_1 和 σ_2 作出的应力圆上的点来表示，如图 8-16c 所示。

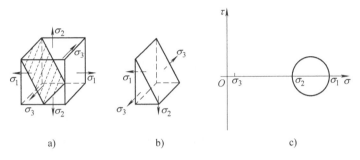

图 8-16　单元体内平行于 σ_3 的斜截面上的应力分析

　　同理，平行于 σ_2（或 σ_1）的斜截面上的应力可由 σ_3 和 σ_1（或 σ_2 和 σ_3）确定的应力圆上的点来表示，如图 8-17 所示。

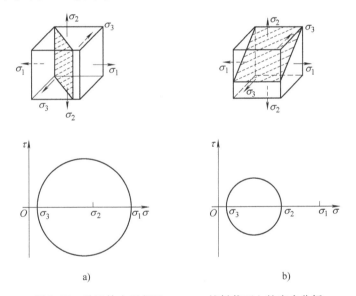

图 8-17　单元体内平行于 σ_2、σ_1 的斜截面上的应力分析

　　由以上分析，对一个空间应力状态的单元体，可以画出三个应力圆，在 σ-τ 坐标系内，空间应力状态任意斜截面上的应力，一定落在三个应力圆所夹的阴影面积之内[一]，如图 8-18 所示。

　　[一]　参看刘鸿文主编《材料力学》，第三版，§8.5，高等教育出版社，1992.

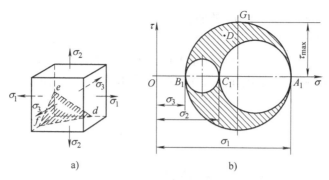

图 8-18　应力圆表示空间应力状态任意斜截面上的应力

2. 最大应力

综上所述，在 σ-τ 平面上，代表任意截面的应力的点，或位于应力圆上，或位于三个圆所构成的阴影区域内。于是，最大与最小正应力分别为最大与最小主应力，即

$$\sigma_{\max} = \sigma_1 , \sigma_{\min} = \sigma_3 \tag{8-9}$$

而最大切应力则为

$$\tau_{\max} = \frac{\sigma_1 - \sigma_3}{2} \tag{8-10}$$

最大切应力位于与 σ_1 及 σ_3 均成 45° 角的截面内。

上述结论同样适用于单向应力与二向应力状态。在二向应力状态中，当 $\sigma_1 > \sigma_2 > 0$，$\sigma_3 = 0$ 时，按式(8-10)

$$\tau_{\max} = \frac{\sigma_1}{2}$$

这里所得最大切应力显然大于由式(8-6) 得出的

$$\tau_{\max} = \sqrt{\left(\frac{\sigma_1 - \sigma_2}{2}\right)^2 + 0^2} = \frac{\sigma_1 - \sigma_2}{2}$$

这是因为，在式(8-6) 中只考虑了平行于 σ_3 的斜截面。

【例 8-5】　已知某点的应力状态如图 8-19 所示，求 $\tau_{\max}$。

【解】　（1）确定主应力 σ_1、σ_2、σ_3

$\sigma_1 = 26\text{MPa}$，$\sigma_2 = 10\text{MPa}$，$\sigma_3 = 0$

（2）$\tau_{\max} = \dfrac{\sigma_1 - \sigma_3}{2} = \dfrac{26 - 0}{2}\text{MPa} = 13\text{MPa}$

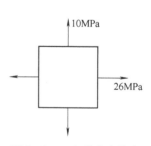

图 8-19　一点的应力状态

8.4　广义胡克定律

在单向拉伸或压缩时，杆件内任一点处于单向应力状态，试验表明，对于各向同性材料，在小变形线弹性范围内，沿轴线方向上应力与应变的关系（即简单应力状态的胡克定律）

$$\sigma = E\varepsilon \text{ 或 } \varepsilon = \frac{\sigma}{E} \tag{8-11}$$

轴向变形引起的横向线应变

$$\varepsilon' = -\mu\varepsilon = -\mu\frac{\sigma}{E} \tag{8-12}$$

试验表明，在纯剪切的情况下，当切应力不超过剪切比例极限时，切应力和切应变之间服从剪切胡克定律，即

$$\tau = G\gamma \text{ 或 } \gamma = \frac{\tau}{G} \tag{8-13}$$

在一般情况下，描述一点的应力状态需要 6 个独立的应力分量，即 σ_x、σ_y、σ_z 和 τ_{xy}、τ_{yz}、τ_{zx}，如图 8-5a 所示。这样的情况可以看作三组单向应力和三组纯剪切的组合。

在线弹性小变形的情况下，各向同性材料的线应变只与正应力有关，与切应力无关；切应变只与切应力有关，与正应力无关，且可以应用叠加原理求出三个方向的总应变。下面根据一点的应力状态分析三个方向的总应变，如图 8-20 所示。

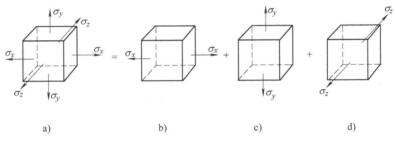

图 8-20　单元体的应变分析

当正应力 σ_x 单独作用时，如图 8-20b 所示，单元体沿 x、y 与 z 方向的正应变分别为

$$\varepsilon_x' = \frac{\sigma_x}{E} , \ \varepsilon_y' = -\frac{\mu\sigma_x}{E} , \ \varepsilon_z' = -\frac{\mu\sigma_x}{E}$$

当正应力 σ_y 单独作用时，如图 8-20c 所示，单元体沿 x、y 与 z 方向的正应变分别为

$$\varepsilon_x' = -\frac{\mu\sigma_y}{E} , \ \varepsilon_y' = \frac{\sigma_y}{E} , \ \varepsilon_z' = -\frac{\mu\sigma_y}{E}$$

当正应力 σ_z 单独作用时，如图 8-20d 所示，单元体沿 x、y 与 z 方向的正应变分别为

$$\varepsilon_x' = -\frac{\mu\sigma_z}{E} , \ \varepsilon_y' = -\frac{\mu\sigma_z}{E} , \ \varepsilon_z' = \frac{\sigma_z}{E}$$

所以，应用叠加原理，在 σ_x、σ_y 与 σ_z 共同作用下，单元体沿 x、y 与 z 方向的正应变分别为

$$\begin{cases} \varepsilon_x = \dfrac{1}{E}[\sigma_x - \mu(\sigma_y + \sigma_z)] \\[2mm] \varepsilon_y = \dfrac{1}{E}[\sigma_y - \mu(\sigma_z + \sigma_x)] \\[2mm] \varepsilon_z = \dfrac{1}{E}[\sigma_z - \mu(\sigma_x + \sigma_y)] \end{cases} \tag{8-14}$$

对于剪应变和剪应力之间的关系仍然是式（8-13）所表示，且与正应力分量无关。这样在 xy、yz、zx 三个面内的剪应变分别是

$$\begin{cases} \gamma_{xy} = \dfrac{\tau_{xy}}{G} = \dfrac{2(1+\mu)}{E}\tau_{xy} \\[2mm] \gamma_{yz} = \dfrac{\tau_{yz}}{G} = \dfrac{2(1+\mu)}{E}\tau_{yz} \\[2mm] \gamma_{zx} = \dfrac{\tau_{zx}}{G} = \dfrac{2(1+\mu)}{E}\tau_{zx} \end{cases} \tag{8-15}$$

式(8-14) 和式(8-15) 称为广义胡克定律。

当单元体的三组平行平面为主平面时, 即 $\sigma_x = \sigma_1$、$\sigma_y = \sigma_2$ 和 $\sigma_z = \sigma_3$ 时, 沿三个主应力方向将产生线应变, 称为主应变, 分别用 ε_1、ε_2 和 ε_3 表示, 广义胡克定律化为

$$\begin{cases} \varepsilon_1 = \dfrac{1}{E}[\sigma_1 - \mu(\sigma_2 + \sigma_3)] \\[2mm] \varepsilon_2 = \dfrac{1}{E}[\sigma_2 - \mu(\sigma_3 + \sigma_1)] \\[2mm] \varepsilon_3 = \dfrac{1}{E}[\sigma_3 - \mu(\sigma_1 + \sigma_2)] \end{cases} \tag{8-16}$$

$$\gamma_{xy} = 0 , \quad \gamma_{yz} = 0 , \quad \gamma_{zx} = 0 \tag{8-17}$$

由式(8-16) 算得的主应变也按代数值排列, 即 $\varepsilon_1 \geqslant \varepsilon_2 \geqslant \varepsilon_3$。可以证明, ε_1 也是一点处的最大线应变。当主应变用实测的方法求出后, 将其代入广义胡克定律, 即可解出主应力。需要注意的是, 只有当材料为各向同性, 且处于线弹性范围之内时, 广义胡克定律才成立。由式(8-16) 可得用应变表示应力的形式为

$$\begin{cases} \sigma_1 = \dfrac{E}{(1-2\mu)(1+\mu)}[(1-\mu)\varepsilon_1 + \mu\varepsilon_2 + \mu\varepsilon_3] \\[2mm] \sigma_2 = \dfrac{E}{(1-2\mu)(1+\mu)}[(1-\mu)\varepsilon_2 + \mu\varepsilon_3 + \mu\varepsilon_1] \\[2mm] \sigma_3 = \dfrac{E}{(1-2\mu)(1+\mu)}[(1-\mu)\varepsilon_3 + \mu\varepsilon_1 + \mu\varepsilon_2] \end{cases} \tag{8-18}$$

在平面应力状态下, 设 $\sigma_3 = 0$, 则由式(8-16) 可得

$$\begin{cases} \varepsilon_1 = \dfrac{1}{E}[\sigma_1 - \mu\sigma_2] \\[2mm] \varepsilon_2 = \dfrac{1}{E}[\sigma_2 - \mu\sigma_3] \\[2mm] \varepsilon_3 = \dfrac{1}{E}[\sigma_3 - \mu\sigma_1] \end{cases} \tag{8-19}$$

由式(8-19) 可见, 平面应力状态的 $\sigma_3 = 0$, 其相应的主应变 $\varepsilon_3 \neq 0$。

【例 8-6】 一点的应力状态如图 8-21 所示, 已知 $E = 200\mathrm{GPa}$, $\mu = 0.3$, 试求该点的主应变。

【解】 已知 $\sigma_x = 20\mathrm{MPa}$, $\sigma_y = 0$, $\tau_{xy} = -30\mathrm{MPa}$

（1）主应力

$$\left.\begin{array}{r} \sigma_{\max} \\ \sigma_{\min} \end{array}\right\} = \frac{\sigma_x + \sigma_y}{2} \pm \sqrt{\left(\frac{\sigma_x - \sigma_y}{2}\right)^2 + \tau_x^2} = \begin{array}{l} 41.6\mathrm{MPa} \\ -21.6\mathrm{MPa} \end{array}$$

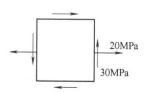

图 8-21　一点的应力状态

$\sigma_1 = 41.6\text{MPa}$ ，$\sigma_2 = 0$ ，$\sigma_3 = -21.6\text{MPa}$

（2）主应变

$$\varepsilon_1 = \frac{1}{E}(\sigma_1 - \mu\sigma_3) = 2.4 \times 10^{-4}$$

$$\varepsilon_2 = -\frac{\mu}{E}(\sigma_1 + \sigma_3) = -3 \times 10^{-5}$$

$$\varepsilon_3 = \frac{1}{E}(\sigma_3 - \mu\sigma_1) = -1.7 \times 10^{-4}$$

8.5　强度理论

8.5.1　强度理论的基本概念

强度理论是材料在复杂应力状态下关于强度失效原因的理论。

构件在载荷的作用下，当载荷达到一定数值时，构件由于断裂破坏以及尺寸、形状或材料性能的改变而不能正常实现其功能的现象，通常称为失效。构件因强度不足引起的失效形式，通常称为材料的破坏形式。

构件在轴向拉压或扭转变形的情况下，其危险点处于单向应力状态或纯剪切应力状态，通过试验建立强度条件

$$\sigma_{\max} \leqslant [\sigma] = \frac{\sigma_\text{u}}{n} \quad \text{或} \quad \tau_{\max} \leqslant [\tau] = \frac{\tau_\text{u}}{n} \tag{8-20}$$

式中　　σ_u、τ_u——通过试验测出的材料的失效应力。

对于弯曲变形的构件，当发生横力弯曲时横截面上既有正应力又有切应力，但是由于弯曲正应力的危险点和弯曲切应力的危险点分别是单向应力状态和纯剪切应力状态，所以，横力弯曲时危险点所建立的强度条件仍以试验为基础。但当危险点处于复杂应力状态，危险点处既有正应力又有切应力时，实践表明，构件的破坏是由这两种应力共同作用的结果，若再应用单向应力状态与纯剪切应力状态建立的强度条件分别计算就是错误的。因此，需要建立复杂应力状态下危险点的强度条件。对于危险点处于复杂应力状态的构件，三个主应力σ_1、σ_2、σ_3之间的比例有无限多种可能，要在每一种比例下都通过对材料的直接试验来确定其极限应力值，是难以做到的；另外，复杂应力状态试验，从技术上来说也是难以实现的。然而，不同材料在不同应力状态下破坏形式是多样的，但它们的破坏还是有规律的。大量的试验结果及工程构件破坏的现象表明，材料在常温、静载作用下主要发生两类形式的强度破坏：

1）材料在没有明显的塑性变形情况下发生突然断裂，称为脆性断裂。例如，铸铁试件在拉伸或扭转时，在未产生明显的塑性变形的情况下就突然断裂。

2）材料产生显著的塑性变形而使构件丧失正常的工作能力，称为塑性屈服。例如，低碳钢试件在拉伸（压缩）或扭转时，在应力达到屈服极限后，就会产生明显的塑性变形。

因此，综合分析试验资料和实践经验，人们提出了材料在复杂应力状态下发生破坏的假说。假说认为，材料之所以按某种形式破坏是由应力、应变或比能等因素中某一因素引

起的。按照这类假说，无论在简单应力状态还是复杂应力状态下，引起材料破坏（或失效）的因素是相同的，这类假说称为强度理论。利用强度理论，便可由简单应力状态的试验结果，建立复杂应力状态的强度条件。下面主要介绍经过试验和实践检验，在工程中常用的四个强度理论都是在常温、静载下，适用于均匀连续和各向同性材料的强度理论。同时，某种强度理论是否适用，在什么条件下适用，必须经受科学试验和生产实践的检验。

8.5.2 四个强度理论

强度失效的形式主要有两种，即屈服与断裂，故强度理论分成两类：第一类是关于脆性断裂破坏的理论，其中包括最大拉应力强度理论和最大伸长线应变强度理论；第二类是关于塑性屈服破坏的理论，其中包括最大剪应力强度理论和畸变能密度强度理论。

1. 最大拉应力强度理论（第一强度理论）

这一理论认为，最大拉应力是引起材料脆性断裂破坏的主要因素，即无论是什么应力状态，只要构件内危险点处的三个主应力中最大拉应力 σ_1 达到材料在单向应力状态下发生脆性破坏时的极限应力 σ_u，材料就发生断裂。既然 σ_1 的极限值与应力状态无关，就可以用单向应力状态确定极限值。

于是，材料的断裂破坏准则为

$$\sigma_{max} = \sigma_1 = \sigma_u$$

将极限应力除以安全系数得到许用应力 $[\sigma]$，于是强度条件为

$$\sigma_1 \leqslant [\sigma] \tag{8-21}$$

试验证明，铸铁等脆性材料在单向拉伸时，断裂发生在拉应力最大的横截面，脆性材料的扭转也是沿拉应力最大的螺旋面发生断裂，这些都与最大拉应力理论相符。由于这一理论没有考虑 σ_2 和 σ_3 的影响，而且对没有拉应力的状态（如单向压缩、三向压缩）也无法应用。

2. 最大伸长线应变强度理论（第二强度理论）

这一理论认为，最大伸长线应变 ε_1 是引起材料脆性断裂破坏的主要因素。无论何种应力状态，只要构件内危险点处的最大伸长线应变 ε_1 达到材料在单向应力状态下发生脆性破坏时伸长线应变极限值 ε_u，材料就会发生断裂。ε_1 的极值既然与应力状态无关，就可以由单向应力状态确定。因材料在脆性断裂前的变形很小，可假定材料在破坏前服从胡克定律。于是材料的破坏准则为

$$\varepsilon_1 = \varepsilon_u = \frac{\sigma_b}{E} \tag{a}$$

根据广义胡克定律

$$\varepsilon_1 = \frac{1}{E}[\sigma_1 - \mu(\sigma_2 + \sigma_3)] \tag{b}$$

将式（b）代入式（a），于是破坏准则为

$$\sigma_1 - \mu(\sigma_2 + \sigma_3) = \sigma_b \tag{c}$$

将 σ_b 除以安全系数得许用应力 $[\sigma]$，于是强度条件为

$$\sigma_1 - \mu(\sigma_2 + \sigma_3) \leqslant [\sigma] \tag{8-22}$$

实践证明，砖、石、混凝土等脆性材料受单向压缩时，如在试验机与试块的接触面上添加润滑剂，以减小摩擦力的影响，试块将沿垂直于压力的方向裂开，裂开的方向也就是 ε_1 的方向。铸铁在受拉 – 压二向应力作用，且压应力较大的情况下，试验结果与这一理论较为接近。因此，最大伸长线应变理论适用于受力以压应力为主的情况。与最大拉应力强度理论相比，这一理论考虑了其余两个主应力（ σ_2 和 σ_3 ）对材料强度的影响，相对来说更为完善。但脆性材料在二向压缩和二向拉伸的情况下，应用此理论得出的结果反而比单向拉伸时安全，这与试验结果是不相符的。

相比之下，最大拉应力理论适用于脆性材料以拉应力为主的情况，理论简便，所以，在工程实践中应用较多。但在工业部门（如炮筒设计）中最大伸长线应变强度理论应用较为广泛。

3. 最大剪应力强度理论（第三强度理论）

这一理论认为最大剪应力是引起材料塑性屈服的主要因素，即无论何种应力状态，只要构件内危险点处的最大剪应力 τ_{max} 达到材料在单向拉伸下发生屈服破坏时的极限应力值 τ_u，材料就要发生塑性屈服失效。τ_{max} 的极限值与应力状态无关，可以由单向应力状态确定。材料单向拉伸时，与轴线成 45° 角斜截面上的切应力达到最大 $\tau_{max} = \dfrac{\sigma_s}{2}$ 时，材料出现屈服，即极限应力 $\tau_u = \dfrac{\sigma_s}{2}$ ，因此屈服失效准则为

$$\tau_{max} = \tau_u = \frac{\sigma_s}{2} \tag{a}$$

在复杂应力状态下

$$\tau_{max} = \frac{1}{2}(\sigma_1 - \sigma_3) \tag{b}$$

将式（b）代入式（a），于是屈服失效准则为

$$\sigma_1 - \sigma_3 = \sigma_s$$

将 σ_s 除以安全系数得许用应力，则强度条件为

$$\sigma_1 - \sigma_3 \leqslant [\sigma] \tag{8-23}$$

这一理论较好地解释了材料的屈服现象，与很多塑性材料在大多数受力形式下的试验结果相符合。例如，低碳钢拉伸时，沿与轴线成 45° 角的方向出现滑移线，这是材料内部沿这一方向滑移的痕迹，沿这一方向的斜截面上的剪应力恰为最大值。它的不足是没有考虑 σ_2 的影响，计算的结果与试验相比，偏于保守。并且只适用于拉伸屈服极限与压缩屈服极限相同的塑性材料。

这一理论既解释了材料出现塑性变形的现象，且又具有形式简单、概念明确，在机械工程中得到了广泛的应用。

4. 畸变能密度理论（第四强度理论）

外力作用使弹性体产生变形，作用点处必然产生位移。因此，在变形过程中，外力对变形体做功。根据功能原理，若不考虑能量损失，则在静载下外力之功全部转化为弹性体的变形能。由于弹性体的变形包括体积改变与形状改变。因此，外力功可转化为体积改变应变能与形状改变应变能（畸变能）。

构件在外力作用下发生变形的同时，其内部也储积了能量，称为变形能。例如，用手拧紧钟表的发条，发条在变形的同时储积了能量，带动指针转动。构件单位体积内储存的变形能称为比能。比能可分为两部分，即体积改变应变能密度和形状改变应变能密度（畸变能密度）。

畸变能密度理论认为：引起材料屈服的主要因素是畸变能密度，即无论何种应力状态，只要畸变能密度 u_d 达到材料单向拉伸屈服时的畸变能极限值 u_{du}，材料就会发生屈服破坏。u_d 的极限值与应力状态无关，就可以由单向应力状态下确定。根据这一理论，材料的屈服失效准则为

$$u_d = u_{du} \tag{a}$$

复杂应力状态下，形状改变能密度 u_d 表达式为（推导从略）

$$u_d = \frac{1+\mu}{6E}[(\sigma_1 - \sigma_2)^2 + (\sigma_2 - \sigma_3)^2 + (\sigma_3 - \sigma_1)^2] \tag{b}$$

单向拉伸下，屈服应力为 σ_s，则 $\sigma_1 = \sigma_s$，$\sigma_2 = \sigma_3 = 0$，于是

$$u_{du} = \frac{1+\mu}{6E}(2\sigma_s^2) \tag{c}$$

任意应力状态与单向应力状态下屈服准则相同，所以，将式（b）、式（c）代入式（a）可得

$$\frac{1+\mu}{6E}[(\sigma_1 - \sigma_2)^2 + (\sigma_2 - \sigma_3)^2 + (\sigma_3 - \sigma_1)^2] = \frac{1+\mu}{6E}(2\sigma_s^2)$$

将 σ_s 除以安全系数得许用应力 $[\sigma]$，于是强度条件为

$$\sqrt{\frac{1}{2}[(\sigma_1 - \sigma_2)^2 + (\sigma_2 - \sigma_3)^2 + (\sigma_3 - \sigma_1)^2]} \leqslant [\sigma] \tag{8-24}$$

这一理论比第三强度理论更符合试验结果。在剪切应力状态下比第三强度理论结果偏高约 15%，这是差异最大的情况。它的适用情况与第三强度理论的相同。

对于塑性材料，这一理论与试验结果吻合较好，它在考虑 σ_2 的影响方面得到了精密试验的证实，比第三强度理论更进了一步。但因第三强度理论的物理概念较为直观、计算简便、计算结果偏于安全，在工程实践中应用较为广泛。

5. 相当应力

综合四种强度理论的强度条件，可以写成统一的形式

$$\sigma_r \leqslant [\sigma] \tag{8-25}$$

式中 σ_r——相当应力，它由三个主应力按一定形式组合而成，四种强度理论的相当应力依次分别为

$$\begin{cases} \sigma_{r1} = \sigma_1 \\ \sigma_{r2} = \sigma_1 - \mu(\sigma_2 + \sigma_3) \\ \sigma_{r3} = \sigma_1 - \sigma_3 \\ \sigma_{r4} = \sqrt{\frac{1}{2}[(\sigma_1 - \sigma_2)^2 + (\sigma_2 - \sigma_3)^2 + (\sigma_3 - \sigma_1)^2]} \end{cases} \tag{8-26}$$

以上四种强度理论是分别针对脆性断裂和塑性屈服两种破坏形式建立的，是当前最常用的强度理论。在常温、静载条件下，处于复杂应力状态的脆性材料（铸铁、石料、混凝土、

玻璃等）多发生断裂破坏，通常采用第一或第二强度理论；而塑性材料（碳钢、钢、铝等）
则多发生屈服破坏，所以应该采用第三或第四强度理论。

在大多数情况下，根据材料来选择强度理论是合适的。但材料的脆性和塑性还与应力状
态有关，例如，三向拉伸或压缩应力状态，将会影响材料产生不同的破坏形式，因此，也要
注意到在少数特殊情况下，还须按可能发生的破坏形式和应力状态选择适宜的强度理论。例
如，在三向拉伸且三个主应力值很接近时，不论是脆性材料还是塑性材料，都会发生断裂破
坏，应该先用第一或第二强度理论；而在三向压缩且三个主应力很接近时，不管是什么材料
则都将出现塑性变形，应先用第三或第四强度理论。此外，像铸铁这类脆性材料，在二向
拉、压应力状态且压应力较大时，宜选用第二强度理论。

除以上四个强度理论外，在工程地质与土力学中还经常用到莫尔强度理论。莫尔强度理
论是以试验资料为基础，经合乎逻辑的综合得出的，上面的四种强度理论是以失效提出的假
说为基础得出的，相比之下，莫尔强度理论的方法是比较正确的。

8.5.3　莫尔强度理论

莫尔强度理论不是以对破坏提出的假说为基础，它是以各种应力状态下
材料破坏试验结果为依据，经过合乎逻辑的综合建立起的带有一定经验的强
度理论，其强度条件为

$$\sigma_1 - \frac{[\sigma_{\mathrm{t}}]}{[\sigma_{\mathrm{c}}]}\sigma_3 \leqslant [\sigma_{\mathrm{t}}]$$

因此，莫尔强度理论相当应力为

$$\sigma_{\mathrm{rM}} = \sigma_1 - \frac{[\sigma_{\mathrm{t}}]}{[\sigma_{\mathrm{c}}]}\sigma_3$$

如果材料的许用拉应力与许用压应力相同，则莫尔强度理论的强度条件改写为

$$\sigma_1 - \sigma_3 \leqslant [\sigma]$$

可以看出上式即为第三强度理论的强度条件，因此莫尔强度理论和第三强度理论相比，
考虑了材料在拉伸与压缩时强度不相等的情况，可以认为是第三强度理论的扩展。脆性材料
在复杂应力状态下，当最大主应力和最小主应力分别为拉应力和压应力时，由于材料拉伸与
压缩许用应力不相等，宜采用莫尔强度理论。

【例 8-7】　某结构上危险点处的应力状态如图 8-22 所示。
试求按第三强度理论和第四强度理论计算时的相当应力。

【解】　（1）计算主应力　由图 8-22 可知，$\sigma_x = 10\mathrm{MPa}$，
$\sigma_y = -50\mathrm{MPa}$，$\tau_{xy} = 60\mathrm{MPa}$，故

$$\left.\begin{array}{l}\sigma_{\max}\\\sigma_{\min}\end{array}\right\} = \frac{\sigma_x + \sigma_y}{2} \pm \sqrt{\left(\frac{\sigma_x - \sigma_y}{2}\right)^2 + \tau_{xy}^2}$$

$$= \left(\frac{10-50}{2} \pm \sqrt{\left(\frac{10+50}{2}\right)^2 + 60^2}\right)\mathrm{MPa}$$

$$= \begin{array}{l}47\mathrm{MPa}\\-87\mathrm{MPa}\end{array}$$

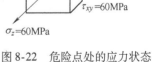

图 8-22　危险点处的应力状态

所以，$\sigma_1 = 47\mathrm{MPa}$、$\sigma_2 = 0\mathrm{MPa}$、$\sigma_3 = -87\mathrm{MPa}$。

（2）相当应力

$$\sigma_{r3} = \sigma_1 - \sigma_3 = [60 - (-87)]\,\mathrm{MPa} = 147\,\mathrm{MPa}$$

$$\sigma_{r4} = \sqrt{\frac{1}{2}\big[(\sigma_1 - \sigma_2)^2 + (\sigma_2 - \sigma_3)^2 + (\sigma_3 - \sigma_1)^2\big]}$$

$$= \left(\frac{1}{\sqrt{2}}\sqrt{(60-47)^2 + [47-(-87)]^2 + (-87-60)^2}\right)\mathrm{MPa}$$

$$= 140.97\,\mathrm{MPa}$$

通过上面的计算可以看出 $\sigma_{r3} > \sigma_{r4}$，按第三强度理论计算偏于安全。

【**例 8-8**】 钢制圆筒形薄壁容器，直径为 800mm，壁厚 $\delta = 4\mathrm{mm}$，$[\sigma] = 120\mathrm{MPa}$，试用第三、第四强度理论计算所能承受的压力。

【**解**】 （1）分析薄壁圆筒受内压时的应力状态 设沿筒轴线作用于筒底的总压力为 F，筒的横截面上沿轴向方向上的应力为 σ'

$$F = p \cdot \frac{\pi D^2}{4}$$

筒的横截面面积 $A = \pi D\delta$，所以

$$\sigma' = \frac{F}{A} = \frac{p \cdot \dfrac{\pi D^2}{4}}{\pi D\delta} = \frac{pD}{4\delta}$$

应用截面法在筒的纵向假想沿径向截面截开，取一半为研究对象，对其受力分析如图 8-23d 所示，列平衡方程

$$\sum F_y = 0,\quad \int_0^{\pi} pl \cdot \frac{D}{2}\sin\varphi \,\mathrm{d}\varphi - 2F_2 = 0$$

解得 $\quad F_{\mathrm{N}} = \dfrac{plD}{2}$

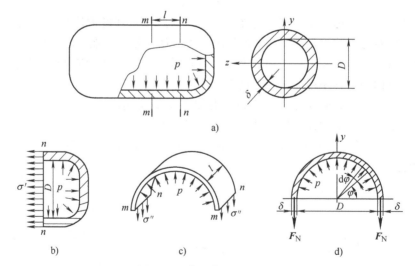

图 8-23 薄壁容器应力分析

设纵向截面上的周向应力为 σ''，所以

$$\sigma'' = \frac{F_N}{l\delta} = \frac{plD}{2l\delta} = \frac{pD}{2\delta}$$

在径向方向上的应力设为 σ'''，通常情况下远小于 σ'、σ''，所以，$\sigma''' \approx 0$。

（2）计算主应力

$$\sigma' = \frac{pD}{4\delta} = \frac{800}{4 \times 4}p = 50p$$

$$\sigma'' = \frac{pD}{2\delta} = \frac{800}{2 \times 4}p = 100p$$

所以，$\sigma_1 = 100p$、$\sigma_2 = 50p$、$\sigma_3 = 0$。

由第三强度理论 $\sigma_1 - \sigma_3 \leqslant [\sigma]$，求得 $p \leqslant 1.2\text{MPa}$。

由第四强度理论 $\sqrt{\frac{1}{2}[(\sigma_1 - \sigma_2)^2 + (\sigma_2 - \sigma_3)^2 + (\sigma_3 - \sigma_1)^2]} \leqslant [\sigma]$，求得 $p \leqslant 1.39\text{MPa}$。

8.6　组合变形

8.6.1　概述

前几章分别研究了杆件在拉伸（压缩）、剪切、扭转、弯曲等基本变形时的内力、应力、变形，以及相应的强度和刚度计算。但在实际工程中，许多杆件受荷载作用后，往往同时产生两种或两种以上的同数量级的基本变形，这种变形情况称为**组合变形**。

对于小变形且材料符合胡克定律的组合变形杆件，虽然同时产生几种基本变形，但每一种基本变形都各自独立，互不影响，因此，可以应用叠加原理求解其强度和刚度，计算步骤如下：

1）将杆件承受的荷载进行分解或简化，使每一种荷载各自只产生一种基本变形。

2）分别计算每一种基本变形下的应力和变形。

3）利用叠加原理，将 2）中所求得的应力或变形进行叠加，计算杆件危险点处的应力或最大变形，据此进行强度或刚度计算。

本章介绍工程中常见的拉伸（压缩）与弯曲、偏心压缩（拉伸），以及弯曲与扭转的组合变形。

8.6.2　拉伸（压缩）与弯曲的组合变形

如果杆件在通过其轴线的纵向平面内除了受到横向外力的作用外，还受到轴向外力的作用，则杆件将发生拉伸（压缩）与弯曲的组合变形。

现以受横向外力 F_1 和轴向外力 F_2 作用的矩形截面简支梁（见图 8-24）为例，说明杆件在拉伸（压缩）与弯曲组合变形时的强度计算问题。

1. 内力分析

拉伸（压缩）与弯曲的组合变形杆件，其内力一般有轴力 F_N、弯矩 M 和剪力 F_s。通常情况下，剪力对强度的影响较小，可不予考虑，只需绘出杆件的 F_N 图和 M 图，如图 8-24

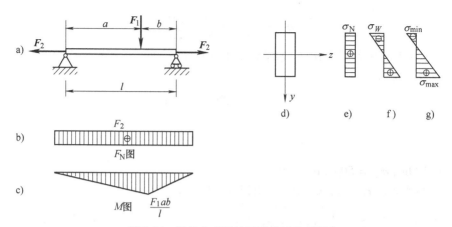

图 8-24 受组合变形的矩形截面简支梁

b、c 所示。

2. 应力分析

轴力 F_N 引起的正应力在横截面上均匀分布，如图 8-24e 所示，其值为

$$\sigma_N = \frac{F_N}{A}$$

式中 A——横截面面积；

F_N、σ_N——均以拉为正，压为负。

弯矩 M 引起的正应力在横截面上呈线性分布，如图 8-24f 所示，其值为

$$\sigma_W = \pm \frac{M}{I_z} y$$

式中 M、y——均以绝对值代入；

σ_W——符号通过观察变形判断，以拉应力为正，压应力为负。

横截面上离中性轴为 y 处的总的正应力为两项应力的叠加，其值为

$$\sigma = \sigma_N + \sigma_W = \frac{F_N}{A} \pm \frac{M}{I_z} y \tag{8-27}$$

横截面上的最大（最小）正应力为

$$\sigma_{\min}^{\max} = \frac{F_N}{A} \pm \frac{M}{W_z}$$

若设 $\sigma_{W\max} > \sigma_N$，则横截面上的正应力分布如图 8-24g 所示。

3. 强度计算

梁的最大正应力和最小正应力将发生在最大弯矩所在截面（即危险截面）上离中性轴最远的边缘各点处。因为这些点均处于单向应力状态，所以，拉伸（压缩）与弯曲组合变形杆件的强度条件可表示为

$$\sigma_{\max} = \left| \frac{F_N}{A} \pm \frac{M_{\max}}{W_z} \right|_{\max} \leqslant [\sigma] \tag{8-28}$$

若材料的抗拉、抗压强度不同，则须分别对抗拉、抗压强度进行计算。

应当指出，上述计算中假定杆的弯曲刚度较大，引起的挠度较小，因而由轴力 F_N 乘以

挠度 ω 所得附加弯矩 $F_N\omega$ 的影响可不加考虑。如杆的弯曲刚度较小，则必须考虑附加弯矩，请读者参考有关书籍。

【例8-9】　一简易起重机如图 8-25a 所示，横梁 AB 长 $l = 3\text{m}$，用 18 号工字钢制成，电动滑车可沿 AB 移动，滑车与重物共重 $W = 30\text{kN}$，拉杆 BC 与梁轴线成 $30°$ 角。梁 AB 的材料的许用应力 $[\sigma] = 170\text{MPa}$。当滑车移动到梁 AB 的中点时，试校核梁的强度。

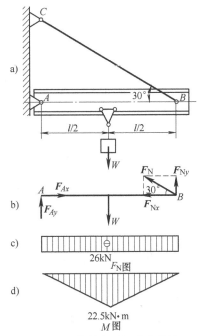

【解】　（1）外力分析　梁 AB 的受力如图 8-25b 所示。列出平衡方程

$$\sum M_A = 0 , \quad F_N l \sin 30° - W\frac{l}{2} = 0$$

得

$$F_N = W = 30\text{kN}$$

$$\sum Y = 0 , \quad F_{Ax} - F_N \cos 30° = 0$$

得

$$F_{Ax} = F_N \cos 30° = 26\text{kN}$$

可见梁 AB 在外力作用下发生轴向压缩和弯曲的组合变形。

（2）内力计算　绘出梁的轴力图和弯矩图，如图 8-25c、d 所示。由图可知，危险截面为梁的跨中截面，其上的轴力和弯矩分别为

$$F_N = -F_{Nx} = -F_{Ax} = -26\text{kN}$$

$$M_{max} = \frac{Wl}{4} = 22.5\text{kN} \cdot \text{m}$$

图 8-25　简易起重机强度校核

（3）校核梁的强度　梁的最大正应力为压应力，发生在危险截面的上边缘各点处，其值为

$$\sigma_{max} = \left| \frac{F_N}{A} - \frac{M_{max}}{W_z} \right|$$

由附录 C 型钢规格表查得 18 号工字钢的横截面面积 $A = 30.6 \times 10^{-4}\text{m}^2$，弯曲截面系数 $W_z = 185 \times 10^{-6}\text{m}^3$，代入上式得

$$\sigma_{max} = \left| \frac{-26 \times 10^3\text{N}}{30.6 \times 10^{-4}\text{m}^2} - \frac{22.5 \times 10^3\text{N} \cdot \text{m}}{185 \times 10^{-6}\text{m}^3} \right|$$

$$= |-8.50 - 121.62| \times 10^6 \text{Pa} = 130.12\text{MPa}$$

$$\sigma_{max} < [\sigma] = 170\text{MPa}$$

所以该横梁强度足够。

8.6.3　偏心压缩（拉伸）

1. 偏心压缩（拉伸）时的应力和强度计算

矩形截面柱承受偏心压力 F 的作用，如图 8-26 所示。力的作用线不沿柱的轴线，但

与柱的轴线平行，这种受力情况称为偏心压缩。偏心压力 F 的作用点到截面形心 C 的距离 e 称为偏心距。下面以图 8-26a 所示柱为例，讨论偏心压缩（拉伸）时的应力和强度计算问题。

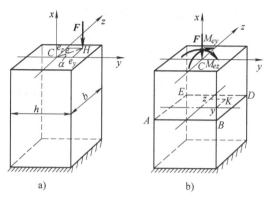

图 8-26 矩形截面柱承受偏心压力 F 的作用

（1）荷载简化 将偏心压力 F 向截面的形心 C 简化，得到一个通过轴线的压力 F 和两个弯曲力偶矩 $M_{ey} = Fe_z$、$M_{ez} = Fe_y$，如图 8-26b 所示。可见，偏心压缩实质上是轴向压缩和弯曲的组合变形。

（2）内力分析 由截面法可求得任意横截面上的内力为

$$F_N = -F, \quad M_y = M_{ey} = Fe_z, \quad M_z = M_{ez} = Fe_y$$

（3）应力分析 由于柱各横截面上的内力相同，它又是等直杆，所以，各横截面上的应力也相同。因此，取任一横截面（如 $ABDE$）来分析。由轴力 F_N、弯矩 M_y 和 M_z 引起的横截面上任一点 K 处的应力分别为

$$\sigma_N = \frac{F_N}{A}, \quad \sigma_{My} = -\frac{M_y}{I_y}z, \quad \sigma_{Mz} = -\frac{M_z}{I_z}y$$

为方便下面的分析，规定式中的 F_N 以拉力为正，压力为负；M_y、M_z 用绝对值代入；y、z 用代数值代入。求得的正应力若为正，则为拉应力；若为负，则为压应力。各项应力在截面上的分布情况如图 8-27 所示。

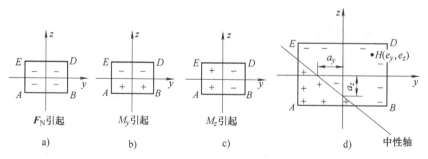

图 8-27 应力分布示意图

根据叠加原理，可得到柱任一横截面上任一点 K 处的正应力为

$$\sigma = \frac{F_N}{A} - \frac{M_y}{I_y}z - \frac{M_z}{I_z}y = -\frac{F}{A} - \frac{M_y}{I_y}z - \frac{M_z}{I_z}y \tag{8-29}$$

式（8-29）还可以写为

$$\sigma = -\frac{F}{A} - \frac{F \cdot e_z}{I_y}z - \frac{F \cdot 2e_y}{I_z}y$$

$$= -\frac{F}{A}\left(1 + \frac{Ae_z z}{I_y} + \frac{Ae_y y}{I_z}\right)$$

若引进惯性半径

$$i_y = \sqrt{\frac{I_y}{A}} \ , \ i_z = \sqrt{\frac{I_z}{A}}$$

则

$$\sigma = -\frac{F}{A}\left(1 + \frac{e_z \cdot z}{i_y^2} + \frac{e_y \cdot y}{i_z^2}\right) \tag{8-30}$$

（4）中性轴的位置　为了进行强度计算，需求出横截面上的最大正应力。为此，先来确定中性轴的位置。设中性轴上任一点的坐标为 y_0、z_0，利用式（8-30），令正应力 $\sigma = 0$，可得中性轴方程为

$$1 + \frac{e_z z_0}{i_y^2} + \frac{e_y y_0}{i_z^2} = 0 \tag{8-31}$$

由式（8-31）知，中性轴有如下特点：

1）式（8-31）是直线方程，且由于形心坐标 $y_0 = 0$、$z_0 = 0$ 不满足式（8-31），故中性轴为不通过横截面的形心的直线，如图 8-27d 所示。

2）将 $z_0 = 0$ 和 $y_0 = 0$ 分别代入式（8-31），可得中性轴在坐标轴 y 和 z 上的截距为

$$\begin{cases} a_y = -\dfrac{i_z^2}{e_y} \\ a_z = -\dfrac{i_y^2}{e_z} \end{cases} \tag{8-32}$$

由式（8-32）可知，截距 a_y 和偏心距 e_y，截距 a_z 和偏心距 e_z 的正负号相反，说明中性轴与偏心压力 F 的作用点分别处于截面形心的相对两边，如图 8-27d 所示。中性轴把截面分成拉应力和压应力两个区域。

3）由式（8-32）可以看出，e_y、e_z 越小，则 a_y、a_z 就越大，即偏心压力 F 的作用点越向截面形心靠近，中性轴就越离开截面形心。当中性轴与截面周边相切或在截面以外时，整个截面上只产生压应力而不出现拉应力。

（5）最大正应力　中性轴位置确定后，离中性轴最远的点就是最大正应力所在的危险点。对矩形、工字形等截面，其最大正应力发生在截面的角点处，如图 8-27d 所示，最大拉应力发生在 A 点处，最大压应力发生在 D 点处。利用式（8-29），可得

$$\begin{cases} \sigma_{\text{tmax}} = -\dfrac{F}{A} + \dfrac{M_y}{W_y} + \dfrac{M_z}{W_z} \\ \sigma_{\text{cmax}} = -\dfrac{F}{A} - \dfrac{M_y}{W_y} - \dfrac{M_z}{W_z} \end{cases} \tag{8-33}$$

（6）强度计算 偏心受压杆的强度条件为

$$\sigma_{\max} = \left| -\frac{F}{A} - \frac{M_y}{W_y} - \frac{M_z}{W_z} \right| \leqslant [\sigma] \qquad (8\text{-}34)$$

若材料的抗拉、抗压能力不同，则须分别对抗拉、抗压强度进行计算。

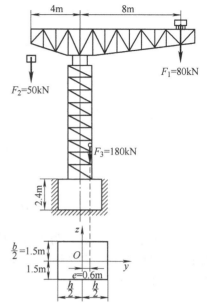

图 8-28 起重机示意图

【**例 8-10**】 最大起吊重力 $F_1 = 80$kN 的起重机，安装在混凝土基础上，如图 8-28 所示，起重机支架的轴线通过基础的中心，平衡锤重 $F_2 = 50$kN。起重机自重 $F_3 = 180$kN（不包含 F_1 和 F_2），其作用线通过基础底面的轴 y，且偏心距 $e = 0.6$m。已知混凝土的容重为 22kN/m^3，混凝土基础的高为 2.4m，基础截面的尺寸 $b = 3$m。求：（1）基础截面的尺寸 h 应为多少才能使基础截面上不产生拉应力；（2）若地基的许用压应力 $[\sigma_c] = 0.2$MPa，在所选的 h 值下，试校核地基的强度。

【**解**】 （1）求尺寸 h 将各力向基础截面中心简化，得到轴向压力 F 及对 z 轴的力矩 M_z。基础底部截面上的轴力 F_N 和弯矩分别为

$$\begin{aligned}
F_N &= -F = -(F_1 + F_2 + F_3 + 2.4\text{m} \times 3\text{m} \times h \times 22\text{kN/m}^3) \\
&= -(80\text{kN} + 50\text{kN} + 180\text{kN} + 2.4\text{m} \times 3\text{m} \times h \times 22\text{kN/m}^3) \\
&= -(310\text{kN} + 158.4\text{kN/m} \times h)
\end{aligned}$$

$$\begin{aligned}
M_z &= (-50 \times 4 + 180 \times 0.6 + 80 \times 8) \text{ kN} \cdot \text{m} \\
&= 548\text{kN} \cdot \text{m}
\end{aligned}$$

根据式(8-33)，要使基础截面上不产生拉应力，必须满足 $\sigma_{\text{tmax}} = -\dfrac{F}{A} + \dfrac{M_z}{W_z} \leqslant 0$，将 $A = 3h$、$W_z = \dfrac{3h^2}{6}$ 及有关数据代入，可得

$$\sigma_{\text{tmax}} = \frac{310\text{kN} + 158.4\text{kN/m} \times h}{3\text{m} \times h} - \frac{548\text{kN} \cdot \text{m}}{\dfrac{3\text{m} \times h^2}{6}} \leqslant 0$$

由此解得 $h \geqslant 3.68$m，取 $h = 3.7$m。

（2）校核地基的强度 由式(8-33)，与地基接触的基础底面上的最大压应力为

$$\begin{aligned}
\sigma_{\text{cmax}} &= \left| -\frac{F}{A} - \frac{M_z}{W_z} \right| \\
&= \left| -\frac{(310 + 158.4 \times 3.7) \times 10^3 \text{N}}{3\text{m} \times 3.7\text{m}} - \frac{548 \times 10^3 \text{N} \cdot \text{m}}{\dfrac{3\text{m} \times 3.7^2 \text{m}^2}{6}} \right| \\
&= 161 \times 10^3 \text{Pa} = 0.161\text{MPa} < [\sigma_c] = 0.2\text{MPa}
\end{aligned}$$

可见地基的强度是足够的。

2. 截面核心

当偏心压力 F 的作用点与截面形心的距离足够近时，杆的横截面上的应力将全部为压

应力而不出现拉应力。使杆件截面上只出现压应力不出现拉
应力的偏心压力 **F** 所作用的区域称为截面核心。工程中常用
的一些材料，如砖、石、混凝土、铸铁等，其抗压能力远比
抗拉能力高。对于由这类材料制成的偏心受压构件，希望在
截面上不出现拉应力。

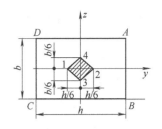

图 8-29　矩形截面的截面
核心示意图

现研究矩形截面的截面核心，如图 8-29 所示。先将右边界
看作中性轴，它在 y、z 轴上的截距分别为 $a_{y1} = \dfrac{h}{2}$、$a_{z1} = \infty$，
利用式(8-32)，求出与中性轴（右边界）相对应的偏心压力作用
点 1 的坐标分别为

$$e_{y1} = -\frac{i_z^2}{a_{y1}} = -\frac{\dfrac{h^2}{12}}{\dfrac{h}{2}} = -\frac{h}{6}, \quad e_{z1} = -\frac{i_y^2}{a_{z1}} = -\frac{i_y^2}{\infty} = 0$$

同理，分别以左边界和上、下边界为中性轴，可求得相对应的偏心压力作用点 2、3、
4 的位置分别为 $\left(\dfrac{h}{6}, 0\right)$、$\left(0, -\dfrac{b}{6}\right)$、$\left(0, \dfrac{b}{6}\right)$。由中性轴的方程式(8-31) 容易看出，
当中性轴从截面的一边绕截面角点，旋转到其相邻边时，相对应的偏心压力作用点移动
的轨迹是直线。因此，矩形截面的截面核心是截面对称轴的"三分点"连接而成的菱形
区域。

圆形截面的截面核心是一个圆，如图 8-30 所示。这是因
为圆形截面对于圆心 O 是中心对称的，因而截面核心的周界
也应该是中心对称于圆心 O 的一个圆。现将一条与截面周边
相切的直线①看作中性轴，它在坐标轴上的截距分别为 $a_{y1} = \dfrac{d}{2}$，$a_{z1} = \infty$，利用式(8-32)，求出中性轴①相对应的偏心压
力作用点 1 的坐标分别为

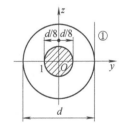

图 8-30　圆形截面的截面核心
示意图

$$e_{y1} = -\frac{i_z^2}{a_{y1}} = -\frac{\left(\dfrac{d}{4}\right)^2}{\dfrac{d}{2}} = -\frac{d}{8}, \quad e_{z1} = -\frac{i_y^2}{a_{e1}} = 0$$

由上可知，圆形截面的截面核心是一个直径为 $\dfrac{d}{4}$ 的圆形
区域。

同理可绘出工字形和槽形截面的截面核心，
它们也为菱形，如图 8-31 所示。各种形状截面的截面核
心可从有关设计手册中查得。

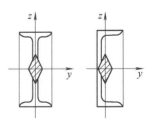

图 8-31　工字形和槽形截面
核心示意图

8.6.4　弯曲与扭转的组合

如图 8-32a 所示，处于水平位置的直角曲拐，A 端固定，
AB 段为等截面圆杆，自由端 C 受铅垂向下的集中荷载 F 的作用，AB 杆将发生弯曲与扭转组

合变形。下面以此曲拐为例，介绍杆件在弯曲与扭转组合变形时的应力和强度计算问题。

（1）外力简化　将作用于 C 端的集中荷载 F 向 AB 杆的截面 B 的形心简化，得到力 F 和一个作用于截面 B 内的力偶，其力偶矩 $M_e = Fa$，如图 8-32b 所示。力 F 将使杆发生平面弯曲，力偶矩 M_e 将使杆发生扭转，所以，AB 杆发生弯曲与扭转组合变形。

（2）内力分析　绘出 AB 杆的弯矩图和扭矩图，如图 8-32c、d 所示。由图可判断 A 截面是危险截面，该截面上的弯矩和扭矩（均取绝对值）分别为

$$M = Fl , \quad T = Fa$$

由于剪力的影响较小，通常略去不计。

（3）应力分析　为确定危险截面上的危险点，可绘出 A 截面上的正应力和切应力的分布图，如图 8-32e 所示，由图可见，圆周周边上的 1、2 两点有最大应力组合，故 1、2 两点为危险点。该两点上的弯曲正应力和扭转切应力均达到最大值，其值分别为

$$\sigma = \pm \frac{M}{W_z} , \quad \tau = \frac{T}{W_p}$$

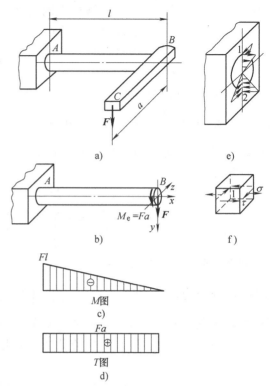

图 8-32　处于水平位置的直角曲拐

1 点处单元体的应力状态如图 8-32f 所示。

（4）强度计算　若杆由抗拉、抗压强度相等的塑性材料制成，则在危险点 1、2 中，只要校核一点的强度即可。下面校核点 1 的强度。点 1 处于平面应力状态，须用强度理论建立强度条件。由式(8-4) 可知点 1 处的主应力为

$$\left.\begin{array}{c}\sigma_1 \\ \sigma_3\end{array}\right\} = \frac{\sigma}{2} \pm \sqrt{\left(\frac{\sigma}{2}\right)^2 + \tau^2}$$

$$\sigma_2 = 0$$

将主应力代入第三、第四强度理论的表达式，得

$$\sigma_{r3} = \sqrt{\sigma^2 + 4\tau^2} \leqslant [\sigma] \tag{8-35}$$

$$\sigma_{r4} = \sqrt{\sigma^2 + 3\tau^2} \leqslant [\sigma] \tag{8-36}$$

对于圆截面杆，将 $\sigma = \dfrac{M}{W_z}$、$\tau = \dfrac{T}{W_p}$ 代入以上两式，并注意到 $W_p = 2W_z$，可得

$$\sigma_{r3} = \frac{\sqrt{M^2 + T^2}}{W_z} \leqslant [\sigma] \tag{8-37}$$

$$\sigma_{r4} = \frac{\sqrt{M^2 + 0.75T^2}}{W_z} \leqslant [\sigma] \tag{8-38}$$

应当注意，式(8-37) 和式(8-38) 只适用于塑性材料制成的弯扭组合变形的圆杆。若圆杆

的弯曲是在相互垂直的 xy 和 xz 两个平面内发生，则弯矩 M 应为两个平面内弯矩的矢量和，其大小为 $M = \sqrt{M_y^2 + M_z^2}$ 。对于其他截面形状的弯扭组合变形杆，只能利用式（8-35）、式（8-36）进行强度计算。

【**例 8-11**】　如图 8-33a 所示，电动机轴上带轮直径 $D = 250\text{mm}$，轴外伸部分的长度 $l = 120\text{mm}$，直径 $d = 40\text{mm}$，带轮紧边的拉力为 $2F$，松边的拉力为 F。轴材料的许用应力 $[\sigma] = 60\text{MPa}$，电动机的功率 $P = 9\text{kW}$，转速 $n = 715\text{r/min}$。试用第三强度理论校核轴 AB 的强度。

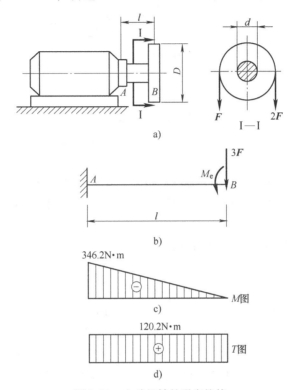

图 8-33　电动机轴的强度校核

【**解**】　（1）外力分析　轴传递的扭转外力偶矩 M_e 为

$$M_e = 9549\frac{P}{n} = 9549 \times \frac{9\text{kW}}{715\text{r/min}} = 120.2\ \text{N} \cdot \text{m}$$

由平衡方程

$$2F \cdot \frac{D}{2} - F \cdot \frac{D}{2} = M_e$$

得

$$F = \frac{2M_e}{D} = \frac{2 \times 120.2\text{N} \cdot \text{m}}{250 \times 10^{-3}\text{m}} = 961.6\ \text{N}$$

电动机外伸部分可简化为悬臂梁。将传送带拉力 $2F$ 与 F 向带轮中心平移，如图 8-33b 所示，其中横向力为 $3F$，作用面与轴线垂直的力偶矩 $M_e = (2F - F)\frac{D}{2}$。故轴 AB 发生弯扭组合变形。

（2）内力分析 分别绘出轴的弯矩图和扭矩图，如图 8-33c、d 所示。由图可知，固定端 A 截面为危险截面，其上的弯矩 M 与扭矩 T 的值（绝对值）分别为

$$M = 3Fl = 3 \times 961.6\text{N} \times 120 \times 10^{-3}\text{m} = 346.2\text{N} \cdot \text{m}$$

$$T = M_{\text{e}} = 120.2\text{N} \cdot \text{m}$$

（3）强度校核 由式（8-37），可得

$$\sigma_{\text{r3}} = \frac{\sqrt{M^2 + T^2}}{W_z} = \frac{\sqrt{(346.2\text{N} \cdot \text{m})^2 + (120.2\text{N} \cdot \text{m})^2}}{\dfrac{\pi \times 40^3 \times 10^{-9}\text{m}^3}{32}}$$

$$= 58.3\text{MPa} < [\sigma] = 60\text{MPa}$$

故轴 AB 的强度足够。

要 点 总 结

1. 应力状态概念

1）一点处的应力状态是指构件受力时，通过一点的不同方向面上的应力的总称。

2）一点应力状态的表示方法：一般在该点截面取一个无限小的直角六面体，称为单元体。

3）主单元体：其相互垂直的各个侧面上的切应力为零，把这样的单元体称为主单元体。

4）主平面：切应力为零的平面，称为主平面。

5）主应力：主平面上的正应力，称为主应力。分别用符号 σ_1、σ_2、σ_3 表示，且按其代数值大小排列 $\sigma_1 \geqslant \sigma_2 \geqslant \sigma_3$ 分别称为第一主应力、第二主应力和第三主应力。

应力状态的分类：单向应力状态，三个主应力中，只有一个不为零的应力状态；二向应力状态，三个主应力中，有两个不为零的应力状态；三向应力状态，三个主应力都不为零的应力状态。

2. 平面应力状态应力分析

（1）解析法

1）单元体任意斜截面的应力计算公式

$$\sigma_{\alpha} = \frac{\sigma_x + \sigma_y}{2} + \frac{\sigma_x - \sigma_y}{2}\cos 2\alpha - \tau_{xy}\sin 2\alpha$$

$$\tau_{\alpha} = \frac{\sigma_x - \sigma_y}{2}\sin 2\alpha + \tau_{xy}\cos 2\alpha$$

2）正应力极值公式

$$\left.\begin{array}{l}\sigma_{\max} \\ \sigma_{\min}\end{array}\right\} = \frac{\sigma_x + \sigma_y}{2} \pm \sqrt{\left(\frac{\sigma_x - \sigma_y}{2}\right)^2 + \tau_{xy}^2}$$

$$\tan 2\alpha_0 = -\frac{2\tau_{xy}}{\sigma_x - \sigma_y}$$

3）切应力极值公式

$$\left.\begin{array}{c} \tau_{\max} \\ \tau_{\min} \end{array}\right\} = \pm \sqrt{\left(\frac{\sigma_x - \sigma_y}{2}\right)^2 + \tau_{xy}^2}$$

$$\tan 2\alpha_1 = \frac{\sigma_x - \sigma_y}{2\tau_{xy}}$$

（2）图解法

1）应力圆

$$\left(\sigma_\alpha - \frac{\sigma_x + \sigma_y}{2}\right)^2 + \tau_\alpha^2 = \left(\frac{\sigma_x - \sigma_y}{2}\right)^2 + \tau_{xy}^2$$

2）应力圆的圆心为 $\left(\dfrac{\sigma_x + \sigma_y}{2}, 0\right)$。

3）应力圆的半径为 $\sqrt{\left(\dfrac{\sigma_x - \sigma_y}{2}\right)^2 + \tau_{xy}^2}$。

4）应力圆与单元体的对应关系

① 点面的对应关系：单元体某一面上的应力必对应于应力圆上某一点的坐标。

② 夹角关系：圆周上任意两点所引的夹角等于单元体上对应两截面夹角的两倍，并且两者的转向一致。

③ 单元体上的最大切应力值对应于应力圆半径。

④ 单元体的主应力对应于应力圆与 σ 轴交点的坐标。

3. 三向应力状态的最大应力

$$\sigma_{\max} = \sigma_1$$

$$\tau_{\max} = \frac{\sigma_1 - \sigma_3}{2}$$

4. 广义胡克定律

$$\varepsilon_x = \frac{1}{E}\left[\sigma_x - \mu(\sigma_y + \sigma_z)\right]$$

$$\varepsilon_y = \frac{1}{E}\left[\sigma_y - \mu(\sigma_z + \sigma_x)\right]$$

$$\varepsilon_z = \frac{1}{E}\left[\sigma_z - \mu(\sigma_x + \sigma_y)\right]$$

$$\gamma_{xy} = \frac{\tau_{xy}}{G} = \frac{2(1+\mu)}{E}\tau_{xy}$$

$$\gamma_{yz} = \frac{\tau_{yz}}{G} = \frac{2(1+\mu)}{E}\tau_{yz}$$

$$\gamma_{zx} = \frac{\tau_{zx}}{G} = \frac{2(1+\mu)}{E}\tau_{zx}$$

5. 强度理论

（1）第一类强度理论　关于脆性断裂破坏的理论：

1）最大拉应力强度理论

$$\sigma_1 \leqslant [\sigma]$$

2）最大伸长线应变强度理论

$$\sigma_1 - \mu(\sigma_2 + \sigma_3) \leqslant [\sigma]$$

（2）第二类强度理论 关于塑性屈服破坏的理论：

1）最大剪应力强度理论

$$\sigma_1 - \sigma_3 \leqslant [\sigma]$$

2）畸变能密度强度理论

$$\sqrt{\frac{1}{2}[(\sigma_1 - \sigma_2)^2 + (\sigma_2 - \sigma_3)^2 + (\sigma_3 - \sigma_1)^2]} \leqslant [\sigma]$$

6. 组合变形

对于小变形且材料符合胡克定律的组合变形杆件，虽然同时产生几种基本变形，但每一种基本变形都各自独立，互不影响，因此可以应用叠加原理。杆件的强度和刚度的计算步骤如下：

1）将杆件承受的荷载进行分解或简化，使每一种荷载各自只产生一种基本变形。

2）分别计算每一种基本变形下的应力和变形。

3）利用叠加原理，即将这些应力或变形进行叠加，计算杆件危险点处的应力，据此进行强度计算；或计算杆件的最大变形，据此进行刚度计算。

拉压与弯曲组合应力计算

$$\sigma = \pm \frac{F_N}{A} \pm \frac{M_y}{I_y}z \pm \frac{M_z}{I_z}y$$

弯曲与扭转的组合强度计算

$$\sigma_{r3} = \sqrt{\sigma^2 + 4\tau^2} \leqslant [\sigma]$$

$$\sigma_{r4} = \sqrt{\sigma^2 + 3\tau^2} \leqslant [\sigma]$$

或

$$\sigma_{r3} = \frac{\sqrt{M^2 + T^2}}{W_z} \leqslant [\sigma]$$

$$\sigma_{r4} = \frac{\sqrt{M^2 + 0.75T^2}}{W_z} \leqslant [\sigma]$$

拓 展 阅 读

俞茂宏教授的"双剪统一强度理论"

"双剪统一强度理论"是西安交通大学俞茂宏教授从 1961—1991 年经过长达 30 年研究得到的基础创新理论研究成果，也称为俞茂宏统一强度理论或双剪统一强度理论，于 2011 年获得国家自然科学奖二等奖，2015 年获得香港何梁何利基金数学力学奖。统一强度理论以及它建立过程中所采用的双剪单元体力学模型、两个方程和附加判别条件的数学建模方法和多个参数的巧妙配合都是世界上以前所没有的、在中国本土产生的基础理论的创新。统一强度理论具有统一的力学模型、统一的数学建模方程和统一的数学表达式，可以适用于各种不同的材料。统一强度理论是一系列屈服准则和破坏准则的集合，它的系列化极限面覆盖了外凸区域从内边界到外边界的全部范围。

统一强度理论不仅将最大剪应力理论、八面体剪应力理论（米泽斯强度理论）、莫尔-库仑强度理论、双剪强度理论作为特例或线性逼近包容于其中，而且可以产生一系列从未被表述过的屈服准则和破坏准则，形成一个强度理论新体系，可以更好地适用于不同的材料和结构。

双剪统一强度理论是中国本土产生的原创性理论，已经在土木、水利、机械、航空、岩土等工程结构研究中以及多种教科书的教学中得到较为广泛的应用。它得到的一系列结果可以适用于不同的材料和结构。统一强度理论的应用可以充分发挥材料和结构的强度潜力，具有巨大的经济意义。统一强度理论已经扩展应用到其他领域，如《广义塑性力学》《结构塑性力学》和《计算塑性力学》，它的应用可以充分发挥材料和结构的强度潜力，具有巨大的经济意义。

俞茂宏教授在基础理论的研究历经半个多世纪。他的研究突破了百年来被认为是不可能的统一强度理论难题，提出并发展形成双剪统一强度理论，成为第一个写入基础力学教科书的中国人的理论。多名院士和教授曾这样评价俞茂宏："双剪统一强度理论不仅在理论上具有重大意义，更在于他在困难条件下长期坚持、潜心研究、锲而不舍的精神。"俞茂宏能够填补强度理论学科中的重要空白，并形成系统理论，是他半个世纪执着坚持的结果。

思 考 题

（1）什么是一点处的应力状态？为什么要研究应力状态问题？单元体有什么特点？

（2）什么是主单元体、主平面、主应力？如何确定主应力的大小和方位？通过受力物体内任一点有几个主单元体？

（3）单元体在平面应力状态下，如何计算任意斜截面上应力？如何确定应力与方位角符号？

（4）引起铸铁扭转破坏的原因是什么？

（5）平面应力状态时，在什么情况下其应力圆会发生下列情况：①成为一个点；②圆心在原点上；③通过圆点并与 τ 轴相切。

（6）简述应力圆的绘制步骤。应用应力圆如何确定平面应力状态下任意斜截面上的应力？如何确定主应力与切应力极值及其方位？

（7）什么是广义胡克定律？

（8）一点的应力状态如图 8-34 所示。已知 $\sigma_1 = 3\sigma_2$，那么 ε_1 是否仍为 ε_2 的 3 倍？

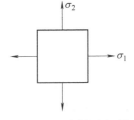

图 8-34　思考题（8）图

（9）将沸水倒入厚玻璃中，玻璃杯内，外壁的受力情况如何？若因此发生破裂，试问破裂是从内壁开始，还是从外壁开始，为什么？

（10）什么是强度理论？为什么要建立强度理论？

（11）试判别图 8-35 所示曲杆 ABCD 上杆 AB、BC、CD 将产生何种变形？

（12）矩形截面直杆上对称地作用着两个力 **F**，如图 8-36 所示，杆件将发生什么变形？若去掉其中一个力后，杆件又将发生什么变形？

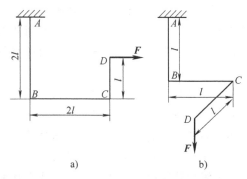

a)　　　　　　　b)

图 8-35　思考题（11）图

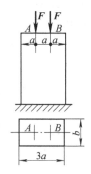

图 8-36　思考题（12）图

（13）简述用叠加原理解决组合变形强度问题的步骤。

（14）斜弯曲梁的挠曲线平面与载荷作用平面是否重合？

（15）如何确定拉（压）弯组合杆件危险点的位置？建立强度条件时为什么不必利用强度理论？

（16）矩形截面杆上受一力 F 作用，如图 8-37 所示。试指出各杆内最大正应力所在的位置。

（17）什么叫作截面核心？它在工程中有什么用途？

（18）圆截面杆发生弯扭组合变形，在建立强度条件时，为什么要用强度理论？

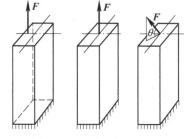

图 8-37　思考题（16）图

习　　题

8-1　判断题

（1）圆轴扭转时，轴表面各点处于单向应力状态。　　　　　　　　（　　）

（2）单元体上最大切应力所在平面的正应力恒等于零。　　　　　　（　　）

（3）应力圆周上任意两点所引的夹角等于单元体上对应两截面夹角，并且两者的转向一致。　　　　　　　　　　　　　　　　　　　　　　　　　　　　　　（　　）

（4）过一点，某一方向正应力为零，则该方向线应变必为零。　　　（　　）

（5）脆性材料的破坏一定是脆性断裂，塑性材料的破坏一定是塑性屈服。（　　）

8-2　选择题

（1）下列说法中哪个正确（　　　）？

A. 主应力必不等于零

B. 主应力所在截面的切应力不一定为零

C. 主应力所在截面的切应力必为零

D. 主应力是最大的正应力

（2）如图 8-38 所示的外伸梁，给出了 1、2、3、4 点的应力状态，图中所示的应力状态错误的是（　　　）。

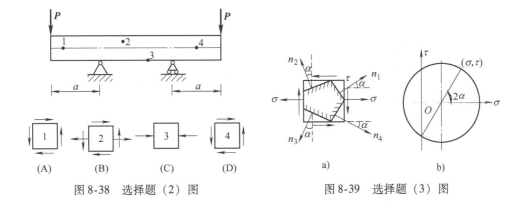

图 8-38 选择题（2）图　　　　　图 8-39 选择题（3）图

（3）单元体及应力圆如图 8-39 所示，σ_1 所在主平面的法线方向为（　　）。

A. n_1　　　　　B. n_2　　　　　C. n_3　　　　　D. n_4

（4）如图 8-40 所示，圆轴固定端最上缘 A 点的单元体的应力状态是（　　）。

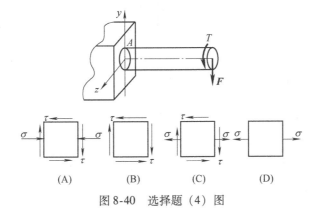

图 8-40　选择题（4）图

（5）按照第三强度理论，如图 8-41 所示，杆的强度条件为（　　）。

A. $\dfrac{F}{A} + \sqrt{\left(\dfrac{M}{W_z}\right)^2 + 4\left(\dfrac{T}{W_p}\right)^2} \leqslant [\sigma]$

B. $\dfrac{F}{A} + \dfrac{M}{W_z} + \dfrac{T}{W_p} \leqslant [\sigma]$

C. $\sqrt{\left(\dfrac{F}{A} + \dfrac{M}{W_z}\right)^2 + \left(\dfrac{T}{W_p}\right)^2} \leqslant [\sigma]$

D. $\sqrt{\left(\dfrac{F}{A} + \dfrac{M}{W_z}\right)^2 + 4\left(\dfrac{T}{W_p}\right)^2} \leqslant [\sigma]$

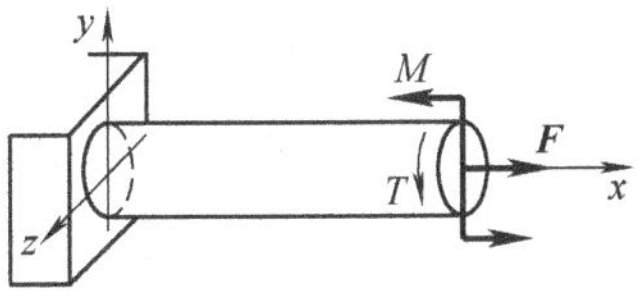

图 8-41　选择题（5）图

8-3　计算题

（1）已知点的应力状态的单元体如图 8-42 所示，应力单位为 MPa，试用解析法与图解法求指定截面上的应力。

（2）已知应力状态如图 8-43 所示，应力单位为 MPa。试用解析法和应力圆分别求：1）主应力大小，主平面位置；2）在单元体上绘出主平面位置及主应力方向；3）最大切应力。

（3）如图 8-44 所示的矩形截面梁，$b = 60\text{mm}$，$h = 100\text{mm}$，某截面上的剪力 $F_S =$

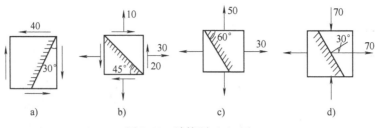

图 8-42 计算题（1）图

120kN 及弯矩 $M = 10$kN·m，绘出表示 1、2、3、4 点应力状态的单元体，并求出各点的主应力。

（4）如图 8-45 所示的二向应力状态的应力，单位为 MPa。试作应力圆，并求主应力。

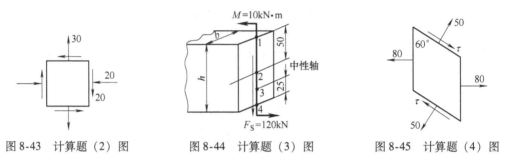

图 8-43 计算题（2）图   图 8-44 计算题（3）图   图 8-45 计算题（4）图

（5）如图 8-46 所示，简支梁 D 点处的最大切应力 $\tau_{max} = 10$MPa，试求载荷 F。

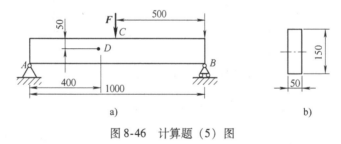

图 8-46 计算题（5）图

（6）已知单元体的应力状态如图 8-47 所示，应力单位为 MPa。1）试求图示各应力状态的主应力及最大切应力；2）按第三、第四强度理论求其相当应力。

（7）如图 8-48 所示的槽形刚体，在槽内放置一边长为 10mm 的立方体钢块，钢块顶面受到合力为 $P = 8$kN 的均布压力作用，试求钢块的三个主应力和最大剪应力。已知材料的弹性模量 $E = 200$GPa，泊松比 $\mu = 0.3$。

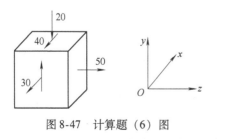

图 8-47 计算题（6）图

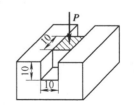

图 8-48 计算题（7）图

（8）铸铁薄壁圆管如图 8-49 所示。若管的外径为 200mm，厚度为 15mm，管内压力 $p = 4\text{MPa}$，$P = 200\text{kN}$。铸铁的抗拉许用压力 $[\sigma_t] = 30\text{MPa}$，$\mu = 0.25$。试用第一和第二强度理论校核薄壁圆管的强度。

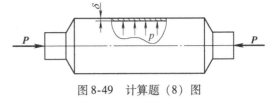

图 8-49 计算题（8）图

（9）已知材料在单向拉伸时的许用应力 $[\sigma]$，试利用第三、第四强度理论推导材料在纯剪切应力状态下的许用应力 $[\tau]$。

（10）如图 8-50 所示，悬臂起重机的横梁采用 25a 号工字钢，梁长 $l = 4\text{m}$，$\alpha = 30°$，横梁重 $F_1 = 20\text{kN}$，电动葫芦重 $F_2 = 4\text{kN}$，横梁材料的许用应力 $[\sigma] = 100\text{MPa}$，试校核横梁的强度。

（11）如图 8-51 所示，起重机的最大吊重 $F = 8\text{kN}$，AB 杆为工字钢，材料的许用应力 $[\sigma] = 100\text{MPa}$，试选择工字钢的型号。

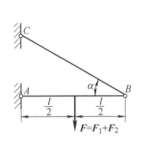

图 8-50 计算题（10）图

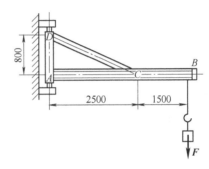

图 8-51 计算题（11）图

（12）如图 8-52 所示，某水塔水箱盛满水连同基础共重 $W = 2000\text{kN}$，离地面 $H = 15\text{m}$ 处受水平风力的合力 $F = 60\text{kN}$ 的作用。已知圆形基础的直径 $d = 6\text{m}$，埋深 $h = 3\text{m}$，地基为红黏土，其许用应力 $[\sigma] = 0.15\text{MPa}$。试校核基础底部地基土的强度。

（13）如图 8-53 所示，一楼梯木斜梁与水平线成角 $\alpha = 30°$，其长度 $l = 4\text{m}$，截面为 $0.2\text{m} \times 0.1\text{m}$ 的矩形，$q = 2\text{kN/m}$。试绘出此梁的轴力图和弯矩图，并求横截面上的最大拉应力和最大压应力。

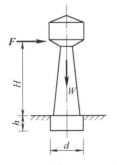

图 8-52 计算题（12）图

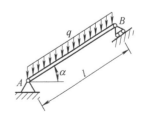

图 8-53 计算题（13）图

（14）如图 8-54 所示，受拉构件，已知截面为 40mm × 5mm 的矩形，通过轴线的拉力 $F = 12\text{kN}$。现拉杆开有切口，若不计应力集中的影响，当材料的许用应力 $[\sigma] = 100\text{MPa}$ 时，试确定切口的最大允许深度 x。

（15）柱截面为正方形，边长为 a，顶端受轴向压力 F 作用，在右侧中部开一个深为 $a/4$ 的槽，如图 8-55 所示。试求：1）开槽前后柱内最大压应力值及所在位置；2）若在柱的左侧对称位置再开一个相同的槽，则应力有何变化？

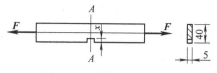

图 8-54　计算题（14）图

（16）如图 8-56 所示的一矩形截面厂房立柱，受压力 $F_1 = 100\text{kN}$、$F_2 = 45\text{kN}$ 的作用，F_2 与柱轴线的偏心距 $e = 200\text{mm}$，截面宽 $b = 180\text{mm}$，如要求柱截面上不出现拉应力，问截面高度 h 应为多少？此时最大压应力为多大？

（17）如图 8-57 所示的直角曲拐，一端固定，已知 $l = 200\text{mm}$，$a = 150\text{mm}$，直径 $d = 50\text{mm}$，材料的许用应力 $[\sigma] = 130\text{MPa}$。试按第三强度理论确定曲拐的许用载荷 $[F]$。

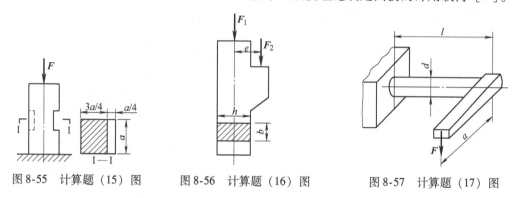

图 8-55　计算题（15）图　　　　图 8-56　计算题（16）图　　　　图 8-57　计算题（17）图

（18）如图 8-58 所示，电动机带动一圆轴 AB，其中点处装有一重 $W = 5\text{kN}$，直径为 $D = 1.2\text{m}$ 的带轮，传动带紧边的拉力 $F_1 = 6\text{kN}$，松边的拉力 $F_2 = 3\text{kN}$，若轴的许用应力 $[\sigma] = 50\text{MPa}$，试按第三强度理论设计轴的直径 d。

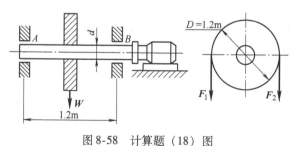

图 8-58　计算题（18）图

第 9 章　压杆稳定

细长压杆（杆的横向尺寸较小，纵向尺寸较大）杆件的破坏可能会因强度不够而发生，也可能会因稳定性的丧失而发生。因此在设计杆件（特别是受压杆件）时，除了进行强度计算外，还必须进行稳定性计算。本章将对压杆的稳定问题做简单介绍。

9.1　压杆稳定的概念

让我们来看一个简单的试验：取一根长为 300mm 的钢板尺，其横截面尺寸为 20mm × 1mm。设钢的许用应力为 $[\sigma]$ = 196MPa，则按轴向拉、压杆的强度条件，钢尺能够承受的轴向压力为 $F = A[\sigma]$ = 20 × 1 × 10^{-6} m^2 × 196 × 10^6 Pa = 3920N。但若将钢尺竖立在桌面上，用手压其上端，则不到 40N 的压力，钢尺就会突然变弯而失去承载能力，如图 9-1 所示。这时钢尺横截面上的正应力仅为 2MPa，其承载能力仅为许用承载能力的 1/98。这个试验说明：细长压杆丧失工作能力并不是由于其强度不够，而是由于其突然产生显著的弯曲变形、轴线不能维持原有直线形状的平衡状态所造成的。

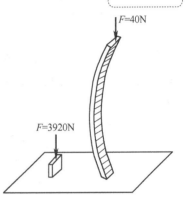

图 9-1　钢尺受压突然变弯示意图

实际上，很多构件需要考虑稳定性，例如，图 9-2a 所示的托架中的压杆 AB，图 9-2b 所示的自卸载重车的液压活塞杆，图 9-2c 所示的千斤顶中的螺杆，图 9-2d 所示的加工无缝钢管的顶杆等。

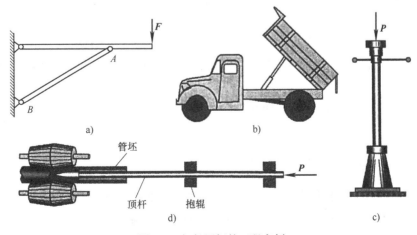

图 9-2　细长压杆的工程实例

　　为了研究上的方便，将实际的压杆抽象为如下的力学模型：即将压杆看作轴线为直线，且压力作用线与轴线重合的均质等直杆，称为**中心受压直杆**或**理想柱**。而把杆轴线存在的初曲率、压力作用线稍微偏离轴线及材料不完全均匀等因素，抽象为使杆产生微小弯曲变形的微小的横向干扰。

　　采用上述中心受压直杆的力学模型后，压杆受力有如下三种情况：

　　1）在压杆所受的压力 F 不大时，若给杆一微小的横向干扰，使杆发生微小的弯曲变形，在干扰撤去后，杆经若干次振动后仍会回到原来的直线形状的平衡状态。例如，一端固定的压杆（见图9-3），把压杆原有直线形状的平衡状态称为**稳定的平衡状态**（见图9-3a）。

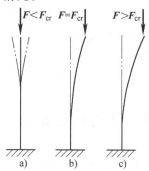

图 9-3　一端固定压杆示意图

　　2）增大压力 F 至某一极限值 F_{cr} 时，若再给杆一微小的横向干扰，使杆发生微小的弯曲变形，则在干扰撤去后，杆不再恢复到原来直线形状的平衡状态，而是仍处于微弯形状的平衡状态，把受干扰前杆的直线形状的平衡状态称为**临界平衡状态**（见图9-3b），压力 F_{cr} 称为压杆的**临界力**。临界平衡状态实质上是一种**不稳定的平衡状态**，因为此时杆一经干扰后就不能维持原有直线形状的平衡状态了。由此可见，当压力 F 达到临界力 F_{cr} 时，压杆就从稳定的平衡状态转变为不稳定的平衡状态，这种现象称为丧失稳定性。

　　3）当压力 F 超过 F_{cr}，杆的弯曲变形将急剧增大，甚至最后造成弯折破坏（见图9-3c）。

　　临界力 F_{cr} 是压杆保持直线形状平衡状态所能承受的最大压力，因而压杆在开始失稳时，杆的应力仍可按轴向拉、压杆的应力公式计算，即

$$\sigma_{cr} = \frac{F_{cr}}{A} \tag{9-1}$$

式中　A——压杆的横截面面积；

　　　　σ_{cr}——压杆的**临界应力**。

　　显然，为了保证压杆能够安全地工作，应使压杆承受的压力或杆的应力小于压杆的临界力 F_{cr} 或临界应力 σ_{cr}。因此，确定压杆的临界力和临界应力是研究压杆稳定问题的核心内容。

　　临界力 F_{cr} 也是压杆处于微弯形状平衡状态所需的最小压力，由此得到确定压杆临界力的一个方法：假定压杆处于微弯形状的平衡状态，求出此时所需的最小压力即为压杆的临界力。

9.2　细长压杆临界力的欧拉公式

9.2.1　两端铰支细长压杆的临界力

　　首先考虑两端铰支细长压杆的临界力计算。假定在临界力 F_{cr} 作用下，压杆处于微弯形状的平衡状态，两端铰支细长压杆示意图如图9-4a所示。假设中心受压直杆失稳时只发生平面弯曲变形，这样通过建立并求解压杆挠曲线的近似微分方程就可以确定临界力 F_{cr}。

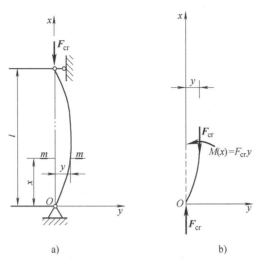

图 9-4 两端铰支细长压杆示意图

设压杆任意横截面 m—m 的挠度为 y。挠度的正负号规定为：与 y 轴正向一致的挠度为正；反之为负。利用截面法，可求得横截面 m—m 上的内力：轴向压力 $\boldsymbol{F}_{cr}$ 和弯矩 $M(x) = F_{cr}y$，如图 9-4b 所示。规定轴向压力 F_{cr} 总为正值。由于挠度 y 也为正值，故弯矩 $M(x)$ 为正。在 Oxy 坐标系中，$\dfrac{\mathrm{d}^2 y}{\mathrm{d}x^2}$ 为负，因此，压杆挠曲线的近似微分方程为

$$EI\frac{\mathrm{d}^2 y}{\mathrm{d}x^2} = -M(x) = -F_{cr}y \tag{a}$$

式（a）等号右边添加负号是为了保持等号两边的符号一致。将式（a）两边同时除以 EI，并令

$$\sqrt{\frac{F_{cr}}{EI}} = k \tag{b}$$

移项后得到

$$\frac{\mathrm{d}^2 y}{\mathrm{d}x^2} + k^2 y = 0 \tag{c}$$

此微分方程的通解为

$$y = A\sin kx + B\cos kx \tag{d}$$

式中 A、B——待定常数。根据压杆的杆端约束情况，它有两个边界条件，即

$$\begin{cases} x=0, & y=0 \\ x=l, & y=0 \end{cases} \tag{e}$$

先将第一个边界条件代入式（d），得 $B=0$；再将第二个边界条件代入式（d），得

$$A\sin kl = 0 \tag{f}$$

由式（f）推出 $A=0$ 或 $\sin kl =0$。如果 $A=0$，由式（d）得 $y=0$，这与压杆处于微弯形状平衡状态的假定相矛盾。故 $A\neq0$，而必须

$$\sin kl = 0$$

由此得

$$kl = n\pi \text{ 或 } k = \frac{n\pi}{l} \ (n = 1, \ 2, \ 3, \ \cdots)$$

代入式(b) 得

$$F_{cr} = \frac{n^2\pi^2 EI}{l^2} \ (n = 1, \ 2, \ 3, \ \cdots) \tag{g}$$

因为临界力 F_{cr} 是使压杆处于微弯形状平衡状态所需的最小压力（但 F_{cr} 不能等于零），所以式(g) 中的 n 应取 $n = 1$，于是得

$$F_{cr} = \frac{\pi^2 EI}{l^2} \tag{9-2}$$

式(9-2) 为两端铰支细长压杆临界力的计算公式。

9.2.2 其他杆端约束下细长压杆的临界力

仿照两端铰支细长压杆临界力的推导方法，可以求得其他杆端约束下细长压杆的临界力。各种细长压杆的临界力可用下面的统一公式表示

$$F_{cr} = \frac{\pi^2 EI}{(\mu l)^2} \tag{9-3}$$

式(9-3) 通常称为**欧拉公式**，μ 称为压杆的**长度因数**，它与杆端约束有关，杆端约束越强，μ 值越小；μl 称为压杆的**相当长度**，它是压杆的挠曲线为半个正弦波（相当于两端铰支细长压杆的挠曲线形状）所对应的杆长度。表9-1 列出了四种典型的杆端约束下细长压杆的临界力。

表9-1 四种典型的杆端约束下细长压杆的临界力

杆端约束	两端铰支	一端铰支、一端固定	两端固定	一端固定、一端自由
失稳时挠曲线形状	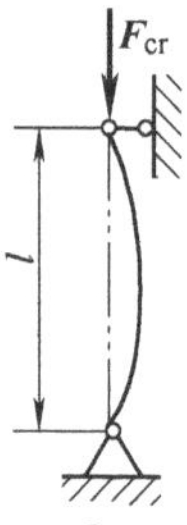 ①	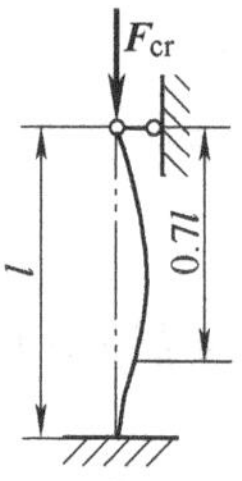 ②	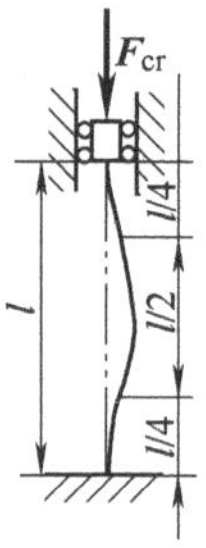 ③	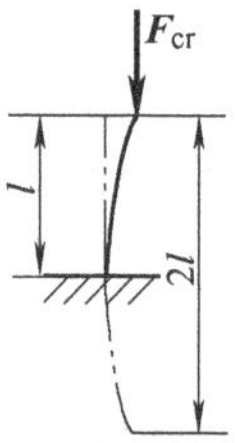 ④
临界力	$F_{cr} = \frac{\pi^2 EI}{l^2}$	$F_{cr} = \frac{\pi^2 EI}{(0.7l)^2}$	$F_{cr} = \frac{\pi^2 EI}{(0.5l)^2}$	$F_{cr} = \frac{\pi^2 EI}{(2l)^2}$
长度因数	$\mu = 1$	$\mu = 0.7$	$\mu = 0.5$	$\mu = 2$

应当指出：工程实际中压杆的杆端约束情况往往比较复杂，应对杆端支承情况做具体分析，或查阅有关的设计规范，定出合适的长度因数。

【例9-1】 一长 $l = 4$m、直径 $d = 100$mm 的细长钢压杆，支承情况如图9-5 所示，在 xy 平面内为两端铰支，在 xz 平面内为一端铰支、一端固定。已知钢的弹性模量 $E = 200$GPa，求此压杆的临界力。

【解】 钢压杆的横截面是圆形，圆形截面对其任一形心轴的惯性矩都相同，均为

$$I = \frac{\pi d^4}{64} = \frac{\pi \times 100^4 \times 10^{-12}\mathrm{m}^4}{64} = 0.049 \times 10^{-4}\mathrm{m}^4$$

因为临界力是使压杆产生失稳所需的最小压力，而钢压杆在各纵向平面内的弯曲刚度 EI 相同，所以式(9-3) 中的 μ 应取较大的值，即失稳发生在杆端约束最弱的纵向平面内。由已知条件，钢压杆在 xy 平面内的杆端约束为两端铰支，如图 9-5a 所示，$\mu = 1$；在 xz 平面内杆端约束为一端铰支、一端固定，如图 9-5b 所示，$\mu = 0.7$。故失稳将发生在 xy 平面内，应取 $\mu = 1$ 进行计算。临界力为

$$F_{\mathrm{cr}} = \frac{\pi^2 EI}{(\mu l)^2} = \frac{\pi^2 \times 200 \times 10^9 \times 0.049 \times 10^{-4}}{(1 \times 4)^2}\mathrm{N}$$
$$= 0.6 \times 10^6\mathrm{N} = 600\mathrm{kN}$$

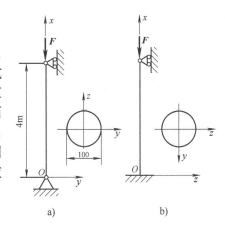

图 9-5　细长钢压杆示意图

【例 9-2】　两端铰支的细长木柱压杆如图 9-6 所示，柱长 $l = 3\mathrm{m}$，横截面为 $80\mathrm{mm} \times 140\mathrm{mm}$ 的矩形，木材的弹性模量 $E = 10\mathrm{GPa}$。求此木柱的临界力。

【解】　由于木柱两端约束为球形铰支，故木柱两端在各个方向的约束都相同（都是铰支）。因为临界力是使压杆产生失稳所需的最小压力，所以式(9-3) 中的 I 应取 $I_{\min}$。由图 9-6 知，$I_{\min} = I_y$，其值为

$$I_y = \frac{140 \times 80^3}{12}\mathrm{mm}^4 = 597.3 \times 10^4\ \mathrm{mm}^4$$

故临界力为

$$F_{\mathrm{cr}} = \frac{\pi^2 EI_y}{(\mu l)^2} = \frac{\pi^2 \times 10 \times 10^9 \times 597.3 \times 10^4 \times 10^{-12}}{(1 \times 3)^2}\mathrm{N}$$
$$= 655 \times 10^2\mathrm{N} = 65.5\mathrm{kN}$$

在临界力 F_{cr} 作用下，木柱将在弯曲刚度最小的 xz 平面内发生失稳。

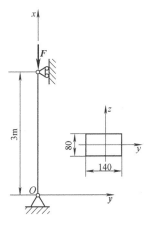

图 9-6　两端铰支的细长木柱压杆

9.3　欧拉公式的适用范围及经验公式

9.3.1　欧拉公式的适用范围

在欧拉公式的推导过程中使用了压杆失稳时挠曲线的近似微分方程，该方程只有当材料处于线弹性范围内时才成立，这就要求在压杆的临界应力 σ_{cr} 不大于材料的比例极限的情况下，方能应用欧拉公式。下面具体介绍欧拉公式的适用范围。

将式(9-1) 改写为

$$\sigma_{\mathrm{cr}} = \frac{F_{\mathrm{cr}}}{A} = \frac{\pi^2 EI}{A(\mu l)^2} = \frac{\pi^2 E}{\left(\dfrac{\mu l}{i}\right)^2}$$

故

$$\sigma_{cr} = \frac{\pi^2 E}{\lambda^2} \tag{9-4}$$

式中　i——压杆横截面的**惯性半径**，$i = \sqrt{\dfrac{I}{A}}$。

令

$$\lambda = \frac{\mu l}{i} \tag{9-5}$$

　　λ 称为压杆的**柔度**或**长细比**，它综合地反映了压杆的杆端约束、杆长、杆横截面的形状和尺寸等因素对临界应力的影响。**λ 越大，临界应力越小，使压杆产生失稳所需的压力越小，压杆的稳定性越差；反之，λ 越小，压杆的稳定性越好。**根据式（9-4），欧拉公式的适用范围为

$$\frac{\pi^2 E}{\lambda^2} \leqslant \sigma_{p}$$

或

$$\lambda \geqslant \sqrt{\frac{\pi^2 E}{\sigma_{p}}} \tag{9-6}$$

令

$$\lambda_{p} \geqslant \sqrt{\frac{\pi^2 E}{\sigma_{p}}} \tag{9-7}$$

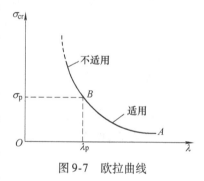

图 9-7　欧拉曲线

　　λ_{p} 是对应于比例极限的柔度值。由上式可知，只有对柔度 $\lambda \geqslant \lambda_{p}$ 的压杆，才能用欧拉公式计算其临界力。柔度 $\lambda \geqslant \lambda_{p}$ 的压杆称为**大柔度压杆**或**细长压杆**。

　　为了直观地表示欧拉公式的适用范围，可以利用式（9-4）绘出临界应力 σ_{cr} 与柔度 λ 的关系曲线，称为**欧拉曲线**，如图 9-7 所示。欧拉曲线上 B 点以右部分是适用的，B 点以左部分是不适用的。

　　由式（9-7）可知，λ_{p} 的值仅与压杆的材料有关。例如，由 Q235 钢材制成的压杆，E 与 σ_{p} 的平均值分别为 206GPa 与 200MPa，代入式（9-7）后算得 $\lambda_{p} \approx 100$。对于木压杆，$\lambda_{p} \approx 110$。

9.3.2　抛物线经验公式

　　$\lambda < \lambda_{p}$ 的压杆称为**中、小柔度压杆**。这类压杆的临界应力通常采用经验公式进行计算。经验公式是根据大量试验结果建立起来的，目前常用的有直线经验公式和抛物线经验公式两种。本书仅介绍抛物线经验公式，其表达式为

$$\sigma_{cr} = \sigma_{s} - a\lambda^2 \tag{9-8}$$

式中　σ_{s}——材料的屈服极限（MPa）；
　　　　a——与材料有关的常数（MPa）。

　　例如，Q235 钢，$\sigma_{cr} = 235 - 0.00668\lambda^2$；Q355 钢，$\sigma_{cr} = 355 - 0.00142\lambda^2$。

　　实际压杆的柔度值不同，临界应力的计算公式将不同。为了直观地表达这一点，可以绘

出临界应力随柔度的变化曲线，这种图线称为压杆的**临界应力总图**。

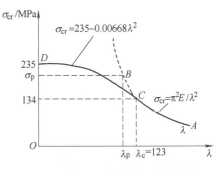

图 9-8　Q235 钢压杆的临界应力总图

如图 9-8 所示，在 Q235 钢压杆的临界应力总图中，抛物线和欧拉曲线在 C 处光滑连接，C 点对应的柔度 $\lambda_c = 123$，临界应力为 134MPa。由于经验公式更符合压杆的实际情况，故在实用中，对 Q235 钢制成的压杆，当 $\lambda \geq \lambda_c = 123$ 时才按欧拉公式计算临界应力，当 $\lambda < 123$ 时，采用抛物线经验公式计算临界应力。

【例 9-3】　矩形截面压杆示意图如图 9-9 所示，压杆的横截面 $h = 80\text{mm}$，$b = 50\text{mm}$，杆长 $l = 2\text{m}$，材料为 Q235 钢，$\sigma_s = 235\text{MPa}$，$\lambda_c = 123$。在图 9-9a 所示平面内，杆端约束为两端铰支；在图 9-9b 所示平面内，杆端约束为两端固定。求此压杆的临界力。

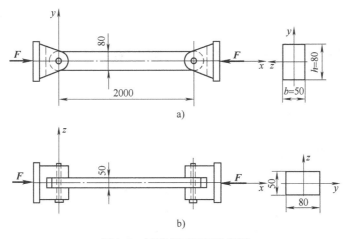

图 9-9　矩形截面压杆示意图

【解】　（1）判断压杆的失稳平面　因为压杆在各个纵向平面内的杆端约束和弯曲刚度都不相同，故须计算压杆在两个纵向对称面内的柔度值。

压杆在 xy 平面内，杆端约束为两端铰支，$\mu = 1$。惯性半径为

$$i_z = \frac{h}{\sqrt{12}} = \frac{80 \times 10^{-3}}{\sqrt{12}}\text{m} = 23.09 \times 10^{-3}\text{m}$$

由式（9-5），柔度为

$$\lambda_z = \frac{\mu l}{i_z} = \frac{1 \times 2}{23.09 \times 10^{-3}} = 86.6$$

压杆在 xz 平面内，杆端约束为两端固定，$\mu = 0.5$。惯性半径为

$$i_z = \frac{b}{\sqrt{12}} = \frac{50 \times 10^{-3}}{\sqrt{12}}\text{m} = 14.43 \times 10^{-3}\text{m}$$

由式（9-5），柔度为

$$\lambda_y = \frac{\mu l}{i_y} = \frac{0.5 \times 2}{14.43 \times 10^{-3}} = 69.3$$

由于 $\lambda_z > \lambda_y$，故压杆将在 xy 平面内失稳。

（2）计算压杆的临界力　因 $\lambda_z = 86.6 < \lambda_c = 123$，故采用抛物线经验公式计算压杆的临界应力

$$\sigma_{cr} = （235 - 0.00668\lambda^2） \text{ MPa} = 185\text{MPa}$$

由式(9-1)，压杆的临界力为

$$F_{cr} = \sigma_{cr}A = 185 \times 10^6 \text{Pa} \times 80 \times 10^{-3} \times 50 \times 10^{-3}\text{m}^2 = 740 \times 10^3 \text{N} = 740\text{kN}$$

9.4　压杆的稳定计算

1. 安全因数法

为了保证压杆能够安全地工作，要求压杆承受的压力 **F** 应满足下面的条件

$$F \leqslant \frac{F_{cr}}{n_{st}} = [F]_{st} \tag{9-9}$$

或者将式(9-9)两边同时除以横截面面积 A，得到压杆横截面上的应力 σ 应满足的条件

$$\sigma = \frac{F}{A} \leqslant \frac{\sigma_{st}}{n_{st}} = [\sigma]_{st} \tag{9-10}$$

式中　n_{st}——**稳定安全因数**；

$[F]_{st}$——**稳定许用压力**；

$[\sigma]_{st}$——**稳定许用应力**。

式(9-9)和式(9-10)称为压杆的**稳定条件**。

稳定安全因数 n_{st} 的取值除考虑强度安全因数外，还应考虑实际压杆不可避免地存在杆轴线的初曲率、压力的偏心和材料的不均匀等因素。这些因素将使压杆的临界力显著降低，对压杆稳定的影响较大，并且压杆的柔度越大，影响也越大。但是，这些因素对压杆强度的影响就不那么显著。因此，稳定安全因数 n_{st} 的取值一般大于强度安全因数 n，并且随柔度 λ 而变化。例如，钢压杆的强度安全因数 $n = 1.4 \sim 1.7$，而稳定安全因数 $n_{st} = 1.8 \sim 3.0$，甚至更大。常用材料制成的压杆，在不同工作条件下的稳定安全因数 n_{st} 的值，可在有关的设计手册中查到。

利用稳定条件式(9-9)或式(9-10)，可以解决压杆的稳定校核、设计截面尺寸和确定许用载荷三类稳定计算问题。这样进行压杆稳定计算的方法称为安全因数法。

2. 折减因数法

在工程中，对压杆的稳定计算还常采用折减因数法。这种方法是将稳定条件式(9-10)中的稳定许用应力 $[\sigma]_{st}$ 写成材料的强度许用应力 $[\sigma]$ 乘以一个随压杆柔度 λ 而改变且小于1的因数 $\varphi = \varphi(\lambda)$，$\varphi$ 称为压杆的**折减因数**或**稳定因数**。即

$$[\sigma]_{st} = \varphi[\sigma] \tag{9-11}$$

于是得到按折减因数法的稳定条件为

$$\sigma = \frac{F}{A} \leqslant \varphi[\sigma] \tag{9-12}$$

对于 Q235 钢制成的压杆的折减因数 φ，可由表9-2查得。对于木压杆的折减因数 φ，由 GB 50005—2017《木结构设计标准》，稳定因数 φ 按树种强度等级的计算公式为

树种强度等级为 TC17、TC15 及 TB20 时

$$\lambda \leqslant 75, \varphi = \frac{1}{1 + \left(\frac{\lambda}{80}\right)^2} \tag{9-13a}$$

$$\lambda \geqslant 75, \varphi = \frac{3000}{\lambda^2} \tag{9-13b}$$

树种强度等级为 TC13、TC11、TB17 及 TB15 时

$$\lambda \geqslant 91, \varphi = \frac{1}{1 + \left(\frac{\lambda}{65}\right)^2} \tag{9-13c}$$

$$\lambda > 91, \varphi = \frac{2800}{\lambda^2} \tag{9-13d}$$

表 9-2 Q235 钢中心受压直杆的折减因数 φ

λ	0	1	2	3	4	5	6	7	8	9
0	1.000	1.000	1.000	1.000	0.999	0.999	0.998	0.998	0.997	0.996
10	0.995	0.994	0.993	0.992	0.991	0.989	0.988	0.987	0.985	0.983
20	0.981	0.979	0.977	0.975	0.973	0.971	0.969	0.966	0.963	0.961
30	0.958	0.956	0.953	0.950	0.947	0.944	0.941	0.937	0.934	0.931
40	0.927	0.923	0.920	0.916	0.912	0.908	0.904	0.900	0.896	0.892
50	0.888	0.884	0.879	0.875	0.870	0.866	0.861	0.856	0.851	0.847
60	0.842	0.837	0.832	0.826	0.821	0.816	0.811	0.805	0.800	0.795
70	0.789	0.784	0.778	0.772	0.767	0.761	0.755	0.749	0.743	0.737
80	0.731	0.725	0.719	0.713	0.707	0.701	0.695	0.688	0.682	0.676
90	0.669	0.663	0.657	0.650	0.644	0.637	0.631	0.624	0.617	0.611
100	0.604	0.597	0.591	0.584	0.577	0.570	0.563	0.557	0.550	0.543
110	0.536	0.529	0.522	0.515	0.508	0.501	0.494	0.487	0.480	0.473
120	0.466	0.459	0.452	0.445	0.439	0.432	0.426	0.420	0.413	0.407
130	0.401	0.396	0.390	0.384	0.379	0.374	0.369	0.364	0.359	0.354
140	0.349	0.344	0.340	0.335	0.331	0.327	0.322	0.318	0.314	0.310
150	0.306	0.303	0.299	0.295	0.292	0.288	0.285	0.281	0.278	0.275
160	0.272	0.268	0.265	0.262	0.259	0.256	0.254	0.251	0.248	0.245
170	0.243	0.240	0.237	0.235	0.232	0.230	0.227	0.225	0.223	0.220
180	0.218	0.216	0.214	0.212	0.210	0.207	0.205	0.203	0.201	0.199
190	0.197	0.196	0.194	0.192	0.190	0.188	0.187	0.185	0.183	0.181
200	0.180	0.178	0.176	0.175	0.173	0.172	0.170	0.169	0.167	0.166
210	0.164	0.163	0.162	0.160	0.159	0.158	0.156	0.155	0.154	0.152
220	0.151	0.150	0.149	0.147	0.146	0.145	0.144	0.143	0.142	0.141
230	0.139	0.138	0.137	0.136	0.135	0.134	0.133	0.132	0.131	0.130
240	0.129	0.128	0.127	0.126	0.125	0.125	0.124	0.123	0.122	0.121
250	0.120	—	—	—	—	—	—	—	—	—

在稳定计算中，当遇到压杆局部截面被削弱的情况（如钉孔、沟槽等）时，仍按没有被削弱的截面尺寸进行计算。这是因为压杆的临界力是由压杆整体的弯曲变形决定的，局部截面的削弱对整体弯曲变形的影响很小，也就是说对压杆临界力的影响很小，故可以忽略。但是对这类压杆，除了进行稳定计算外，还应针对削弱了的横截面进行强度校核。

【例 9-4】　木屋桁架受力简图如图 9-10 所示，木屋架中 AB 杆的截面为边长 $a = 110\text{mm}$ 的正方形，杆长 $l = 3.6\text{m}$，承受的轴向压力 $F = 25\text{kN}$。材料是松木，许用应力 $[\sigma] = 10\text{MPa}$。试校核 AB 杆的稳定性（只考虑在桁架平面内的失稳）。

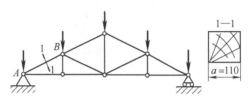

图 9-10　木屋桁架受力简图

【解】　正方形截面的惯性半径为

$$i = \frac{a}{\sqrt{12}} = \frac{110}{\sqrt{12}}\text{mm} = 31.75\text{mm}$$

由于在桁架平面内 AB 杆两端为铰支，故 $\mu = 1$。AB 杆的柔度为

$$\lambda = \frac{\mu l}{i} = \frac{1 \times 3.6 \times 10^3}{31.75} = 113.4$$

利用式（9-13）算得折减因数 φ 为

$$\varphi = \frac{3000}{\lambda^2} = 0.233$$

AB 杆的工作应力为

$$\sigma = \frac{F}{A} = \frac{25 \times 10^3 \text{N}}{110^2 \times 10^{-6}\text{m}^2} = 2.066\text{MPa} < \varphi[\sigma] = 2.33\text{ MPa}$$

满足稳定条件，因此，AB 杆是稳定的。

【例 9-5】　厂房钢柱如图 9-11a 所示，钢柱由两根 10 号槽钢组成，长 $l = 4\text{m}$，两端固定，材料为 Q235 钢，许用应力 $[\sigma] = 160\text{MPa}$。现用两种方式组合：一种是将两根槽钢结合成为一个工字形，压杆截面示意图如图 9-11b 所示；另一种是使用缀板将两根槽钢结合，压杆截面示意图如图 9-11c 所示的形式，图中间距 $a = 44\text{mm}$。试计算两种情况下钢柱的许用载荷。

【解】　由附录 C 型钢规格表查得 10 号槽钢截面的面积、形心位置和惯性矩分别为

$$A = 12.74\text{cm}^2, \ z_0 = 1.52\text{cm}$$
$$I_z = 198.3\text{cm}^4, \ I_y = 25.6\text{cm}^4$$

（1）求图 9-11b 所示情况中钢柱的许用载荷　组合截面对 z 轴的惯性矩为

$$I_z = 2 \times 198.3\text{cm}^4 = 396.6\text{cm}^4$$

由附录 C 型钢规格表查得 10 号槽钢对其侧边的惯性矩为 54.9cm^4，故组合截面对 y 轴的惯性矩为

$$I_y = 2 \times 54.9\text{cm}^4 = 109.8\text{cm}^4$$

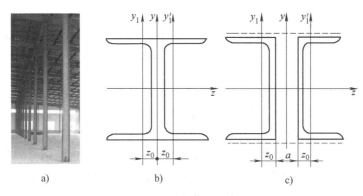

图 9-11 压杆截面示意图

因为杆端约束为两端固定，所以失稳将发生在弯曲刚度 EI 最小的形心主惯性平面 xz 内。该平面内钢柱的柔度为

$$\lambda_y = \frac{\mu l}{i_y} = \mu l \sqrt{\frac{A}{I_y}} = 0.5 \times 4 \times 10^2 \times \sqrt{\frac{2 \times 12.74}{109.8}} = 96.3$$

由表 9-2 并利用直线插值法得到折减因数 φ 为

$$\varphi = 0.631 - (0.631 - 0.624) \times \frac{3}{10} = 0.629$$

根据稳定条件式(9-12)，钢柱的许用载荷为

$$[F]_{st} = A\varphi[\sigma] = 2 \times 12.74 \times 10^{-4} \text{m}^2 \times 0.629 \times 160 \times 10^6 \text{Pa}$$
$$= 256430 \text{N} = 256.4 \text{kN}$$

（2）求图 9-11c 所示情况中钢柱的许用载荷。组合截面对 z 轴的惯性矩为

$$I_z = 2 \times 198.3 \text{cm}^4 = 396.6 \text{cm}^4$$

利用**平行移轴公式**（截面对任一轴的惯性矩等于截面对与该轴平行的形心轴的惯性矩，加上截面面积与两轴间距离平方的乘积），求得组合截面对 y 轴的惯性矩为

$$I_y = 2\left[I_{y1} + \left(z_0 + \frac{a}{2}\right)^2 A\right]$$

$$= 2 \times \left[25.6 + \left(1.52 + \frac{4.4}{2}\right)^2 \times 12.74\right] \text{cm}^4 = 403.8 \text{cm}^4$$

可见失稳平面为 xy 平面，该平面内钢柱的柔度为

$$\lambda_z = \frac{\mu l}{i_z} = \mu l \sqrt{\frac{A}{I_z}} = 0.5 \times 4 \times 10^2 \times \sqrt{\frac{2 \times 12.74}{396.6}} = 50.7$$

由表 9-2 查得折减因数为

$$\varphi = 0.888 - (0.888 - 0.884) \times \frac{7}{10} = 0.885$$

因此，钢柱的许用载荷为

$$[F]_{st} = A\varphi[\sigma] = 2 \times 12.74 \times 10^{-4} \text{m}^2 \times 0.885 \times 160 \times 10^6 \text{Pa}$$
$$= 360797 \text{N} = 360.8 \text{kN}$$

由本例题可知，虽然两个钢柱的长度、支承情况以及所用材料的数量均相同，但当采用不同的截面形状时，钢柱的许用载荷有很大差别。显然，采用图 9-11c 所示截面比采用图

9-11b所示截面好。

在用折减因数法设计压杆的截面尺寸时，须将稳定条件式(9-12) 变换成如下的形式：

$$A \geqslant \frac{F}{\varphi[\sigma]} \qquad (9-14)$$

由于折减因数 φ 与压杆的柔度 λ 有关，而柔度 λ 又与截面面积 A 有关，故当 A 为未知时，φ 也是未知的。因此，压杆的截面设计目前普遍采用**试算法**，其计算步骤如下：

1）先假定 φ 的一个近似值 φ_1（一般可取 $\varphi_1 = 0.5$），由式(9-14) 算出截面面积的第一次近似值 A_1，并由 A_1 初选一个截面（这一步也可以根据经验初选型钢号码或截面尺寸）。

2）计算初选截面的惯性矩 I_1、惯性半径 i_1 和柔度 λ_1，由折减因数表查得（或由公式算得）相应的 φ 值。

3）若查得的 φ 值与原先假定的 φ_1 值相差较大，则可在这两个值之间再假定一个近似值 φ_2，并重复1）、2）两步。如此进行下去，直到从表中查得的 φ 值与假定的 φ 值非常接近为止。

4）对所选得的截面进行压杆稳定校核。若满足稳定条件，则所选得的截面就是所求的截面。否则，应在所选截面的基础上适当放大尺寸后再进行校核，直到满足稳定条件为止。

【例9-6】 工字钢截面压杆如图9-12所示，长 $l = 4\text{m}$，上、下端都是固定支承，承受的轴向压力 $F = 230\text{kN}$。材料为 Q235 钢，许用应力 $[\sigma] = 140\text{MPa}$。在上、下端面的工字钢翼缘上各有 4 个直径 $d = 20\text{mm}$ 的螺栓孔。试选择此钢柱的截面。

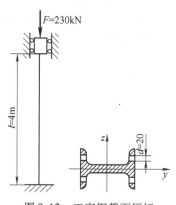

图9-12 工字钢截面压杆

【解】 （1）第一次试算 假定 $\varphi_1 = 0.5$，由式(9-14) 得到

$$A_1 = \frac{F}{\varphi_1[\sigma]} = \frac{230 \times 10^3 \text{N}}{0.5 \times 140 \times 10^6 \text{Pa}}$$

$$= 32.86 \times 10^{-4} \text{m}^2$$

查附录 C 型钢规格表，初选 20a 号工字钢，其截面和惯性半径分别为

$$A = 35.5\text{cm}^2$$

$$i_1 = i_y = 2.12\text{cm}$$

柔度为

$$\lambda = \frac{\mu l}{i_1} = \frac{0.5 \times 400}{2.12} = 94.3$$

由表 9-2 查得相应的 $\varphi = 0.642$。由于 φ 值与假定的 φ_1 相差较大,必须再进行试算。

（2）第二次试算　假定 $\varphi_2 = \dfrac{1}{2} \times (0.5 + 0.642) = 0.571$,由式（9-14）算得

$$A_2 = \frac{F}{\varphi_2 [\sigma]} = \frac{230 \times 10^3 \,\text{N}}{0.571 \times 140 \times 10^6 \,\text{Pa}}$$

$$= 28.77 \times 10^{-4} \,\text{m}^2 = 28.77 \,\text{cm}^2$$

查附录 C 型钢规格表,再选 18 号工字钢,其截面面积 $A = 30.6\,\text{cm}^2$,惯性半径 $i_2 = i_y = 2\,\text{cm}$,柔度为

$$\lambda_2 = \frac{\mu l}{i_2} = \frac{0.5 \times 400}{2} = 100$$

由表 9-2 查得相应的 $\varphi = 0.604$,这与假定的 $\varphi_2 = 0.571$ 非常接近,因此可以试用 18 号工字钢。

（3）稳定校核　若采用 18 号工字钢,则钢柱的工作应力为

$$\sigma = \frac{F}{A} = \frac{230 \times 10^3 \,\text{N}}{30.6 \times 10^{-4} \,\text{m}^2} = 75.16 \times 10^6 \,\text{Pa} = 75.16 \,\text{MPa}$$

$$\varphi [\sigma] = 0.604 \times 140 \,\text{MPa} = 84.56 \,\text{MPa}$$

可以满足稳定条件。

（4）强度校核　由于钢柱的上、下端截面被螺栓孔削弱,所以还须对端截面进行强度校核。由附录 C 型钢规格表查得 18 号工字钢的翼板平均厚度 $t = 10.7\,\text{mm}$,故端截面的净面积为

$$A_n = A - 4td = 3060\,\text{mm}^2 - 4 \times 10.7 \times 20\,\text{mm}^2 = 2204\,\text{mm}^2$$

端截面上的应力为

$$\sigma = \frac{F}{A_n} = \frac{230 \times 10^3 \,\text{N}}{2204 \times 10^{-6} \,\text{m}^2} = 104.36 \times 10^6 \,\text{Pa}$$

$$= 104.36 \,\text{MPa} < [\sigma] = 140 \,\text{MPa}$$

可以满足强度条件。因此可以采用 18 号工字钢。

9.5　提高压杆稳定性的措施

提高压杆稳定性就是增大压杆的临界力或临界应力。可以从影响临界力或临界应力的诸种因素出发,采取下列一些措施。

1. 合理地选择材料

对于大柔度压杆,临界应力 $\sigma_{cr} = \dfrac{\pi^2 E}{\lambda^2}$ 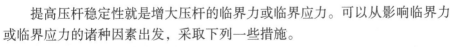,故采用 E 值较大的材料能够增

大其临界应力,也就能提高其稳定性。由于各种钢材的 E 值大致相同,所以,对大柔度钢压杆不宜选用优质钢材,以避免造成浪费。

对于中、小柔度压杆,从计算临界应力的抛物线公式可以看出,采用强度较高的材料能够提高其临界应力,即能提高其稳定性。

2. 减小压杆的柔度

从图9-8得知，压杆的柔度 $\lambda = \dfrac{\mu l}{i}$ 越小，其临界应力越大，压杆的稳定性越好。为了减小柔度，可以采取如下措施。

（1）加强杆端约束　压杆的杆端约束越强，μ 值就越小，λ 也就越小。例如，将两端铰支的细长压杆的杆端约束增强为两端固定，由欧拉公式可知其临界力将变为原来的四倍。

（2）减小杆的长度　杆长 l 越小，则柔度 λ 越小。在工程中，通常用增设中间支撑的方法来达到减小杆长。例如，两端铰支的细长压杆，在杆中点处增设一个铰支座，如图9-13所示，则其相当长度 μl 为原来的一半，而由欧拉公式算得的临界应力或临界力却是原来的四倍。当然增设支座也相应地增加了工程造价，故设计时应综合加以考虑。

（3）选择合理的截面　在截面面积相同的情况下，采用空心截面或组合截面比采用实心截面的抗稳能力高，如图9-14所示，图9-14b所示截面比图9-14a所示截面合理；在抗稳能力相同的情况下，则采用空心截面或组合截面比采用实心截面的用料省。这是由于空心截面或组合截面的材料分布在离中性轴较远的地方，故 i 较大，λ 较小，临界力较大。

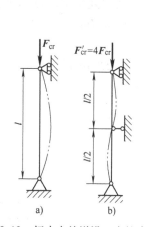

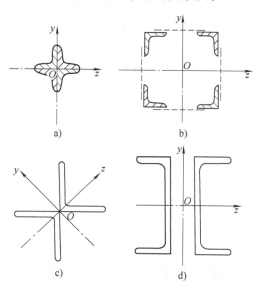

图9-13　杆中点处增设一个铰支座　　　图9-14　不同截面形状对比示意图

此外，还应使压杆在两个纵向对称平面内的柔度大致相等，使其抵抗失稳的能力得以充分发挥。当压杆在各纵向平面内的约束相同时，宜采用圆形、空心圆形、正方形等截面，这一类截面对任一形心轴的惯性半径相等，从而使压杆在各纵向平面内的柔度相等。当压杆仅在两个纵向对称面内的约束相同时，宜采用图9-14c所示 $i_y = i_z$ 的一类截面。当压杆在两个纵向对称面内的约束不同时，宜采用矩形、工字形或图9-14d所示的一类截面，并在确定截面尺寸时，尽量使 $\lambda_y = \lambda_z$。

应当注意，对于组合截面压杆要用缀板将其牢固地连成一个整体，否则压杆将变成几个单独分散的压杆，严重地降低稳定性。对于组合截面压杆还要考虑其局部失稳的问题，应对其局部的稳定性进行计算，包括局部稳定性的校核和由局部稳定条件确定缀板的间距等，详见有关书籍，这里不再细述。

要 点 总 结

1. 细长压杆临界力和临界应力的计算:满足 $\lambda \geqslant \lambda_p$ 的压杆,也称为大柔度压杆或细长压杆。

临界力为
$$F_{\mathrm{cr}} = \frac{\pi^2 EI}{(\mu l)^2}$$

临界应力为
$$\sigma_{\mathrm{cr}} = \frac{\pi^2 E}{\lambda^2}$$

2. 欧拉公式的适用范围。

1)当 $\lambda \geqslant \sqrt{\dfrac{\pi^2 E}{\sigma_p}}$ 时,压杆为**大柔度压杆**或**细长压杆**。临界应力计算才可用欧拉公式 $\sigma_{\mathrm{cr}} = \dfrac{\pi^2 E}{\lambda^2}$。**$\lambda$ 越大,临界应力越小,使压杆产生失稳所需的压力越小,压杆的稳定性越差。反之,λ 越小,压杆的稳定性越好。**

2)当 $\lambda < \lambda_p$ 的压杆称为**中、小柔度压杆**。临界应力用直线公式或抛物线公式两种经验公式计算。本书用 $\sigma_{\mathrm{cr}} = \sigma_s - a\lambda^2$。

3. 压杆的稳定计算。

1)安全因数法: $F \leqslant \dfrac{F_{\mathrm{cr}}}{n_{\mathrm{st}}} = \left[F \right]_{\mathrm{st}}$

2)折减因数法: $\sigma = \dfrac{F}{A} \leqslant \varphi[\sigma]$。

思 考 题

(1)以压杆为例,说明什么是稳定平衡和不稳定平衡?

(2)何谓压杆的临界力和临界应力?

(3)有人说临界力是使压杆丧失稳定所需的最小载荷,也有人说临界力是使压杆维持直轴线形状平衡状态所能承受的最大载荷。这两种说法对吗?两种说法一致吗?

(4)图 9-15 所示的各细长压杆均为圆杆,它们的直径、材料都相同,试判断哪根压杆

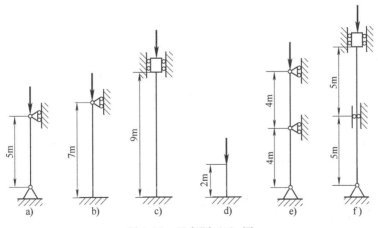

图 9-15　思考题(4)图

的临界力最大，哪根压杆的临界力最小（图9-15f所示的压杆在中间支承处不能转动）？

（5）对于两端铰支、由Q235钢制成的圆截面压杆，杆长 l 比直径 d 大多少倍时，才能够使用欧拉公式计算临界力？

（6）计算中、小柔度压杆（Q235钢制成的圆截面压杆）的临界力时，使用了欧拉公式；或计算大柔度压杆的临界力时，使用了经验公式，将会产生怎样的后果？试用临界应力总图加以说明。

习　题

9-1　选择题

（1）对于细长压杆，若其长度系数增加一倍，则（　　）。

A. F_{cr} 增加一倍

B. F_{cr} 增加到原来的4倍

C. F_{cr} 为原来的1/2

D. F_{cr} 为原来的1/4

（2）关于钢制细长压杆承受轴向压力达到临界载荷后，还能不能继续承载？试判断以下哪一种是正确的（　　）？

A. 不能。因为载荷达到临界值时屈曲位移将无限制地增加

B. 能。因为压杆一直到折断时为止都有承载能力

C. 能。只要横截面上的最大正应力不超过比例极限

D. 不能。因为超过临界载荷后，变形不再是弹性的

（3）下列结论中哪些是正确的（　　）？

1）若压杆中的实际应力不大于该压杆的临界应力，则杆件不会失稳

2）受压杆件的破坏均由失稳引起

3）压杆临界应力的大小可以反映压杆稳定性的好坏

4）若压杆中的实际应力大于 $\sigma_{cr} = \dfrac{\pi^2 E}{\lambda^2}$，则压杆必定破坏

A. 1），2）　　　　B. 2），4）　　　　C. 1），3）　　　　D. 2），3）

（4）提高钢制细长压杆承载能力有如下方法，试判断哪一种是最正确的（　　）？

A. 减小杆长，减小长度因素，使压杆沿横截面两形心主轴方向的长细比相等

B. 增加横截面面积，减小杆长

C. 增加惯性矩，减小杆长

D. 采用高强度钢

（5）压杆属于细长杆、中长杆还是短粗杆，其判断依据描述正确的答案是（　　）。

A. 长度　　　　B. 横截面尺寸　　　　C. 临界应力　　　　D. 柔度

9-2　计算题

（1）图9-16所示的两端铰支的细长压杆，材料的弹性模量 $E=200\mathrm{GPa}$，试用欧拉公式计算其临界力 F_{cr}。1）圆形截面 $d=25\mathrm{mm}$，$l=1.0\mathrm{m}$；2）矩形截面 $h=2b=40\mathrm{mm}$，$l=1.0\mathrm{m}$；3）22a号工字钢，$l=5.0\mathrm{m}$；4）$200\mathrm{mm}\times125\mathrm{mm}\times18\mathrm{mm}$ 不等边角钢，$l=5.0\mathrm{m}$。

（2）三根两端铰支的圆截面压杆，直径均为 $d=160\mathrm{mm}$，长度分别为 l_1、l_2 和 l_3，且 $l_1=2l_2=4l_3=5\mathrm{m}$，材料为Q235钢，弹性模量 $E=200\mathrm{GPa}$，求三杆的临界力 F_{cr}。

（3）如图 9-17 所示的一闸门的螺杆式启闭机。已知螺杆的长度为 3m，外径为 60mm，内径为 51mm，材料为 Q235 钢，设计压力 $F = 50$kN，许用应力 $[\sigma] = 120$MPa，杆端支承情况可认为一端固定、另一端铰接。试按内径尺寸对此杆进行稳定校核。

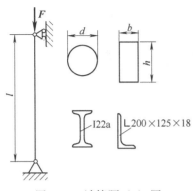

图 9-16　计算题（1）图

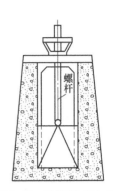

图 9-17　计算题（3）图

（4）试对图 9-18 所示的木柱进行强度和稳定校核。已知材料的许用应力 $[\sigma] = 10$MPa。

（5）一两端铰支的钢管柱，长 $l = 3$m，截面外径 $D = 100$mm，内径 $d = 70$mm。材料为 Q235 钢，许用应力 $[\sigma] = 160$MPa，求此柱的许用载荷。

（6）如图 9-19 所示，起重机的起重臂由两个不等边角钢 100mm × 80mm × 8mm 组成，二角钢用缀板连成整体。杆在 xz 平面内，两端可看作铰支；在 xy 平面内，可看作弹性约束，取 $\mu = 0.75$。材料为 Q235 钢，许用应力 $[\sigma] = 160$MPa。求起重臂的最大轴向压力。

（7）如图 9-20 所示桁架，$F = 100$kN，二杆均为用 Q235 钢制成的圆截面杆，许用应力 $[\sigma] = 180$MPa，考虑压杆稳定问题试确定它们的直径。

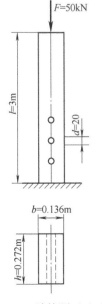

图 9-18　计算题（4）图

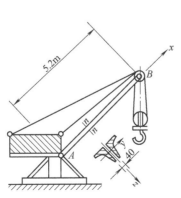

图 9-19　计算题（6）图

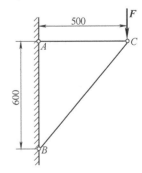

图 9-20　计算题（7）图

（8）结构如图 9-21 所示。已知 $F = 25\text{kN}$，$\alpha = 30°$，$a = 1.25\text{m}$，$l = 0.55\text{m}$，$d = 20\text{mm}$，材料为 Q235 钢，14 号工字钢许用应力 $[\sigma] = 160\text{MPa}$。问此结构是否安全？

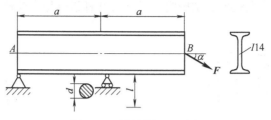

图 9-21　计算题（8）图

附　　录

附录 A　截面的几何性质

工程中的各种杆件，其横截面都是具有一定几何形状的平面图形，截面的形状、尺寸及杆件的放置方式都是影响杆件承载力的重要因素。例如，拉压杆的应力与变形计算与杆件的横截面面积 A 有关；圆截面杆的扭转强度和刚度则与圆截面的抗扭截面系数 W_t 和极惯性矩 I_P 有关；弯曲变形的强度和刚度计算与横截面的惯性矩 I_y、I_z 和静矩 S_y 和 S_z 等截面的几何性质有关；在竖向载荷作用下矩形截面木板竖起布置比横放时产生的变形小得多，如图A-1所示。因此，研究截面的几何性质是有必要的。

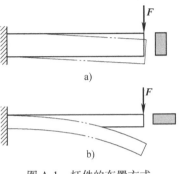

图 A-1　杆件的布置方式

A.1　静矩

1. 静矩

任意形状平面如图 A-2 所示，其面积为 A。在图形平面建立直角坐标 yOz。在图形内坐标为（y, z）处取微面积 dA，定义整个图形对 y 轴或 z 轴的静矩

$$S_y = \int_A z dA , \quad S_z = \int_A y dA \qquad (A-1)$$

由式（A-1）可见，平面图形的静矩是对某定轴而言的，同一图形对不同的坐标轴其静矩也就不同。静矩的单位为长度的三次方，其数值可为正、为负或为零。

2. 形心

静矩可用来确定截面的形心位置。截面图形的形心

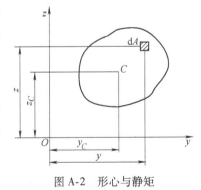

图 A-2　形心与静矩

等于几何形状相同的均质等厚薄板的重心，由静力学中确定物体重心的公式可得图A-2的形心的计算公式

$$y_C = \frac{\int_A y dA}{A} , \quad z_C = \frac{\int_A z dA}{A} \qquad (A-2)$$

这也就是确定平面图形的形心坐标的公式。

利用式（A-1）可以把式（A-2）改写成

$$
\begin{cases}
y_C = \dfrac{S_z}{A} \\[2mm]
z_C = \dfrac{S_y}{A}
\end{cases}
\tag{A-3}
$$

或

$$
\begin{cases}
S_z = A y_C \\[2mm]
S_y = A z_C
\end{cases}
\tag{A-4}
$$

即把平面图形对 z 轴或 y 轴的静矩除以图形的面积 A，就得到图形形心的坐标 y_C 或 z_C。平面图形对 y、z 轴的静矩分别等于图形面积 A 乘以形心的坐标 y_C 或 z_C。

由式（A-4）可见，若 $S_z = 0$、$S_y = 0$，则 $y_C = 0$、$z_C = 0$。所以，若图形对某一轴的静矩等于零，则该轴必然通过图形的形心；反之，若某轴通过形心，则图形对该轴的静矩等于零。

3. 组合图形的静矩和形心计算

如果一个平面图形是由若干个简单图形组成的组合图形，则由静矩的定义可知，整个图形对某一坐标轴的静矩应该等于各简单图形对同一坐标轴的静矩的代数和，即

$$
\begin{cases}
S_z = \sum\limits_{i=1}^{n} A_i y_{Ci} \\[3mm]
S_y = \sum\limits_{i=1}^{n} A_i z_{Ci}
\end{cases}
\tag{A-5}
$$

式中 A_i、y_{Ci} 和 z_{Ci}——某一组成部分的面积和其形心坐标；

$\quad\quad\quad n$——简单图形的个数。

将式（A-4）代入式（A-5），得到组合图形形心坐标的计算公式为

$$
\begin{cases}
y_C = \dfrac{\sum\limits_{i=1}^{n} A_i y_{Ci}}{\sum\limits_{i=1}^{n} A_i} \\[6mm]
z_C = \dfrac{\sum\limits_{i=1}^{n} A_i z_{Ci}}{\sum\limits_{i=1}^{n} A_i}
\end{cases}
\tag{A-6}
$$

【例 A-1】 求图 A-3 所示的 T 形截面的形心位置。

【解】 建立直角坐标系 zOy，其中 y 为截面的对称轴，所以形心一定在该对称轴上，则 $z_C = 0$。将截面分成 I、II 两部分。应用组合法，则

$A_1 = 0.12 \times 0.6\,\mathrm{m}^2 = 0.072\,\mathrm{m}^2$，$y_1 = 0.46\,\mathrm{m}$

$A_2 = 0.4 \times 0.2\,\mathrm{m}^2 = 0.08\,\mathrm{m}^2$，$y_2 = 0.2\,\mathrm{m}$

$y_C = \dfrac{A_1 y_1 + A_2 y_2}{A_1 + A_2} = \dfrac{0.072 \times 0.46 + 0.08 \times 0.2}{0.072 + 0.08}\,\mathrm{m}$

$\quad = 0.323\,\mathrm{m}$

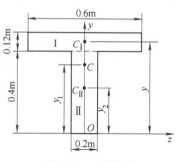

图 A-3　T 形截面

A. 2 惯性矩、极惯性矩、惯性积

1. 惯性矩、极惯性矩

任意形状平面如图 A-4 所示，其面积为 A。在图形平面建立直角坐标系 yOz，在图形内坐标系为 (y, z) 处取微面积 $\mathrm{d}A$，$\mathrm{d}A$ 形心到原点距离为 ρ，定义

$$
\begin{cases}
I_y = \int_A z^2 \mathrm{d}A \\[2mm]
I_z = \int_A y^2 \mathrm{d}A \\[2mm]
I_p = \int_A \rho^2 \mathrm{d}A
\end{cases}
\tag{A-7}
$$

式中 I_y、I_z、I_p——整个图形对 y 轴和 z 轴的惯性矩及整个图形对坐标原点的极惯性矩。

由图 A-4 可以看出 $\rho^2 = y^2 + z^2$，于是有

$$
\begin{aligned}
I_p &= \int_A \rho^2 \mathrm{d}A = \int_A (y^2 + z^2) \mathrm{d}A \\[2mm]
&= \int_A y^2 \mathrm{d}A + \int_A z^2 \mathrm{d}A = I_z + I_y
\end{aligned}
\tag{A-8}
$$

所以，图形对任意一对互相垂直的轴的惯性矩之和等于它对该两轴交点的极惯性矩。

在式（A-7）中，由于 z^2、y^2 和 ρ^2 总是正的，所以 I_y、I_z 和 I_p 也恒为正值，量纲是长度的四次方。

在应用中，有时把惯性矩写成图形面积 A 与某一长度的平方乘积，即

$$
I_y = Ai_y^2 , \quad I_z = Ai_z^2
\tag{A-9}
$$

或

$$
i_y = \sqrt{\frac{I_y}{A}} , \quad i_z = \sqrt{\frac{I_z}{A}}
\tag{A-10}
$$

式中 i_y、i_z——图形对 y 轴或对 z 轴的惯性半径，其量纲是长度。

2. 惯性积

在图 A-5 所示的平面图形中，微面积 $\mathrm{d}A$ 与它到两轴距离的乘积对面积 A 的积分

$$
I_{yz} = \int_A yz \mathrm{d}A
\tag{A-11}
$$

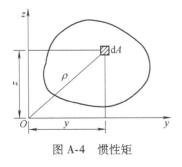

图 A-4　惯性矩

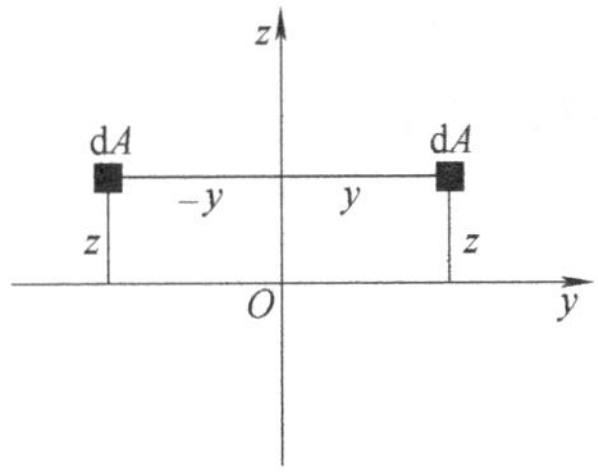

图 A-5　对称截面的惯性积

式（A-11）为整个图形对 y、z 轴的惯性积。

由于坐标乘积 yz 可能为正，也可能为负，因此，I_{yz} 的数值可能为正，也可能为负，也可能等于零。惯性积的量纲是长度的四次方。

若坐标系的两个坐标轴中只有一个为图形的对称轴，则图形对这一坐标系的惯性积等于零。

【例 A-2】 求图 A-6 所示的矩形截面对其对称轴（即形心轴）y、z 的惯性矩。

【解】 对 z 轴的惯性矩，取平行于 z 轴的狭长条作为微面积 dA，则

$$I_z = \int_A y^2 dA = \int_{-\frac{h}{2}}^{\frac{h}{2}} y^2 (b dy) = \frac{bh^3}{12}$$

同理，对 y 轴的惯性矩

$$I_y = \int_A z^2 dA = \int_{-\frac{b}{2}}^{\frac{b}{2}} z^2 (h dz) = \frac{hb^3}{12}$$

【例 A-3】 求图 A-7 所示的圆形截面对其对称轴（即形心轴）y、z 的惯性矩和对原点的极惯性矩。

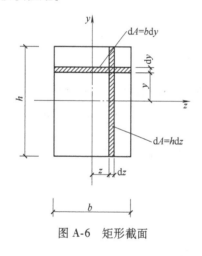

图 A-6　矩形截面

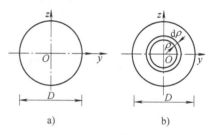

图 A-7　圆形截面

【解】 选取圆环形积分微元，有

$$I_p = \int_A \rho^2 dA = \int_0^{\frac{D}{2}} 2\pi\rho^3 d\rho = \frac{\pi D^4}{32}$$

$$I_y = I_z = \frac{1}{2} I_p = \frac{\pi D^4}{64}$$

【例 A-4】 求图 A-8 所示图形的 I_y 及 I_{yz}。

【解】 如图 A-8 所示，取平行于 y 轴的狭长矩形，由于 $dA = y dz$，其中宽度 y 随 z 变化，$y = \frac{b}{h} z$，则

$$I_y = \int_A z^2 dA = \int_0^h \frac{b}{h} z^3 dz = \frac{bh^3}{4}$$

$$I_{yz} = \int_0^h z \cdot \frac{y}{2} y dz = \frac{b^2 h^2}{8}$$

当一个平面图形是由若干个简单的图形组成时，根据惯性矩的定义可先算出每一个简单

图形对同一轴的惯性矩，然后求其总和，即等于整个图形对于这一轴的惯性矩，这可用下式表示

$$I_y = \sum_{i=1}^{n} I_{yi} \ , \ I_z = \sum_{i=1}^{n} I_{zi} \qquad (\text{A-12})$$

【例 A-5】　如图 A-9 所示的箱形截面，求截面图形对其对称轴（即形心轴）y、z 的惯性矩。

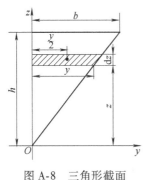

图 A-8　三角形截面

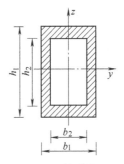

图 A-9　箱形截面

【解】　可以把图 A-9 看作大矩形 $b_1 \times h_1$ 减去小矩形 $b_2 \times h_2$ 这样的组合，由式（A-12），即可求得

$$I_y = \frac{b_1 h_1^3}{12} - \frac{b_2 h_2^3}{12}$$

$$I_z = \frac{h_1 b_1^3}{12} - \frac{h_2 b_2^3}{12}$$

A.3　平行移轴公式

由惯性矩和惯性积的定义可以看出，同一平面图形对于平行的两对坐标轴的惯性矩和惯性积并不相同，但它们之间必然存在简单的关系。

在图 A-10 中，C 为图形的形心，y_C 和 z_C 是通过形心的坐标轴。图形对于这对形心轴的惯性矩和惯性积为已知。

$$\begin{cases} I_{y_C} = \int_A z_C^2 \mathrm{d}A \\[2mm] I_{z_C} = \int_A y_C^2 \mathrm{d}A \\[2mm] I_{y_C z_C} = \int_A y_C z_C \mathrm{d}A \end{cases} \qquad (\text{A-13})$$

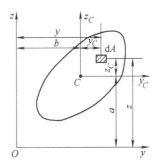

图 A-10　任意截面
图形的平行移轴公式推导

若 y 轴平行于 y_C 轴，二轴距离为 a；z 轴平行于 z_C 轴，二轴距离为 b。由图中可以看出

$$y = y_C + b \ , \ z = z_C + a$$

则有图形对轴 y、z 的惯性矩 I_y、I_z 和惯性积 I_{yz}

$$I_y = \int_A z^2 \mathrm{d}A = \int_A (z_C + a)^2 \mathrm{d}A = \int_A z_C^2 \mathrm{d}A + 2a \int_A z_C \mathrm{d}A + a^2 \int_A \mathrm{d}A \qquad (\mathrm{a})$$

$$I_z = \int_A y^2 \mathrm{d}A = \int_A (y_C + b)^2 \mathrm{d}A = \int_A y_C^2 \mathrm{d}A + 2b \int_A y_C \mathrm{d}A + b^2 \int_A \mathrm{d}A \qquad (\mathrm{b})$$

$$I_{yz} = \int_A yz \mathrm{d}A = \int_A (y_C + b)(z_C + a) \mathrm{d}A = \int_A y_C z_C \mathrm{d}A + a \int_A y_C \mathrm{d}A + b \int_A z_C \mathrm{d}A + ab \int_A \mathrm{d}A \qquad (\mathrm{c})$$

上式中的三个积分中，$\int_A \mathrm{d}A = A$ ，由于 y_C、z_C 轴是截面的形心轴，所以 $\int_A y_C \mathrm{d}A = S_z = 0$ ，$\int_A z_C \mathrm{d}A = S_y = 0$ ，再应用式（A-13），则上述三式可简化为

$$\begin{cases} I_y = I_{y_C} + a^2 A \\ I_z = I_{z_C} + b^2 A \\ I_{yz} = I_{y_C z_C} + abA \end{cases} \qquad (\text{A-14})$$

式（A-14）即为惯性矩和惯性积的平行移轴公式。可见，对所有的平行轴而言，图形对形心轴的惯性矩是最小值。应用上式即可根据截面对形心轴的惯性矩或惯性积，计算截面对与形心轴平行的坐标轴的惯性矩或惯性积，或进行相反的运算。

【例 A-6】 求 T 形截面对其形心轴 y_C 的惯性矩，如图 A-11 所示。

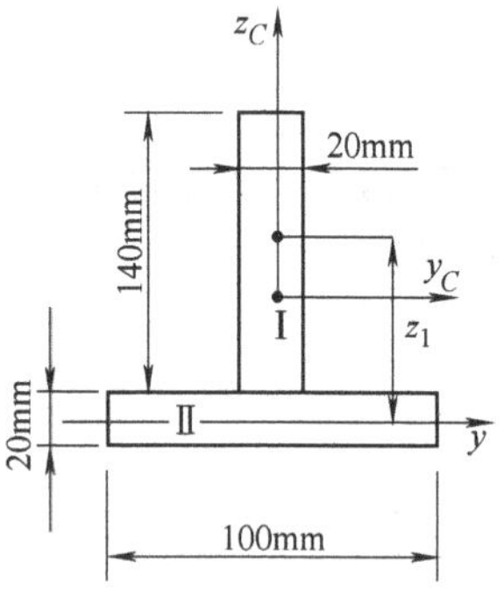

【解】 将截面分成两个矩形截面，如图 A-11 所示，截面的形心必在对称轴 z_C 上，取过矩形 II 的形心且平行于底边的轴作为参考轴记作 y 轴。

图 A-11　T 形截面

$$A_1 = 20 \times 140 \mathrm{mm}^2 , \ z_1 = 80 \mathrm{mm}$$
$$A_2 = 100 \times 20 \mathrm{mm}^2 , \ z_2 = 0 \mathrm{mm}$$

所以，截面的形心坐标为

$$z_C = \frac{A_1 z_1 + A_2 z_2}{A_1 + A_2} = 46.7 \mathrm{mm}$$

$$I_y = I_{y_C} + a^2 A$$

$$I_{y_C}^{\mathrm{I}} = \frac{1}{12} \times 20 \times 140^3 \mathrm{mm}^4 + 20 \times 140 \times (80 - 46.7)^2 \mathrm{mm}^4$$

$$I_{y_C}^{\mathrm{II}} = \frac{1}{12} \times 100 \times 20^3 \mathrm{mm}^4 + 100 \times 20 \times (46.7)^2 \mathrm{mm}^4$$

$$I_{y_C} = I_{y_C}^{\mathrm{I}} + I_{y_C}^{\mathrm{II}} = 12.12 \times 10^{-6} \mathrm{m}^4$$

A.4　转轴公式、主惯性矩

1. 转轴公式

图 A-12 所示为任意平面图形，它对于通过其上任意一点 O 的两坐标轴 y、z 的惯性矩 I_y、

I_z 及 I_{yz} 均为已知，现求在坐标轴旋转 α 角（规定逆时针时为正）后对 y_1、z_1 轴的惯性矩 I_{y_1}、I_{z_1} 和惯性积 $I_{y_1z_1}$。

由图中可以看出，微面积 A 的新坐标（y_1，z_1）与旧坐标（y，z）关系为

$$y_1 = y\cos\alpha + z\sin\alpha$$

$$z_1 = z\cos\alpha - y\sin\alpha$$

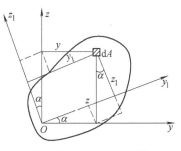

图 A-12 任意平面图形

经过坐标变换和三角变换，可得

$$I_{y_1} = \frac{I_y + I_z}{2} + \frac{I_y - I_z}{2}\cos2\alpha - I_{yz}\sin2\alpha \quad （A\text{-}15）$$

$$I_{z_1} = \frac{I_y + I_z}{2} - \frac{I_y - I_z}{2}\cos2\alpha + I_{yz}\sin2\alpha \quad （A\text{-}16）$$

$$I_{y_1z_1} = \frac{I_y - I_z}{2}\sin2\alpha + I_{yz}\cos2\alpha \quad （A\text{-}17）$$

式（A-15）～式（A-17）称为惯性矩和惯性积的转轴公式，表示了当坐标轴绕原点 O 点旋转 α 角后惯性矩与惯性积随 α 的变化规律。

将式（A-15）与式（A-16）相加与式（A-8）相比较，可得

$$I_{z_1} + I_{y_1} = I_z + I_y = I_p \quad （A\text{-}18）$$

这说明截面对通过一点的任意一对互相垂直的轴的惯性矩之和是一个常数，而且等于对坐标原点的极惯性矩。

2. 主轴及主惯性矩

由式（A-17）可知，惯性积 $I_{y_1z_1}$ 将随着 α 角做周期性变化，其值有正有负，也可为零。设在 α_0 角位置时，图形对于 y_0、z_0 这对新坐标的惯性积等于零，那么这一对轴就称为主惯性轴，简称主轴。可由下式确定主惯性轴的位置

$$\frac{I_y - I_z}{2}\sin2\alpha_0 + I_{yz}\cos2\alpha_0 = 0 \quad （A\text{-}19）$$

得

$$\tan2\alpha_0 = -\frac{2I_{yz}}{I_y - I_z} \quad （A\text{-}20）$$

由式（A-20）可以求出相差90°的两个角度 α_0，从而确定了主惯性轴 y_0、z_0。对主惯性轴的惯性矩称为主惯性矩，对过形心 C 的主惯性轴称为形心主惯性轴，图形对形心主惯性轴的惯性矩就称为形心主惯性矩。

由式（A-15）和式（A-16）看出，I_{y_1}、I_{z_1} 的值是随 α 角连续变化的，故必有最大值与最小值。根据连续函数在其一阶为零处有极值可确定。

$$\frac{\mathrm{d}I_{y_1}}{\mathrm{d}\alpha} = -(I_y - I_z)\sin2\alpha_1 - 2I_{yz}\cos2\alpha_1 = 0$$

所以

$$\tan 2\alpha_1 = -\frac{2I_{yz}}{I_y - I_z}$$

比较上式和式（A-20）式，可知 $\alpha_1 = \alpha_0$。所以可将 α_0 代入式（A-15）和式（A-16），可得

$$\begin{cases} I_{y_0} = \dfrac{I_y + I_z}{2} + \dfrac{1}{2}\sqrt{(I_y - I_z)^2 + 4I_{yz}^2} \\[3mm] I_{z_0} = \dfrac{I_y + I_z}{2} - \dfrac{1}{2}\sqrt{(I_y - I_z)^2 + 4I_{yz}^2} \end{cases}$$

上式即为过一点 O 坐标轴的惯性矩的最大值与最小值。由于 $\alpha_1 = \alpha_0$，所以通过一点的所有轴来说，对主轴的两个主惯性矩，一个是最大值，另一个是最小值。

从前面学习中知道，当一对坐标轴中有一根轴是截面的对称轴时，截面对这对坐标轴的惯性积等于零。由此知，凡包含一对称轴的一对坐标轴一定是主惯性轴。形心坐标轴中包含对称轴的一对坐标轴一定是形心主轴。

综上所述，主惯性轴就是使得图形的惯性矩取得极值的坐标轴；而主惯性矩就是图形能通过一点的所有坐标轴的惯性矩中的最大值或最小值。

【例 A-7】 求图 A-13 中 L 形平面图形的形心主惯性矩。

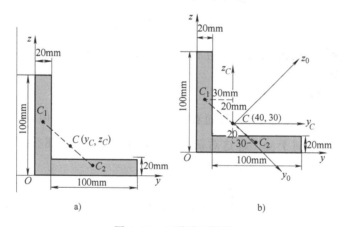

图 A-13　L 形平面图形

【解】 （1）如图 A-13 所示，选坐标 yOz，求形心

$$y_C = \frac{100 \times 20 \times 10 + 100 \times 20 \times 70}{100 \times 20 \times 2}\text{mm} = 40\text{mm}$$

$$z_C = \frac{100 \times 20 \times 50 + 100 \times 20 \times 10}{100 \times 20 \times 2}\text{mm} = 30\text{mm}$$

（2）求 I_{y_C}、I_{z_C}、$I_{y_C z_C}$

$$I_{y_C} = \left(\frac{20 \times 100^3}{12} + 100 \times 20 \times 20^2\right)\text{mm}^4 + \left(\frac{100 \times 20^3}{12} + 100 \times 20 \times 20^2\right)\text{mm}^4$$

$$= 3.33 \times 10^6\text{mm}^4$$

$$I_{z_C} = \left(\frac{100 \times 20^3}{12} + 100 \times 20 \times 30^2 \right) \text{mm}^4 + \left(\frac{20 \times 100^3}{12} + 100 \times 20 \times 20^3 \right) \text{mm}^4$$

$$= 5.33 \times 10^6 \text{mm}^4$$

$$I_{y_C z_C} = 100 \times 20 \times (-30 \times 20)\text{mm}^4 + 100 \times 20 \times (-20 \times 30)\text{mm}^4 = -2.4 \times 10^6 \text{mm}^4$$

（3）求形心主惯性轴

$$\tan 2\alpha_0 = \frac{-2 \times (-2.4)}{3.33 - 5.33} = -2.4$$

$$\alpha_0 = -33.7°$$

（4）求形心主惯性矩

$$\begin{matrix} I_{y_0} \\ I_{z_0} \end{matrix} = \frac{I_y + I_z}{2} \pm \sqrt{\left(\frac{I_y - I_z}{2} \right)^2 + I_{yz}^2}$$

$$= \frac{3.33 + 5.33}{2} \times 10^6 \text{mm}^4 \pm \sqrt{\left(\frac{3.33 - 5.33}{2} \right)^2 \times 10^6 + (-2.4)^2 \times 10^6} \text{mm}^4$$

$$= \begin{matrix} 6.93 \times 10^6 \ \text{mm}^4 \\ 1.73 \times 10^6 \ \text{mm}^4 \end{matrix}$$

要 点 总 结

1. 静矩的计算式为 $S_y = \int_A z \mathrm{d}A$，$S_z = \int_A y \mathrm{d}A$，截面对某轴的静矩为零时，该轴必通过截面形心。

2. 惯性矩

（1）惯性矩 $I_y = \int_A z^2 \mathrm{d}A$，$I_z = \int_A y^2 \mathrm{d}A$。常见图形的惯性矩：

1）矩形，$I_z = \dfrac{bh^3}{12}$，$I_y = \dfrac{hb^3}{12}$。

2）圆形，$I_z = \dfrac{\pi d^4}{64}$。

3）空心圆截形，$I_z = \dfrac{\pi D^4}{64}(1 - \alpha^4)$，$\alpha = \dfrac{d}{D}$。

（2）极惯性矩计算式为 $I_\mathrm{p} = \int_A \rho^2 \mathrm{d}A$，常见图形的极惯性矩：

1）圆形截面的 $I_\mathrm{p} = \dfrac{\pi D^4}{32}$。

2）空心圆截形 $I_\mathrm{p} = \dfrac{\pi D^4}{32}(1 - \alpha^4)$，$\alpha = \dfrac{d}{D}$。

3）惯性积的计算式为 $I_{yz} = \int_A yz \mathrm{d}A$。

3. 平行移轴公式

$$\begin{cases} I_y = I_{y_C} + a^2 A \\ I_z = I_{z_C} + b^2 A \\ I_{yz} = I_{y_C z_C} + abA \end{cases}$$

4. 主惯性轴、主惯性矩

1）主惯性轴（主轴）：使惯性积等于零的正交坐标轴。

2）主惯性矩：截面对主惯性轴的惯性矩。

3）形心主惯性轴：通过形心的主惯性轴。

4）形心主惯性矩：截面对形心主轴的惯性矩。

思 考 题

（1）为什么要研究截面的几何性质？

（2）如图 A-14 所示的矩形截面，z、y 为形心主轴，试问 $A—A$ 线以上面积和以下面积对 z 轴的面积矩有何关系？

（3）如图 A-15 所示，截面图形对 x 轴的惯性矩 I_x 是否可按照 $I_y = \dfrac{bh^3}{12} - \dfrac{b_0 h_0^3}{12}$ 来计算？

（4）判断图 A-16 所示截面的 I_{yz} 的正负。

（5）为什么图形的对称轴一定是形心主轴？

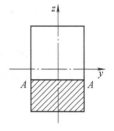

图 A-14　思考题（2）图

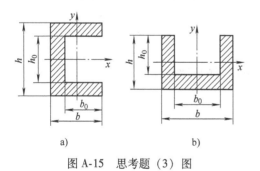

图 A-15　思考题（3）图

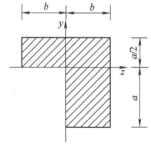

图 A-16　思考题（4）图

习 题

A-1 判断题

（1）图形对任意轴的静矩可正可负，也可以等于零。　　　　　　　　（　）

（2）静矩和惯性矩与截面的材料有关。　　　　　　　　　　　　　　（　）

（3）图形对任意轴的惯性矩恒为正。　　　　　　　　　　　　　　　（　）

（4）圆形截面的直径若增加一倍，则其惯性矩增加一倍。　　　　　　（　）

（5）过截面图形形心的正交坐标轴，都是主惯性轴。　　　　　　　　（　）

A-2　选择题

（1）如图 A-17 所示的截面，其轴惯性矩的关系为（　　）。

A. $I_{z1} = I_{z2}$

B. $I_{z1} > I_{z2}$

C. $I_{z1} < I_{z2}$

D. 不能确定

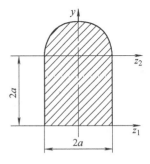

图 A-17　选择题
（1）图

（2）直径为 d 的圆形对其形心轴的惯性半径 i 等于（　　）。

A. $d/2$　　　　　　　　　　　B. $d/4$

C. $d/6$　　　　　　　　　　　D. $d/8$

（3）在 yOz 正交坐标系中，设图形对 y、z 轴的惯性矩分别为 I_y 和 I_z。则图形对坐标原点的极惯性矩为（　　）。

A. $I_{\mathrm{p}} = 0$　　　　　　　　　　B. $I_{\mathrm{p}} = I_z + I_y$

C. $I_{\mathrm{p}} = \sqrt{I_z + I_y}$　　　　　　D. $I_{\mathrm{p}} = I_z^2 + I_y^2$

（4）面积相等的两个图形分别如图 A-18a、b 所示，它们对对称轴 y、z 轴的惯性矩之间的关系为（　　）。

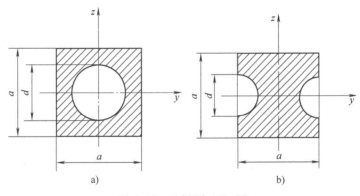

图 A-18　选择题（4）图

A. $I_z^{\mathrm{a}} < I_z^{\mathrm{b}}$，$I_y^{\mathrm{a}} = I_y^{\mathrm{b}}$　　　　　　B. $I_z^{\mathrm{a}} > I_z^{\mathrm{b}}$，$I_y^{\mathrm{a}} = I_y^{\mathrm{b}}$

C. $I_z^{\mathrm{a}} = I_z^{\mathrm{b}}$，$I_y^{\mathrm{a}} < I_y^{\mathrm{b}}$　　　　　　D. $I_z^{\mathrm{a}} = I_z^{\mathrm{b}}$，$I_y^{\mathrm{a}} > I_y^{\mathrm{b}}$

（5）梁的横截面形状如图 A-19 所示，则截面对 z 轴的抗弯截面模量 W_z 为（　　）。

A. $\dfrac{1}{12}(BH^3 - bh^3)$

B. $\dfrac{1}{6}(BH^2 - bh^2)$

C. $\dfrac{1}{6H}(BH^3 - bh^3)$

D. $\dfrac{1}{6h}(BH^3 - bh^3)$

A-3　计算题

（1）求图 A-20 所示半圆的 S_y、S_z 和形心。

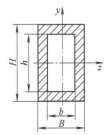

图 A-19　选择题（5）图

（2）求图 A-21 所示图形对 z 轴的惯性矩。

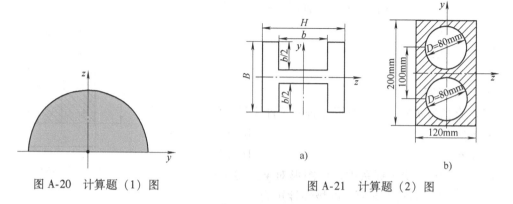

图 A-20　计算题（1）图　　　　　　　图 A-21　计算题（2）图

（3）求图 A-22 所示的正方形截面对其对角线的惯性矩。

（4）求图 A-23 所示带圆孔的圆形截面对 y 轴和 z 轴的惯性矩。

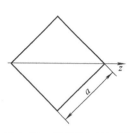

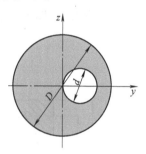

图 A-22　计算题（3）图　　　　　　　图 A-23　计算题（4）图

（5）如图 A-24 所示，由两个 20 号槽钢组成的组合截面，若使截面对两对称轴的惯性矩 I_x 和 I_y 相等，则两槽钢的间距 a 应为多少？

（6）如图 A-25 所示，矩形 $h = 2b = 200\text{mm}$，试求矩形通过坐标原点 O_1 的主惯性轴的位置及主惯性矩。

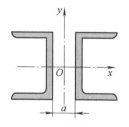

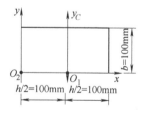

图 A-24　计算题（5）图　　　　　　　图 A-25　计算题（6）图

附录 B　常用材料性能参数

　　材料的性质与其制造工艺、化学成分、内部缺陷、使用温度、受载历史、服役时间、试件尺寸等因素有关。表 B-1 和表 B-2 给出的材料性能参数只是典型范围值，用于实际工程分析或工程设计时，还需咨询材料的制造商或供应商。无特别说明，附表中所给出的弹性模量、屈服强度均指拉伸时的值。

表 B-1　材料的弹性模量、泊松比、密度和热膨胀系数

材料名称		弹性模量 E/GPa	泊松比 μ	密度 $\rho/(kg/m^3)$	热膨胀系数 $\alpha/(10^{-6}/℃)$
铝合金		70 ~ 79	0.33	2600 ~ 2800	23
黄铜		96 ~ 110	0.34	8400 ~ 8600	19.1 ~ 21.2
青铜		96 ~ 120	0.34	8200 ~ 8800	18 ~ 21
铸铁		83 ~ 170	0.2 ~ 0.3	7000 ~ 7400	9.9 ~ 12
混凝土(压)	普通	17 ~ 31	0.1 ~ 0.2	2300	7 ~ 14
	增强			2400	
	轻质			1100 ~ 1800	
铜及其合金		110 ~ 120	0.33 ~ 0.36	8900	16.6 ~ 17.6
玻璃		48 ~ 83	0.17 ~ 0.27	2400 ~ 2800	5 ~ 11
镁合金		41 ~ 45	0.35	1760 ~ 1830	26.1 ~ 28.8
镍合金(蒙乃尔铜)		170	0.32	8800	14
镍		210	0.31	8800	13
塑料	尼龙	2.1 ~ 3.4	0.4	880 ~ 1100	70 ~ 140
	聚乙烯	0.7 ~ 1.4	0.4	960 ~ 1400	140 ~ 290
岩石(压)	花岗岩、大理石、石英石	40 ~ 100	0.2 ~ 0.3	2600 ~ 2900	5 ~ 9
	石灰石、沙石	20 ~ 70	0.2 ~ 0.3	2000 ~ 2900	
橡胶		0.0007 ~ 0.004	0.45 ~ 0.5	960 ~ 1300	130 ~ 200
沙、土壤、砂砾				1200 ~ 2200	
钢	高强钢	190 ~ 210	0.27 ~ 0.30	7850	10 ~ 18 14
	不锈钢				17
	结构钢				12
钛合金		100 ~ 120	0.33	4500	8.1 ~ 11
钨		340 ~ 380	0.2	1900	4.3
木材(弯曲)	杉木	11 ~ 13	—	480 ~ 560	—
	橡木	11 ~ 12		640 ~ 720	
	松木	11 ~ 14		560 ~ 640	

表 B-2　材料的力学性能

材料名称/牌号		屈服强度 σ_s/MPa	抗拉强度 σ_b/MPa	伸长率 δ_5(%)	备注
铝合金		35 ~ 500	100 ~ 550	1 ~ 45	
LY12		274	412	19	硬铝
黄铜		70 ~ 550	200 ~ 620	4 ~ 60	—
青铜		82 ~ 690	200 ~ 830	5 ~ 60	—
铸铁(拉伸)		120 ~ 290	69 ~ 480	0 ~ 1	—
HT150			150		
HT250			250		
铸铁(压缩)		—	340 ~ 1400	—	—
混凝土(压缩)			10 ~ 70	—	—
铜及其合金		55 ~ 760	230 ~ 830	4 ~ 50	
玻璃			30 ~ 1000	0	
平板玻璃			70		—
玻璃纤维			7000 ~ 20000		
镁合金		80 ~ 280	140 ~ 340	2 ~ 20	—
镍合金(蒙乃尔铜)		170 ~ 1100	450 ~ 1200	2 ~ 50	—
镍		100 ~ 620	310 ~ 760	2 ~ 50	—
塑料	尼龙	—	40 ~ 80	20 ~ 100	—
	聚乙烯		7 ~ 28	15 ~ 300	
岩石(压缩)	花岗岩、大理石、石英石	—	50 ~ 280	—	
	石灰石、沙石		20 ~ 200		
橡胶		1 ~ 7	7 ~ 20	100 ~ 800	—
普通碳素钢	Q215	215	335 ~ 450	26 ~ 31	旧牌号 A2
	Q235	235	375 ~ 500	21 ~ 26	旧牌号 A3
	Q255	255	410 ~ 550	19 ~ 24	旧牌号 A4
	Q275	275	490 ~ 630	15 ~ 20	旧牌号 A5
优质碳素钢	25	275	450	23	25 号钢
	35	315	530	20	35 号钢
	45	355	600	16	45 号钢
	55	380	645	13	55 号钢
低合金钢	15MnV	390	530	18	15 锰钒
	16Mn	345	510	21	16 锰
合金钢	20Cr	540	835	10	20 铬
	40Cr	785	980	9	40 铬
30CrMnSi		885	1080	10	30 铬锰硅
铸钢	ZG200 - 400	200	400	25	—
	ZG270 - 500	270	500	18	
钢线		280 ~ 1000	550 ~ 1400	5 ~ 40	—
钛合金		760 ~ 1000	900 ~ 1200	10	—
钨		—	1400 ~ 4000	0 ~ 4	—
木材(弯曲)	杉木	30 ~ 50	40 ~ 70	—	
	橡木	30 ~ 40	30 ~ 50		
	松木	30 ~ 50	40 ~ 70		

附录 C　型钢规格表

表 C-1　热轧工字钢

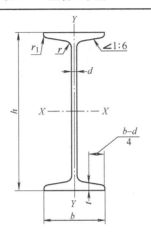

h——高度

b——腿宽度

d——腰厚度

t ——平均腿厚度

r——内圆弧半径

r_1——腿端圆弧半径

型号	截面尺寸/mm						截面面积/cm²	理论质量/(kg/m)	惯性矩/cm⁴		惯性半径/cm		截面模数/cm³	
	h	b	d	t	r	r_1			I_x	I_y	i_x	i_y	W_x	W_y
10	100	68	4.5	7.6	6.5	3.3	14.345	11.261	245	33.0	4.14	1.52	49.0	9.72
12	120	74	5.0	8.4	7.0	3.5	17.818	13.987	436	46.9	4.95	1.62	72.7	12.7
12.6	126	74	5.0	8.4	7.0	3.5	18.118	14.223	488	46.9	5.20	1.61	77.5	12.7
14	140	80	5.5	9.1	7.5	3.8	21.516	16.890	712	64.4	5.76	1.73	102	16.1
16	160	88	6.0	9.9	8.0	4.0	26.131	20.513	1130	93.1	6.58	1.89	141	21.2
18	180	94	6.5	10.7	8.5	4.3	30.756	24.143	1660	122	7.36	2.00	185	26.0
20a	200	100	7.0	11.4	9.0	4.5	35.578	27.929	2370	158	8.15	2.12	237	31.5
20b	200	102	9.0	11.4	9.0	4.5	39.578	31.069	2500	169	7.96	2.06	250	33.1
22a	220	110	7.5	12.3	9.5	4.8	42.128	33.070	3400	225	8.99	2.31	309	40.9
22b	220	112	9.5	12.3	9.5	4.8	46.528	36.524	3570	239	8.78	2.27	325	42.7
24a	240	116	8.0	13.0	10.0	5.0	47.741	37.477	4570	280	9.77	2.42	381	48.4
24b	240	118	10.0	13.0	10.0	5.0	52.541	41.245	4800	297	9.57	2.38	400	50.4
25a	250	116	8.0	13.0	10.0	5.0	48.541	38.105	5020	280	10.2	2.40	402	48.3
25b	250	118	10.0	13.0	10.0	5.0	53.541	42.030	5280	309	9.94	2.40	423	52.4

（续）

型号	截面尺寸/mm						截面面积/cm²	理论质量/(kg/m)	惯性矩/cm⁴		惯性半径/cm		截面模数/cm³	
	h	b	d	t	r	r_1			I_x	I_y	i_x	i_y	W_x	W_y
27a	270	122	8.5	13.7	10.5	5.3	54.554	42.825	6550	345	10.9	2.51	485	56.6
27b		124	10.5				59.954	47.064	6870	366	10.7	2.47	509	58.9
28a	280	122	8.5	13.7	10.5	5.3	55.404	43.492	7110	345	11.3	2.50	508	56.6
28b		124	10.5				61.004	47.888	7480	379	11.1	2.49	534	61.2
30a	300	126	9.0	14.4	11.0	5.5	61.254	48.084	8950	400	12.1	2.55	597	63.5
30b		128	11.0				67.254	52.794	9400	422	11.8	2.50	627	65.9
30c		130	13.0				73.254	57.504	9850	445	11.6	2.46	657	68.5
32a	320	130	9.5	15.0	11.5	5.8	67.156	52.717	11100	460	12.8	2.62	692	70.8
32b		132	11.5				73.556	57.741	11600	502	12.6	2.61	726	76.0
32c		134	13.5				79.956	62.765	12200	544	12.3	2.61	760	81.2
36a	360	136	10.0	15.8	12.0	6.0	76.480	60.037	15800	552	14.4	2.69	875	81.2
36b		138	12.0				83.680	65.689	16500	582	14.1	2.64	919	84.3
36c		140	14.0				90.880	71.341	17300	612	13.8	2.60	962	87.4
40a	400	142	10.5	16.5	12.5	6.3	86.112	67.598	21700	660	15.9	2.77	1090	93.2
40b		144	12.5				94.112	73.878	22800	692	15.6	2.71	1140	96.2
40c		146	14.5				102.112	80.158	23900	727	15.2	2.65	1190	99.6
45a	450	150	11.5	18.0	13.5	6.8	102.446	80.420	32200	855	17.7	2.89	1430	114
45b		152	13.5				111.446	87.485	33800	894	17.4	2.84	1500	118
45c		154	15.5				120.446	94.550	35300	938	17.1	2.79	1570	122
50a	500	158	12.0	20.0	14.0	7.0	119.304	93.654	46500	1120	19.7	3.07	1860	142
50b		160	14.0				129.304	101.504	48600	1170	19.4	3.01	1940	146
50c		162	16.0				139.304	109.354	50600	1220	19.0	2.96	2080	151
55a	550	166	12.5	21.0	14.5	7.3	134.185	105.335	62900	1370	21.6	3.19	2290	164
55b		168	14.5				145.185	113.970	65600	1420	21.2	3.14	2390	170
55c		170	16.5				156.185	122.605	68400	1480	20.9	3.08	2490	175
56a	560	166	12.5	21.0	14.5	7.3	135.435	106.316	65600	1370	22.0	3.18	2340	165
56b		168	14.5				146.635	115.108	68500	1490	21.6	3.16	2450	174
56c		170	16.5				157.835	123.900	71400	1560	21.3	3.16	2550	183
63a	630	176	13.0	22.0	15.0	7.5	154.658	121.407	93900	1700	24.5	3.31	2980	193
63b		178	15.0				167.258	131.298	98100	1810	24.2	3.29	3160	204
63c		180	17.0				179.858	141.189	102000	1920	23.8	3.27	3300	214

注：表中 r、r_1 的数据用于孔型设计，不做交货条件。

表 C-2　热轧槽钢

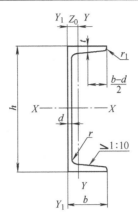

h——高度
b——腿宽度
d——腰厚度
t——平均腿厚度
r——内圆弧半径
r_1——腿端圆弧半径
Z_0——YY 轴与 Y_1Y_1 轴间距

型号	截面尺寸/mm						截面面积/cm²	理论质量/(kg/m)	惯性矩/cm⁴			惯性半径/cm		截面模数/cm³		重心距离/cm
	h	b	d	t	r	r_1			I_x	I_y	I_{y1}	i_x	i_y	W_x	W_y	Z_0
5	50	37	4.5	7.0	7.0	3.5	6.928	5.438	26.0	8.30	20.9	1.94	1.10	10.4	3.55	1.35
6.3	63	40	4.8	7.5	7.5	3.8	8.451	6.634	50.8	11.9	28.4	2.45	1.19	16.1	4.50	1.36
6.5	65	40	4.3	7.5	7.5	3.8	8.547	6.709	55.2	12.0	28.3	2.54	1.19	17.0	4.59	1.38
8	80	43	5.0	8.0	8.0	4.0	10.248	8.045	101	16.6	37.4	3.15	1.27	25.3	5.79	1.43
10	100	48	5.3	8.5	8.5	4.2	12.748	10.007	198	25.6	54.9	3.95	1.41	39.7	7.80	1.52
12	120	53	5.5	9.0	9.0	4.5	15.362	12.059	346	37.4	77.7	4.75	1.56	57.7	10.2	1.62
12.6	126	53	5.5	9.0	9.0	4.5	15.692	12.318	391	38.0	77.1	4.95	1.57	62.1	10.2	1.59
14a	140	58	6.0	9.5	9.5	4.8	18.516	14.535	564	53.2	107	5.52	1.70	80.5	13.0	1.71
14b		60	8.0				21.316	16.733	609	61.1	121	5.35	1.69	87.1	14.1	1.67
16a	160	63	6.5	10.0	10.0	5.0	21.962	17.24	866	73.3	144	6.28	1.83	108	16.3	1.80
16b		65	8.5				25.162	19.752	935	83.4	161	6.10	1.82	117	17.6	1.75
18a	180	68	7.0	10.5	10.5	5.2	25.699	20.174	1270	98.6	190	7.04	1.96	141	20.0	1.88
18b		70	9.0				29.299	23.000	1370	111	210	6.84	1.95	152	21.5	1.84

（续）

型号	截面尺寸/mm						截面面积/cm²	理论质量/(kg/m)	惯性矩/cm⁴			惯性半径/cm		截面模数/cm³		重心距离/cm
	h	b	d	t	r	r_1			I_x	I_y	I_{y1}	i_x	i_y	W_x	W_y	Z_0
20a	200	73	7.0	11.0	11.0	5.5	28.837	22.637	1780	128	244	7.86	2.11	178	24.2	2.01
20b		75	9.0				32.837	25.777	1910	144	268	7.64	2.09	191	25.9	1.95
22a	220	77	7.0	11.5	11.5	5.8	31.846	24.999	2390	158	298	8.67	2.23	218	28.2	2.10
22b		79	9.0				36.246	28.453	2570	176	326	8.42	2.21	234	30.1	2.03
24a	240	78	7.0	12.0	12.0	6.0	34.217	26.860	3050	174	325	9.45	2.25	254	30.5	2.10
24b		80	9.0				39.017	30.628	3280	194	355	9.17	2.23	274	32.5	2.03
24c		82	11.0				43.817	34.396	3510	213	388	8.96	2.21	293	34.4	2.00
25a	250	78	7.0				34.917	27.410	3370	176	322	9.82	2.24	270	30.6	2.07
25b		80	9.0				39.917	31.335	3530	196	353	9.41	2.22	282	32.7	1.98
25c		82	11.0				44.917	35.260	3690	218	384	9.07	2.21	295	35.9	1.92
27a	270	82	7.5	12.5	12.5	6.2	39.284	30.838	4360	216	393	10.5	2.34	323	35.5	2.13
27b		84	9.5				44.684	35.077	4690	239	428	10.3	2.31	347	37.7	2.06
27c		86	11.5				50.084	39.316	5020	261	467	10.1	2.28	372	39.8	2.03
28a	280	82	7.5				40.034	31.427	4760	218	388	10.9	2.33	340	35.7	2.10
28b		84	9.5				45.634	35.823	5130	242	428	10.6	2.30	366	37.9	2.02
28c		86	11.5				51.234	40.219	5500	268	463	10.4	2.29	393	40.3	1.95
30a	300	85	7.5	13.5	13.5	6.8	43.902	34.463	6050	260	467	11.7	2.43	403	41.1	2.17
30b		87	9.5				49.902	39.173	6500	289	515	11.4	2.41	433	44.0	2.13
30c		89	11.5				55.902	43.883	6950	316	560	11.2	2.38	463	46.4	2.09
32a	320	88	8.0	14.0	14.0	7.0	48.513	38.083	7600	305	552	12.5	2.50	475	46.5	2.24
32b		90	10.0				54.913	43.107	8140	336	593	12.2	2.47	509	49.2	2.16
32c		92	12.0				61.313	48.131	8690	374	643	11.9	2.47	543	52.6	2.09
36a	360	96	9.0	16.0	16.0	8.0	60.910	47.814	11900	455	818	14.0	2.73	660	63.5	2.44
36b		98	11.0				68.110	53.466	12700	497	880	13.6	2.70	703	66.9	2.37
36c		100	13.0				75.310	59.118	13400	536	948	13.4	2.67	746	70.0	2.34
40a	400	100	10.5	18.0	18.0	9.0	75.068	58.928	17600	592	1070	15.3	2.81	879	78.8	2.49
40b		102	12.5				83.068	65.208	18600	640	114	15.0	2.78	932	82.5	2.44
40c		104	14.5				91.068	71.488	19700	688	1220	14.7	2.75	986	86.2	2.42

注：表中 r、r_1 的数据用于孔型设计，不做交货条件。

表 C-3　热轧等边角钢

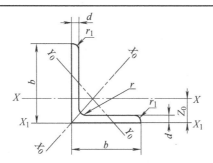

b——边宽度

d——边厚度

r——内圆弧半径

r_1——边端圆弧半径

Z_0——重心距离

型号	截面尺寸/mm			截面面积/cm²	理论质量/(kg/m)	外表面积/(m²/m)	惯性矩/cm⁴				惯性半径/cm			截面模数/cm³			重心距离/cm
	b	d	r				I_x	I_{x1}	I_{x0}	I_{y0}	i_x	i_{x0}	i_{y0}	W_x	W_{x0}	W_{y0}	Z_0
2	20	3	3.5	1.132	0.889	0.078	0.40	0.81	0.63	0.17	0.59	0.75	0.39	0.29	0.45	0.20	0.60
		4		1.459	1.145	0.077	0.50	1.09	0.78	0.22	0.58	0.73	0.38	0.36	0.55	0.24	0.64
2.5	25	3		1.432	1.124	0.098	0.82	1.57	1.29	0.34	0.76	0.95	0.49	0.46	0.73	0.33	0.73
		4		1.859	1.459	0.097	1.03	2.11	1.62	0.43	0.74	0.93	0.48	0.59	0.92	0.40	0.76
3.0	30	3		1.749	1.373	0.117	1.46	2.71	2.31	0.61	0.91	1.15	0.59	0.68	1.09	0.51	0.85
		4		2.276	1.786	0.117	1.84	3.63	2.92	0.77	0.90	1.13	0.58	0.87	1.37	0.62	0.89
3.6	36	3	4.5	2.109	1.656	0.141	2.58	4.68	4.09	1.07	1.11	1.39	0.71	0.99	1.61	0.76	1.00
		4		2.756	2.163	0.141	3.29	6.25	5.22	1.37	1.09	1.38	0.70	1.28	2.05	0.93	1.04
		5		3.382	2.654	0.141	3.95	7.84	6.24	1.65	1.08	1.36	0.70	1.56	2.45	1.00	1.07
4	40	3		2.359	1.852	0.157	3.59	6.41	5.69	1.49	1.23	1.55	0.79	1.23	2.01	0.96	1.09
		4		3.086	2.422	0.157	4.60	8.56	7.29	1.91	1.22	1.54	0.79	1.60	2.58	1.19	1.13
		5		3.791	2.976	0.156	5.53	10.74	8.76	2.30	1.21	1.52	0.78	1.96	3.10	1.39	1.17
4.5	45	3	5	2.659	2.088	0.177	5.17	9.12	8.20	2.14	1.40	1.76	0.89	1.58	2.58	1.24	1.22
		4		3.486	2.736	0.177	6.65	12.18	10.56	2.75	1.38	1.74	0.89	2.05	3.32	1.54	1.26
		5		4.292	3.369	0.176	8.04	15.2	12.74	3.33	1.37	1.72	0.88	2.51	4.00	1.81	1.30
		6		5.076	3.985	0.176	9.33	18.36	14.76	3.89	1.36	1.70	0.8	2.95	4.64	2.06	1.33
5	50	3	5.5	2.971	2.332	0.197	7.18	12.5	11.37	2.98	1.55	1.96	1.00	1.96	3.22	1.57	1.34
		4		3.897	3.059	0.197	9.26	16.69	14.70	3.82	1.54	1.94	0.99	2.56	4.16	1.96	1.38
		5		4.803	3.770	0.196	11.21	20.90	17.79	4.64	1.53	1.92	0.98	3.13	5.03	2.31	1.42
		6		5.688	4.465	0.196	13.05	25.14	20.68	5.42	1.52	1.91	0.98	3.68	5.85	2.63	1.46

（续）

型号	截面尺寸/mm			截面面积/cm²	理论质量/(kg/m)	外表面积/(m²/m)	惯性矩/cm⁴				惯性半径/cm			截面模数/cm³			重心距离/cm
	b	d	r				I_x	I_{x1}	I_{x0}	I_{y0}	i_x	i_{x0}	i_{y0}	W_x	W_{x0}	W_{y0}	Z_0
5.6	56	3	6	3.343	2.624	0.221	10.19	17.56	16.14	4.24	1.75	2.20	1.13	2.48	4.08	2.02	1.48
		4		4.390	3.446	0.220	13.18	23.43	20.92	5.46	1.73	2.18	1.11	3.24	5.28	2.52	1.53
		5		5.415	4.251	0.220	16.02	29.33	25.42	6.61	1.72	2.17	1.10	3.97	6.42	2.98	1.57
		6		6.420	5.040	0.220	18.69	35.26	29.66	7.73	1.71	2.15	1.10	4.68	7.49	3.40	1.61
		7		7.404	5.812	0.219	21.23	41.23	33.63	8.82	1.69	2.13	1.09	5.36	8.49	3.80	1.64
		8		8.367	6.568	0.219	23.63	47.24	37.37	9.89	1.68	2.11	1.09	6.03	9.44	4.16	1.68
6	60	5	6.5	5.829	4.576	0.236	19.89	36.05	31.57	8.21	1.85	2.33	1.19	4.59	7.44	3.48	1.67
		6		6.914	5.427	0.235	23.25	43.33	36.89	9.60	1.83	2.31	1.18	5.41	8.70	3.98	1.70
		7		7.977	6.262	0.235	26.44	50.65	41.92	10.96	1.82	2.29	1.17	6.21	9.88	4.45	1.74
		8		9.020	7.081	0.235	29.47	58.02	46.66	12.28	1.81	2.27	1.17	6.98	11.00	4.88	1.78
6.3	63	4	7	4.978	3.907	0.248	19.03	33.35	30.17	7.89	1.96	2.46	1.26	4.13	6.78	3.29	1.70
		5		6.143	4.822	0.248	23.17	41.73	36.77	9.57	1.94	2.45	1.25	5.08	8.25	3.90	1.74
		6		7.288	5.721	0.247	27.12	50.14	43.03	11.20	1.93	2.43	1.24	6.00	9.66	4.46	1.78
		7		8.412	6.603	0.247	30.87	58.60	48.96	12.79	1.92	2.41	1.23	6.88	10.99	4.98	1.82
		8		9.515	7.469	0.247	34.46	67.11	54.56	14.33	1.90	2.40	1.23	7.75	12.25	5.47	1.85
		10		11.657	9.151	0.246	41.09	84.31	64.85	17.33	1.88	2.36	1.22	9.39	14.56	6.36	1.93
7	70	4	8	5.570	4.372	0.275	26.39	45.74	41.80	10.99	2.18	2.74	1.40	5.14	8.44	4.17	1.86
		5		6.875	5.397	0.275	32.21	57.21	51.08	13.31	2.16	2.73	1.39	6.32	10.32	4.95	1.91
		6		8.160	6.406	0.275	37.77	68.73	59.93	15.61	2.15	2.71	1.38	7.48	12.11	5.67	1.95
		7		9.424	7.398	0.275	43.09	80.29	68.35	17.82	2.14	2.69	1.38	8.59	13.81	6.34	1.99
		8		10.667	8.373	0.274	48.17	91.92	76.37	19.98	2.12	2.68	1.37	9.68	15.43	6.98	2.03
7.5	75	5	9	7.412	5.818	0.295	39.97	70.56	63.30	16.63	2.33	2.92	1.50	7.32	11.94	5.77	2.04
		6		8.797	6.905	0.294	46.95	84.55	74.38	19.51	2.31	2.90	1.49	8.64	14.02	6.67	2.07
		7		10.160	7.976	0.294	53.57	98.71	84.96	22.18	2.30	2.89	1.48	9.93	16.02	7.44	2.11
		8		11.503	9.030	0.294	59.96	112.97	95.07	24.86	2.28	2.88	1.47	11.20	17.93	8.19	2.15
		9		12.825	10.068	0.294	66.10	127.30	104.71	27.48	2.27	2.86	1.46	12.43	19.75	8.89	2.18
		10		14.126	11.089	0.293	71.98	141.71	113.92	30.05	2.26	2.84	1.46	13.64	21.48	9.56	2.22
8	80	5	9	7.912	6.211	0.315	48.79	85.36	77.33	20.25	2.48	3.13	1.60	8.34	13.67	6.66	2.15
		6		9.397	7.376	0.314	57.35	102.50	90.98	23.72	2.47	3.11	1.59	9.87	16.08	7.65	2.19
		7		10.860	8.525	0.314	65.58	119.70	104.07	27.09	2.46	3.10	1.58	11.37	18.40	8.58	2.23
		8		12.303	9.658	0.314	73.49	136.97	116.60	30.39	2.44	3.08	1.57	12.83	20.61	9.46	2.27
		9		13.725	10.774	0.314	81.11	154.31	128.60	33.61	2.43	3.06	1.56	14.25	22.73	10.29	2.31
		10		15.126	11.874	0.313	88.43	171.74	140.09	36.77	2.42	3.04	1.56	15.64	24.76	11.08	2.35

（续）

型号	截面尺寸/mm			截面面积/cm²	理论质量/(kg/m)	外表面积/(m²/m)	惯性矩/cm⁴				惯性半径/cm			截面模数/cm³			重心距离/cm
	b	d	r				I_x	I_{x1}	I_{x0}	I_{y0}	i_x	i_{x0}	i_{y0}	W_x	W_{x0}	W_{y0}	Z_0
9	90	6	10	10.637	8.350	0.354	82.77	145.87	131.26	34.28	2.79	3.51	1.80	12.61	20.63	9.95	2.44
		7		12.301	9.656	0.354	94.83	170.30	150.47	39.18	2.78	3.50	1.78	14.54	23.64	11.19	2.48
		8		13.944	10.946	0.353	106.47	194.80	168.97	43.97	2.76	3.48	1.78	16.42	26.55	12.35	2.52
		9		15.566	12.219	0.353	117.72	219.39	186.77	48.66	2.75	3.46	1.77	18.27	29.35	13.46	2.56
		10		17.167	13.476	0.353	128.58	244.07	203.90	53.26	2.74	3.45	1.76	20.07	32.04	14.52	2.59
		12		20.306	15.940	0.352	149.22	293.76	236.21	62.22	2.71	3.41	1.75	23.57	37.12	16.49	2.67
10	100	6	12	11.932	9.366	0.393	114.95	200.07	181.98	47.92	3.10	3.90	2.00	15.68	25.74	12.69	2.67
		7		13.796	10.830	0.393	131.86	233.54	208.97	54.74	3.09	3.89	1.99	18.10	29.55	14.26	2.71
		8		15.638	12.276	0.393	148.24	267.09	235.07	61.41	3.08	3.88	1.98	20.47	33.24	15.75	2.76
		9		17.462	13.708	0.392	164.12	300.73	260.30	67.95	3.07	3.86	1.97	22.79	36.81	17.18	2.80
		10		19.261	15.120	0.392	179.51	334.48	284.68	74.35	3.05	3.84	1.96	25.06	40.26	18.54	2.84
		12		22.800	17.898	0.391	208.90	402.34	330.95	86.84	3.03	3.81	1.95	29.48	46.80	21.08	2.91
		14		26.256	20.611	0.391	236.53	470.75	374.06	99.00	3.00	3.77	1.94	33.73	52.90	23.44	2.99
		16		29.627	23.257	0.390	262.53	539.80	414.16	110.89	2.98	3.74	1.94	37.82	58.57	25.63	3.06
11	110	7		15.196	11.928	0.433	177.16	310.64	280.94	73.38	3.41	4.30	2.20	22.05	36.12	17.51	2.96
		8		17.238	13.535	0.433	199.46	355.20	316.49	82.42	3.40	4.28	2.19	24.95	40.69	19.39	3.01
		10		21.261	16.690	0.432	242.19	444.65	384.39	99.98	3.38	4.25	2.17	30.60	49.42	22.91	3.09
		12		25.200	19.782	0.431	282.55	534.60	448.17	116.93	3.35	4.22	2.15	36.05	57.62	26.15	3.16
		14		29.056	22.809	0.431	320.71	625.16	508.01	133.40	3.32	4.18	2.14	41.31	65.31	29.14	3.24
12.5	125	8		19.750	15.504	0.492	297.03	521.01	470.89	123.16	3.88	4.88	2.50	32.52	53.28	25.86	3.37
		10		24.373	19.133	0.491	361.67	651.93	573.89	149.46	3.85	4.85	2.48	39.97	64.93	30.62	3.45
		12		28.912	22.696	0.491	423.16	783.42	671.44	174.88	3.83	4.82	2.46	41.17	75.96	35.03	3.53
		14		33.367	26.193	0.490	481.65	915.61	763.73	199.57	3.80	4.78	2.45	54.16	86.41	39.13	3.61
		16		37.739	29.625	0.489	537.31	1048.62	850.98	223.65	3.77	4.75	2.43	60.93	96.28	42.96	3.68
14	140	10	14	27.373	21.488	0.551	514.65	915.11	817.27	212.04	4.34	5.46	2.78	50.58	82.56	39.20	3.82
		12		32.512	25.522	0.551	603.68	1099.28	958.79	248.57	4.31	5.43	2.76	59.80	96.85	45.02	3.90
		14		37.567	29.490	0.550	688.81	1284.22	1093.56	284.06	4.28	5.40	2.75	68.75	110.47	50.45	3.98
		16		42.539	33.393	0.549	770.24	1470.07	1221.81	318.67	4.26	5.36	2.74	77.46	123.42	55.55	4.06
15	150	8		23.750	18.644	0.592	521.37	899.55	827.49	215.25	4.69	5.90	3.01	47.36	78.02	38.14	3.99
		10		29.373	23.058	0.591	637.50	1125.09	1012.79	262.21	4.66	5.87	2.99	58.35	95.49	45.51	4.08
		12		34.912	27.406	0.591	748.85	1351.26	1189.97	307.73	4.63	5.84	2.97	69.04	112.19	52.38	4.15
		14		40.367	31.688	0.590	855.64	1578.25	1359.30	351.98	4.60	5.80	2.95	79.45	128.16	58.83	4.23
		15		43.063	33.804	0.590	907.39	1692.10	1441.09	373.69	4.59	5.78	2.95	84.56	135.87	61.90	4.27
		16		45.739	35.905	0.589	958.08	1806.21	1521.02	395.14	4.58	5.77	2.94	89.59	143.40	64.89	4.31

（续）

型号	截面尺寸/mm			截面面积/cm²	理论质量/(kg/m)	外表面积/(m²/m)	惯性矩/cm⁴				惯性半径/cm			截面模数/cm³			重心距离/cm
	b	d	r				I_x	I_{x1}	I_{x0}	I_{y0}	i_x	i_{x0}	i_{y0}	W_x	W_{x0}	W_{y0}	Z_0
16	160	10	16	31.502	24.729	0.630	779.53	1365.33	1237.30	321.76	4.98	6.27	3.20	66.70	109.36	52.76	4.31
		12		37.441	29.391	0.630	916.58	1639.57	1455.68	377.49	4.95	6.24	3.18	78.98	128.67	60.74	4.39
		14		43.296	33.987	0.629	1048.36	1914.68	1665.02	431.70	4.92	6.20	3.16	90.95	147.17	68.24	4.47
		16		49.067	38.518	0.629	1175.08	2190.82	1865.57	484.59	4.89	6.17	3.14	102.63	164.89	75.31	4.55
18	180	12	16	42.241	33.159	0.710	1321.35	2332.80	2100.10	542.61	5.59	7.05	3.58	100.82	165.00	78.41	4.89
		14		48.896	38.383	0.709	1514.48	2723.48	2407.42	621.53	5.56	7.02	3.56	116.25	189.14	88.38	4.97
		16		55.467	43.542	0.709	1700.99	3115.29	2703.37	698.60	5.54	6.98	3.55	131.13	212.40	97.83	5.05
		18		61.055	48.634	0.708	1875.12	3502.43	2988.24	762.01	5.50	6.94	3.51	145.64	234.78	105.14	5.13
20	200	14	18	54.642	42.894	0.788	2103.55	3734.10	3343.26	863.83	6.20	7.82	3.98	144.70	236.40	111.82	5.46
		16		62.013	48.680	0.788	2366.15	4270.39	3760.89	971.41	6.18	7.79	3.96	163.65	265.93	123.96	5.54
		18		69.301	54.401	0.787	2620.64	4808.13	4164.54	1076.74	6.15	7.75	3.94	182.22	294.48	135.52	5.62
		20		76.505	60.056	0.787	2867.30	5347.51	4554.55	1180.04	6.12	7.72	3.93	200.42	322.06	146.55	5.69
		24		90.661	71.168	0.785	3338.25	6457.16	5294.97	1381.53	6.07	7.64	3.90	236.17	374.41	166.65	5.87
22	220	16	21	68.664	53.901	0.866	3187.36	5681.62	5063.73	1310.99	6.81	8.59	4.37	199.55	325.51	153.81	6.03
		18		76.752	60.250	0.866	3534.30	6395.93	5615.32	1453.27	6.79	8.55	4.35	222.37	360.97	168.29	6.11
		20		84.756	66.533	0.865	3871.49	7112.04	6150.08	1592.90	6.76	8.52	4.34	244.77	395.34	182.16	6.18
		22		92.676	72.751	0.865	4199.23	7830.19	6668.37	1730.10	6.73	8.48	4.32	266.78	428.66	195.45	6.26
		24		100.512	78.902	0.864	4517.83	8550.57	7170.55	1865.11	6.70	8.45	4.31	288.39	460.94	208.21	6.33
		26		108.264	84.987	0.864	4827.58	9273.39	7656.98	1998.17	6.68	8.41	4.30	309.62	492.21	220.49	6.41
25	250	18	24	87.842	68.956	0.985	5286.22	9379.11	8369.04	2167.41	7.74	9.76	4.97	290.12	473.42	224.03	6.84
		20		97.045	76.180	0.984	5779.34	10426.97	9181.94	2376.74	7.72	9.73	4.95	319.66	519.41	242.85	6.92
		24		115.201	90.433	0.983	6763.93	12529.74	10742.67	2785.19	7.66	9.66	4.92	377.34	607.70	278.38	7.07
		26		124.154	97.461	0.982	7238.08	13585.18	11491.33	2984.84	7.63	9.62	4.90	405.50	650.05	295.19	7.15
		28		133.022	104.422	0.982	7700.60	14643.62	12219.39	3181.81	7.61	9.58	4.89	433.22	691.23	311.42	7.22
		30		141.807	111.318	0.981	8151.80	15705.30	12927.26	3376.34	7.58	9.55	4.88	460.51	731.28	327.12	7.30
		32		150.508	118.149	0.981	8592.01	16770.41	13615.32	3568.71	7.56	9.51	4.87	487.39	770.20	342.33	7.37
		35		163.402	128.271	0.980	9232.44	18374.95	14611.16	3853.72	7.52	9.46	4.86	526.97	826.53	364.30	7.48

注：截面图中的 $r_1 = 1/3d$ 及表中 r 的数据用于孔型设计，不做交货条件。

表C-4　热轧不等边角钢

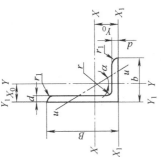

B — 长边宽度
b — 短边宽度
d — 边厚度
r — 内圆弧半径
r₁ — 边端圆弧半径
X₀ — 重心距离
Y₀ — 重心距离

型号	截面尺寸/mm B	b	d	r	截面面积 /cm²	理论质量 /(kg/m)	外表面积 /(m²/m)	惯性矩/cm⁴ I_x	I_{x1}	I_y	I_{y1}	I_u	惯性半径/cm i_x	i_y	i_u	截面模数/cm³ W_x	W_y	W_u	$\tan\alpha$	重心距离/cm X_0	Y_0
2.5/1.6	25	16	3	3.5	1.162	0.912	0.080	0.70	1.56	0.22	0.43	0.14	0.78	0.44	0.34	0.43	0.19	0.16	0.392	0.42	0.86
			4		1.499	1.176	0.079	0.88	2.09	0.27	0.59	0.17	0.77	0.43	0.34	0.55	0.24	0.20	0.381	0.46	1.86
3.2/2	32	20	3		1.492	1.171	0.102	1.53	3.27	0.46	0.82	0.28	1.01	0.55	0.43	0.72	0.30	0.25	0.382	0.49	0.90
			4		1.939	1.522	0.101	1.93	4.37	0.57	1.12	0.35	1.00	0.54	0.42	0.93	0.39	0.32	0.374	0.53	1.08
4/2.5	40	25	3	4	1.890	1.484	0.127	3.08	5.39	0.93	1.59	0.56	1.28	0.70	0.54	1.15	0.49	0.40	0.385	0.59	1.12
			4		2.467	1.936	0.127	3.93	8.53	1.18	2.14	0.71	1.36	0.69	0.54	1.49	0.63	0.52	0.381	0.63	1.32

（续）

型号	截面尺寸/mm B	b	d	r	截面面积/cm²	理论质量/(kg/m)	外表面积/(m²/m)	惯性矩/cm⁴ I_x	I_{x1}	I_y	I_{y1}	I_u	惯性半径/cm i_x	i_y	i_u	截面模数/cm³ W_x	W_y	W_u	$\tan\alpha$	重心距离/cm X_0	Y_0
4.5/2.8	45	28	3	5	2.149	1.687	0.143	4.45	9.10	1.34	2.23	0.80	1.44	0.79	0.61	1.47	0.62	0.51	0.383	0.64	1.37
			4		2.806	2.203	0.143	5.69	12.13	1.70	3.00	1.02	1.42	0.78	0.60	1.91	0.80	0.66	0.380	0.68	1.47
5/3.2	50	32	3	5.5	2.431	1.908	0.161	6.24	12.49	2.02	3.31	1.20	1.60	0.91	0.70	1.84	0.82	0.68	0.404	0.73	1.51
			4		3.177	2.494	0.160	8.02	16.65	2.58	4.45	1.53	1.59	0.90	0.69	2.39	1.06	0.87	0.402	0.77	1.60
5.6/3.6	56	36	3	6	2.743	2.153	0.181	8.88	17.54	2.92	4.70	1.73	1.80	1.03	0.79	2.32	1.05	0.87	0.408	0.80	1.65
			4		3.590	2.818	0.180	11.45	23.39	3.76	6.33	2.23	1.79	1.02	0.79	3.03	1.37	1.13	0.408	0.85	1.78
			5		4.415	3.466	0.180	13.86	29.25	4.49	7.94	2.67	1.77	1.01	0.78	3.71	1.65	1.36	0.404	0.88	1.82
6.3/4	63	40	4	7	4.058	3.185	0.202	16.49	33.30	5.23	8.63	3.12	2.02	1.14	0.88	3.87	2.07	1.71	0.398	0.92	1.87
			5		4.993	3.920	0.202	20.02	41.63	6.31	10.86	3.76	2.00	1.12	0.87	4.74	2.43	1.99	0.396	0.95	2.04
			6		5.908	4.638	0.201	23.36	49.98	7.29	13.12	4.34	1.96	1.11	0.86	5.59	2.78	2.29	0.393	0.99	2.08
			7		6.802	5.339	0.201	26.53	58.07	8.24	15.47	4.97	1.98	1.10	0.86	6.40	3.12	2.74	0.389	1.03	2.12
7/4.5	70	45	4	7.5	4.547	3.570	0.226	23.17	45.92	7.55	12.26	4.40	2.26	1.29	0.98	4.86	2.17	1.77	0.410	1.02	2.15
			5		5.609	4.403	0.225	27.95	57.10	9.13	15.39	5.40	2.23	1.28	0.98	5.92	2.65	2.19	0.407	1.06	2.24
			6		6.647	5.218	0.225	32.54	68.35	10.62	18.58	6.35	2.21	1.26	0.98	6.95	3.12	2.59	0.404	1.09	2.28
			7		7.657	6.011	0.225	37.22	79.99	12.01	21.84	7.16	2.20	1.25	0.97	8.03	3.57	2.94	0.402	1.13	2.32
7.5/7	75	50	5	8	6.125	4.808	0.245	34.86	70.00	12.61	21.04	7.41	2.39	1.44	1.10	6.83	3.30	2.74	0.435	1.17	2.36
			6		7.260	5.699	0.245	41.12	84.30	14.70	25.37	8.54	2.38	1.42	1.08	8.12	3.88	3.19	0.435	1.21	2.40
			8		9.467	7.431	0.244	52.39	112.50	18.53	34.23	10.87	2.35	1.40	1.07	10.52	4.99	4.10	0.429	1.29	2.44
			10		11.590	9.098	0.244	62.71	140.80	21.96	43.43	13.10	2.33	1.38	1.06	12.79	6.04	4.99	0.423	1.36	2.52
8/5	80	50	5	8	6.375	5.005	0.255	41.96	85.21	12.82	21.06	7.66	2.56	1.42	1.10	7.78	3.32	2.74	0.388	1.14	2.60
			6		7.560	5.935	0.255	49.49	102.53	14.95	25.41	8.85	2.56	1.41	1.08	9.25	3.91	3.20	0.387	1.18	2.65
			7		8.724	6.848	0.255	56.16	119.33	16.96	29.82	10.18	2.54	1.39	1.08	10.58	4.48	3.70	0.384	1.21	2.69
			8		9.867	7.745	0.254	62.83	136.41	18.85	34.32	11.38	2.52	1.38	1.07	11.92	5.03	4.16	0.381	1.25	2.73

（续）

型号	截面尺寸/mm				截面面积/cm²	理论质量/(kg/m)	外表面积/(m²/m)	惯性矩/cm⁴					惯性半径/cm			截面模数/cm³			tanα	重心距离/cm	
	B	b	d	r				I_x	I_{x1}	I_y	I_{y1}	I_u	i_x	i_y	i_u	W_x	W_y	W_u		X_0	Y_0
9/5.6	90	56	5	9	7.212	5.661	0.287	60.45	121.32	18.32	29.53	10.98	2.90	1.59	1.23	9.92	4.21	3.49	0.385	1.25	2.91
			6		8.557	6.717	0.286	71.03	145.59	21.42	35.58	12.90	2.88	1.58	1.23	11.74	4.96	4.13	0.384	1.29	2.95
			7		9.880	7.756	0.286	81.01	169.60	24.36	41.71	14.67	2.86	1.57	1.22	13.49	5.70	4.72	0.382	1.33	3.00
			8		11.183	8.779	0.286	91.03	194.17	27.15	47.93	16.34	2.85	1.56	1.21	15.27	6.41	5.29	0.380	1.36	3.04
10/6.3	100	63	6	10	9.617	7.550	0.320	99.06	199.71	30.94	50.50	18.42	3.21	1.79	1.38	14.64	6.35	5.25	0.394	1.43	3.24
			7		11.111	8.722	0.320	113.45	233.00	35.26	59.14	21.00	3.20	1.78	1.38	16.88	7.29	6.02	0.394	1.47	3.28
			8		12.534	9.878	0.319	127.37	266.32	39.39	67.88	23.50	3.18	1.77	1.37	19.08	8.21	6.78	0.391	1.50	3.32
			10		15.467	12.142	0.319	153.81	333.06	47.12	85.73	28.33	3.15	1.74	1.35	23.32	9.98	8.24	0.387	1.58	3.40
10/8	100	80	6	10	10.637	8.350	0.354	107.04	199.83	61.24	102.68	31.65	3.17	2.40	1.72	15.19	10.16	8.37	0.627	1.97	2.95
			7		12.301	9.656	0.354	122.73	233.20	70.08	119.98	36.17	3.16	2.39	1.72	17.52	11.71	9.60	0.626	2.01	3.0
			8		13.944	10.946	0.353	137.92	266.61	78.58	137.37	40.58	3.14	2.37	1.71	19.81	13.21	10.80	0.625	2.05	3.04
			10		17.167	13.476	0.353	166.87	333.63	94.65	172.48	49.10	3.12	2.35	1.69	24.24	16.12	13.12	0.622	2.13	3.12
11/7	110	70	6	10	10.637	8.350	0.354	133.37	265.78	42.92	69.08	25.36	3.54	2.01	1.54	17.85	7.90	6.53	0.403	1.57	3.53
			7		12.301	9.656	0.354	153.00	310.07	49.01	80.82	28.95	3.53	2.00	1.53	20.60	9.09	7.50	0.402	1.61	3.57
			8		13.944	10.946	0.353	172.04	354.39	54.87	92.70	32.45	3.51	1.98	1.53	23.30	10.25	8.45	0.401	1.65	3.62
			10		17.167	13.476	0.353	208.39	443.13	65.88	116.83	39.20	3.48	1.96	1.51	28.54	12.48	10.29	0.397	1.72	3.70
12.5/8	125	80	7	11	14.096	11.066	0.403	227.98	454.99	74.42	120.32	43.81	4.02	2.30	1.76	26.86	12.01	9.92	0.408	1.80	4.01
			8		15.989	12.551	0.403	256.77	519.99	83.49	137.85	49.15	4.01	2.28	1.75	30.41	13.56	11.18	0.407	1.84	4.06
			10		19.712	15.474	0.402	312.04	650.09	100.67	173.40	59.45	3.98	2.26	1.74	37.33	16.56	13.64	0.404	1.92	4.14
			12		23.351	18.330	0.402	364.41	780.39	116.67	209.67	69.35	3.95	2.24	1.72	44.01	19.43	16.01	0.400	2.00	4.22

（续）

型号	截面尺寸/mm				截面面积/cm²	理论质量/(kg/m)	外表面积/(m²/m)	惯性矩/cm⁴					惯性半径/cm			截面模数/cm³			tanα	重心距离/cm	
	B	b	d	r				I_x	I_{x1}	I_y	I_{y1}	I_u	i_x	i_y	i_u	W_x	W_y	W_u		X_0	Y_0
14/9	140	90	8	12	18.038	14.160	0.453	365.64	730.53	120.69	195.79	70.83	4.50	2.59	1.98	38.48	17.34	14.31	0.411	2.04	4.50
			10		22.261	17.475	0.452	445.50	913.20	140.03	245.92	85.82	4.47	2.56	1.96	47.31	21.22	17.48	0.409	2.12	4.58
			12		26.400	20.724	0.451	521.59	1096.09	169.79	296.89	100.21	4.44	2.54	1.95	55.87	24.95	20.54	0.406	2.19	4.66
			14		30.456	23.908	0.451	594.10	1279.26	192.10	348.82	114.13	4.42	2.51	1.94	64.18	28.54	23.52	0.403	2.27	4.74
15/9	150	90	8	12	18.839	14.788	0.473	442.05	898.35	122.80	195.96	74.14	4.84	2.55	1.98	43.86	17.47	14.48	0.364	1.97	4.92
			10		23.261	18.260	0.472	539.24	1122.85	148.62	246.26	89.86	4.81	2.53	1.97	53.97	21.38	17.69	0.362	2.05	5.01
			12		27.600	21.666	0.471	632.08	1347.50	172.85	297.46	104.95	4.79	2.50	1.95	63.79	25.14	20.80	0.359	2.12	5.09
			14		31.856	25.007	0.471	720.77	1572.38	195.62	349.74	119.53	4.76	2.48	1.94	73.33	28.77	23.84	0.356	2.20	5.17
			15		33.952	26.652	0.471	763.62	1684.93	206.50	376.33	126.67	4.74	2.47	1.93	77.99	30.53	25.33	0.354	2.24	5.21
			16		36.027	28.281	0.470	805.51	1797.55	217.07	403.24	133.72	4.73	2.45	1.93	82.60	32.27	26.82	0.352	2.27	5.25
16/10	160	100	10	13	25.315	19.872	0.512	668.69	1362.89	205.03	336.59	121.74	5.14	2.85	2.19	62.13	26.56	21.92	0.390	2.28	5.24
			12		30.054	23.592	0.511	784.91	1635.56	239.06	405.94	142.33	5.11	2.82	2.17	73.49	31.28	25.79	0.388	2.36	5.32
			14		34.709	27.247	0.510	896.30	1908.50	271.20	476.42	162.23	5.08	2.80	2.16	84.56	35.83	29.56	0.385	0.43	5.40
			16		29.281	30.835	0.510	1003.04	2181.79	301.60	548.22	182.57	5.05	2.77	2.16	95.33	40.24	33.44	0.382	2.51	5.48
18/11	180	110	10	14	28.373	22.273	0.571	956.25	1940.40	278.11	447.22	166.50	5.80	3.13	2.42	78.96	32.49	26.88	0.376	2.44	5.89
			12		33.712	26.440	0.571	1124.72	2328.38	325.03	538.94	194.87	5.78	3.10	2.40	93.53	38.32	31.66	0.374	2.52	5.98
			14		38.967	30.589	0.570	1286.91	2716.60	369.55	631.95	222.30	5.75	3.08	2.39	107.76	43.97	36.32	0.372	2.59	6.06
			16		44.139	34.649	0.569	1443.06	3105.15	411.85	726.46	248.94	5.72	3.06	2.38	121.64	49.44	40.87	0.369	2.67	6.14
20/12.5	200	125	12	14	37.912	29.761	0.641	1570.90	3193.85	483.16	787.74	285.79	6.44	3.57	2.74	116.73	49.99	41.23	0.392	2.83	6.54
			14		43.687	34.436	0.640	1800.97	3726.17	550.83	922.47	326.58	6.41	3.54	2.73	134.65	57.44	47.34	0.390	2.91	6.62
			16		49.739	39.045	0.639	2023.35	4258.88	615.44	1058.86	366.21	6.38	3.52	2.71	152.18	64.89	53.32	0.388	2.99	6.70
			18		55.526	43.588	0.639	2238.30	4792.00	677.19	1197.13	404.83	6.35	3.49	2.70	169.33	71.74	59.18	0.385	3.06	6.78

注：截面图中的 $r_1 = 1/3d$ 及表中 r 的数据用于孔型设计，不做交货条件。

附录 D　习题答案

第1章

1-1　判断题

（1）对　（2）错　（3）对　（4）对　（5）错　（6）错

1-2　选择题

（1）A　（2）ACD　（3）D　（4）C

1-3　填空题

（1）前者作用在同一刚体上；后者分别作用在两个物体上

（2）90°

（3）等值、同向、共线

（4）活动铰支座，二力杆件；光滑面接触，柔索；固定铰支座，固定端约束

1-4　作图题（答案略）

第2章

2-1　判断题

（1）对　（2）对　（3）对　（4）对　（5）错　（6）对　（7）错　（8）对

（9）对　（10）对　（11）对　（12）对　（13）对　（14）对　（15）对　（16）错

（17）对　（18）错

2-2　选择题

（1）B　（2）D　（3）B　（4）A　（5）A

2-3　计算题

（1）$F'_R = 150\text{N} \leftarrow$, $M_O = 900\text{N} \cdot \text{mm} \curvearrowleft$; $F = 150\text{N} \leftarrow$, $y = -6\text{mm}$

（2）$F_R = 161.2\text{N}$, $\angle(F_R, F_1) = 29°44'$

（3）$F_R = 5000\text{N}$, $\angle(F_R, F_1) = 38°28'$

（4）$F_{AB} = 54.64\text{kN}(拉)$, $F_{CB} = 74.64\text{kN}(压)$

（5）$F_A = \dfrac{20\sqrt{3}}{3}\text{kN}(\swarrow)$, $F_B = \dfrac{20\sqrt{3}}{3}\text{kN}(\nearrow)$, $F_{EC} = 10\sqrt{2}\text{kN}(压)$

（6）$F_A = F_C = \dfrac{M}{2\sqrt{2}a}$

（7）$F_A = \sqrt{2}\dfrac{M}{l}(\searrow)$

（8）$F_{Ax} = 0, F_{Ay} = 6\text{kN}$, $M_A = 12\text{kN} \cdot \text{m}$

（9）$F_{Ax} = 0, F_{Ay} = -\dfrac{1}{2}\left(F + \dfrac{M}{a}\right)$; $F_B = \dfrac{1}{2}\left(3F + \dfrac{M}{a}\right)$

(10) $P_2 = 333.3\text{kN}$；$x = 6.75\text{m}$

(11) $F_{Ax} = 0, F_{Ay} = -\dfrac{M}{2a}$；$F_{Dx} = 0, F_{Dy} = \dfrac{M}{a}$；$F_{Bx} = 0, F_{By} = -\dfrac{M}{2a}$

(12) $F_{Ax} = 1200\text{N}$，$F_{Ay} = 150\text{N}$；$F_B = 1050\text{N}$；$F_{BC} = 1500\text{N}(\text{压})$

(13) $AC = x = a + \dfrac{F}{k}\left(\dfrac{l}{b}\right)^2$

(14) $F_{Ax} = 267\text{N}, F_{Ay} = -87.5\text{N}$；$F_B = 550\text{N}$；$F_{Cx} = 209\text{N}$，$F_{Cy} = -187.5\text{N}$

(15) $F_D = \dfrac{\sqrt{5}}{2}qa$

(16) $F_{Ax} = -qa$，$F_{Ay} = F + qa$，$M_A = (F + qa)a$；$F_{BCx} = \dfrac{1}{2}qa$，$F_{BCy} = qa$；

$\quad F_{BAx} = -\dfrac{1}{2}qa$，$F_{BAy} = -(F + qa)$

(17) $F_1 = -5.333F(\text{压})$，$F_2 = 2F(\text{拉})$，$F_3 = -1.667F(\text{压})$

(18) $F_{CD} = -0.866F(\text{压})$

(19) $F_{BD} = -240\text{kN}(\text{压})$，$F_{BE} = 86.53\text{kN}(\text{拉})$

(20) $F_1 = -\dfrac{4}{9}F(\text{压})$，$F_2 = -\dfrac{2}{3}F(\text{压})$，$F_3 = 0$

第 3 章

3-1 选择题

(1) C (2) C (3) C

3-2 计算题

(1) $F_{OA} = -10.4\text{kN}$，$F_{OB} = -13.9\text{kN}$，$F_{OC} = 2W = 20\text{kN}$

(2) $F_{CD} = 33.46\text{kN}$，$F_{BD} = F_{AD} = -26.39\text{kN}$

(3) $-101.4\text{N} \cdot \text{m}$

(4) $F_x = \dfrac{1}{4}F$，$F_y = \dfrac{-\sqrt{3}}{4}F$，$F_z = \dfrac{1}{2}F$，

$\quad M_x = \dfrac{1}{4}F(h - 3r)$，$M_y = \dfrac{\sqrt{3}}{4}F(h + r)$，$M_z = -\dfrac{1}{2}Fr$

(5) $F_C = 1\text{kN}$，$F_{Ax} = 0$，$F_{Ay} = -750\text{N}$，$F_{Az} = -500\text{N}$，$F_{Bx} = 433\text{N}$，$F_{Bz} = 500\text{N}$

(6) $M_1 = \dfrac{b}{a}M_2 + \dfrac{c}{a}M_3 = 0$，$F_{Ay} = \dfrac{M_3}{a}$，$F_{Az} = \dfrac{M_2}{a}$，$F_{Dx} = 0$，$F_{Dy} = -\dfrac{M_3}{a}$，$F_{Dz} = -\dfrac{M_2}{a}$

(7) $F = 70.9\text{N}$，$F_{By} = 207\text{N}$，$F_{Bx} = 19\text{N}$，$F_{Ax} = 47.6\text{N}$，$F_{Ay} = 68.8\text{N}$

第 4 章

(1) C (2) D (3) D (4) B (5) D

第 5 章

5-1　填空题

（1）比例极限；塑性

（2）切

（3）形状、尺寸的突变

（4）脆性断裂、塑性屈服

（5）45°

（6）$\dfrac{4P}{3\pi d^2}$ ；$\dfrac{P}{3dt}$

5-2　选择题

（1）C　　（2）A　　（3）A　　（4）D　　（5）B

5-3　计算题

（1）a）轴力图略。最大轴力为 $2P$

　　b）轴力图略。最大轴力为 P

　　c）轴力图略。最大轴力为 3kN

　　d）轴力图略。最大轴力为 1kN

（2）159.2MPa；159.2MPa

（3）$\sigma = 32.7$MPa

（4）$\sigma = 118.18$MPa；$\tau = 20.84$MPa

（5）$\sigma_{AC} = 73.2$Mpa $<$ $[\sigma] = 100$MPa　　AC 杆强度满足；

　　$\sigma_{BC} = 89.64$Mpa $<$ $[\sigma] = 160$MPa　　BC 杆强度满足。

（6）60kN

（7）钢杆的直径为 20mm，木杆的边宽为 84mm。

（8）满足强度要求；BC 直径 $d = 12.6$mm、木板 AB 的面积 $A_2 = 2165$mm^2

（9）300MPa；满足强度要求；3.75mm；0.0015

（10）70GPa；0.3

（11）0.00025

（12）$\Delta x_C = \dfrac{P\cot\alpha l_{AB}}{EA_{AB}}$

　　　　$\Delta y_C = \dfrac{Pl_{AC}}{\sin^2\alpha EA_{AC}} + \dfrac{Pl_{AB}}{\tan^2\alpha EA_{AB}}$

（13）$y_C = x_C = \Delta l = 0.476$mm

（14）$\sigma_{l,\max} = \dfrac{2F}{3A}$，$\sigma_{C,\max} = -\dfrac{F}{3A}$

（15）$\sigma_1 = 66.7$MPa $<$ $[\sigma] = 160$MPa

　　　$\sigma_2 = 133.3$MPa $<$ $[\sigma] = 160$MPa　　　　强度足够。

（16）236kN

（17）17.8mm

（18）$l = 200$mm，$a = 20$mm

第6章

6-1　选择题

（1）A　（2）A　（3）B　（4）C　（5）C

6-2　计算题

（1）1）$T_1 = M_T$（符号为正）；$T_2 = -88$N·m（符号为负）；$T_3 = 91$N·m（符号为正）

　　2）a）$|T|_{max} = M_T$（位于整个轴的所有横截面）；

　　　　b）$|T|_{max} = 91$N·m（位于C截面和D截面之间的所有横截面）

（2）b、d

（3）1）$\tau = 27.55$MPa；2）相对最大误差$\Delta = 4.73\%$

（4）$\dfrac{l}{d} = 661.4$

（5）1）$\tau_{max.AC} = 37.7$MPa，$\tau_{max.CB} = 47$MPa，$\tau_{min.CB} = 31.3$MPa

　　2）$\tau_{max} = 47$MPa

　　3）$\tau_{A'} = \tau_{B'} = 37.7$MPa，$\tau_{C'} = 12.6$MPa

（6）1）$\dfrac{空心轴质量}{实心轴质量} = 0.51$；（2）$\dfrac{D}{d} = 1.19$

（7）1）略；2）$\tau_{max} = 71.3$MPa

　　3）将使轴的最大扭矩增加，而致使轴的最大切应力增加，而有可能超过轴的许用切应力，使轴发生强度失效

　　4）$D = 54$mm；$\varphi = -0.014$rad

（8）正方形：$\tau = 57.7$MPa，$\varphi = 0.021$rad/m

　　矩形：$\tau = 85$MPa，$\varphi = 0.043$rad/m

　　圆形：$\tau = 42.6$MPa，$\varphi = 0.019$rad/m

　　圆环：$\tau = 29.5$MPa，$\varphi = 0.011$rad/m

（9）$D^3 = 8\phi d^2$

（10）$E = 216$GPa，$G = 81.6$GPa，$\mu = 0.32$

（11）1）略

　　2）轴满足强度和刚度要求

　　3）AB段直径：46mm；BC段直径：55mm；CD段直径：46mm

　　4）55mm

　　5）轴的外径：65mm；轴的内径：52mm

（12）5.6mm

（13）$M_A = \dfrac{l_1 d_2^4}{l_1 d_2^4 + l_2 d_1^4}M$，$M_B = \dfrac{l_2 d_1^4}{l_1 d_2^4 + l_2 d_1^4}M$，$\varphi_{AC} = \dfrac{32 l_2 l_1}{G\pi(l_1 d_2^4 + l_2 d_1^4)}M$

第7章

7-1　选择题

（1）C　（2）A　（3）D

7-2　判断题

（1）错　　（2）对　　（3）错　　（4）错　　（5）对　　（6）错　　（7）错　　（8）错

（9）对

7-3　计算题

（1）1）a）$F_{S1} = \dfrac{3M}{2a}$，$M_1 = \dfrac{M}{2}$；$F_{S2} = \dfrac{3M}{2a}$，$M_2 = -\dfrac{3M}{2}$

　　　　b）$F_{S1} = 1.33\text{kN}$，$M_1 = 267\text{N} \cdot \text{m}$；$F_{S2} = -0.667\text{kN}$，$M_2 = 333\text{N} \cdot \text{m}$

　　　　c）$F_{S1} = 2qa$，$M_1 = -\dfrac{3qa^2}{2}$；$F_{S2} = 2qa$，$M_2 = -\dfrac{qa^2}{2}$

　　　　d）$F_{S1} = -100\text{N}$，$M_1 = -20\text{N} \cdot \text{m}$；$F_{S2} = -100\text{N}$，$M_2 = -40\text{N} \cdot \text{m}$；$F_{S3} = 200\text{N}$，

　　　　$M_3 = -40\text{N} \cdot \text{m}$

　　2）a）AC 段：$M(x) = \dfrac{3M}{2a}x - M$，$F_S(x) = \dfrac{3M}{2a}$　（$0 < x \leqslant a$）

　　　　　BC 段：$M(x) = -\dfrac{3M}{2a}x$，$F_S(x) = \dfrac{3M}{2a}$　（$0 < x \leqslant a$）

　　　　b）AC 段：$M(x) = \dfrac{4}{3}x$，$F_S(x) = \dfrac{4}{3}$　（$0 < x \leqslant 0.2$）

　　　　　BC 段：$M(x) = \dfrac{4}{3}x - 10\dfrac{(x - 0.2)^2}{2}$，$F_S(x) = \dfrac{4}{3} - 10(x - 0.2)$

　　　　　（$0.2 \leqslant x \leqslant 0.6$）

　　　　c）AC 段：$M(x) = -\dfrac{5qa^2}{2} + 2qax$，$F_S(x) = 2qa$　（$0 < x \leqslant a$）

　　　　　BC 段：$M(x) = -qax - \dfrac{qx^2}{2}$，$F_S(x) = qa + qx$　（$0 < x \leqslant a$）

　　　　d）AD 段：$M(x) = -0.1x$，$F_S(x) = -0.1$　（$0 < x \leqslant 0.4$）

　　　　　DB 段：$M(x) = -0.2x$，$F_S(x) = 0.2$　（$0 < x \leqslant 0.2$）

　　3）略

　　4）a）$|F_S|_{\max} = \dfrac{3M}{2a}$（梁上所有横截面）；$|M|_{\max} = \dfrac{3M}{2}$（$C$ 的右极限横截面）

　　　　b）$|F_S|_{\max} = \dfrac{8}{3}\text{kN}$（$B$ 的左极限横截面）；

　　　　　$|M|_{\max} = \dfrac{16}{45}\text{kN} \cdot \text{m}$（距 C 横截面右侧 $\dfrac{2}{15}\text{m}$ 的横截面）

　　　　c）$|F_S|_{\max} = 2qa$（AC 段所有横截面）；$|M|_{\max} = \dfrac{5qa^2}{2}$（$A$ 的右极限横截面）

　　　　d）$|F_S|_{\max} = 0.2\text{kN}$（$D$ 的右极限横截面）；$|M|_{\max} = 0.04\text{kN} \cdot \text{m}$（$D$ 横截面）

（2）略

（3）a）$|F_S|_{\max} = 2qa$，$|M|_{\max} = qa^2$

　　　b）$|F_S|_{\max} = \dfrac{3qa}{8}$，$|M|_{\max} = \dfrac{9qa^2}{128}$

　　　c）$|F_S|_{\max} = 60\text{kN}$，$|M|_{\max} = 60\text{kN} \cdot \text{m}$

(4) 略

(5) 略

(6) 略

(7) $\sigma_a = 6.04\text{MPa}$, $\tau_a = 0.38\text{MPa}$; $\sigma_b = 12.9\text{MPa}$, $\tau_b = 0$; $\sigma_c = 0$, $\tau_c = 0.48\text{MPa}$

(8) 1) $\sigma_{max}^+ = 26.2\text{MPa}$, $\sigma_{max}^- = 52.4\text{MPa}$; 最大拉应力位于 C 截面的下边缘处，最大压应力位于 B 截面的下边缘处

2) $\Delta l = 0.218\text{mm}$

3) 满足强度要求

4) 不合理；此时危险面上的拉压应力距离中性轴的位置发生改变，有的危险面上的压应力距中心轴的距离增加，有可能超过许用压应力而发生强度失效

(9) 1) $d \geqslant 273\text{mm}$, $A \geqslant 9226\text{mm}^2$ ；当面积相等时此截面的正应力最大

2) $b \geqslant 57.2\text{mm}$, $h \geqslant 114.4\text{mm}$, $A \geqslant 6552\text{mm}^2$

3) 45a 工字钢， $A = 10245\text{mm}^2$

4) $D_2 \geqslant 114\text{mm}$, $d_2 \geqslant 68\text{mm}$, $A \geqslant 25472\text{mm}^2$ ；当面积相等时此截面的正应力最小；最小正应力比最大正应力减少了 41.2%

(10) 115mm

(11) $P = 56.8\text{kN}$

(12) 1) $\sigma_{max} = 138.9\text{MPa} < [\sigma]$,安全

2) $\sigma_{max} = 278\text{MPa} > [\sigma]$,不安全

(13) $\sigma_{max} = 51.8\text{MPa}$, $\tau_{max} = 7.07\text{MPa}$

(14) No. 25a

(15) 37.1kN/m

(16) 略

(17) 略

(18) a) $\omega = -\dfrac{9Pl^3}{48EI}$; $\theta = -\dfrac{5Pl^2}{16EI}$

b) $\omega_C = -\dfrac{qb^3}{24EI}(4a + 3b) - \left(1 + \dfrac{b}{a}\right)\left(1 + \dfrac{b}{2a}\right)\dfrac{qb}{k}$; $\theta_C = -\dfrac{qb^2}{6EI}(a + b) - \left(1 + \dfrac{b}{2a}\right)\dfrac{qb}{ak}$

c) $\omega_A = -\dfrac{Pl^3}{6EI}$; $\theta_B = -\dfrac{9Pl^2}{8EI}$

d) $\omega_B = -\dfrac{5ql^4}{768EI}$; $\theta_B = -\dfrac{ql^3}{384EI}$

(19) 散放： $\sigma_{max} = \dfrac{Gl}{8W_z}$, $\omega_{max} = -\dfrac{5Gl^3}{384EI_z}$

集中堆放： $\sigma_{max} = \dfrac{Gl}{4W_z}$, $\omega_{max} = -\dfrac{Gl^3}{48EI_z}$

(20) $\Delta l_{BC} = 2.6\text{mm}$; $\omega_D = -3.75\text{mm}$

(21) $\omega_B = 0.0246\text{mm}$

(22) $d = 160\text{mm}$

(23) a) $F_{RA} = \dfrac{13}{27}P(\uparrow)$，$F_{RB} = \dfrac{14}{27}P(\uparrow)$，$M_A = \dfrac{4}{9}Pa$（逆时针转向）

b) $F_{RA} = 0.488P(\uparrow)$，$F_{RB} = 0.736P(\uparrow)$，$F_{RC} = 0.224P(\downarrow)$

$M_B = -0.112Pl$，$M_D = 0.195Pl$

(24) $M_{\max} = M_B = \dfrac{3EI}{2l^2}\delta$

(25) $\omega_C = \dfrac{8ql^4}{\pi d^4}\Big(\dfrac{1}{E} + \dfrac{2}{G}\Big)(\downarrow)$

第 8 章

8-1　判断题

（1）错　（2）错　（3）错　（4）错　（5）错

8-2　选择题

（1）C　（2）B　（3）D　（4）C　（5）D

8-3　计算题

（1）a) $\sigma_\alpha = 34.64\text{MPa}$，$\tau_\alpha = 20\text{MPa}$

b) $\sigma_\alpha = 40\text{MPa}$，$\tau_\alpha = 10\text{MPa}$

c) $\sigma_\alpha = 35\text{MPa}$，$\tau_\alpha = -8.66\text{MPa}$

d) $\sigma_\alpha = 35\text{MPa}$，$\tau_\alpha = 60.6\text{MPa}$

应力圆（略）。

（2）$\alpha_0 = 19.3°$，$\sigma_1 = 37\text{MPa}$，$\sigma_2 = 0$，$\sigma_3 = -27\text{MPa}$

$$\tau_{\max} = \frac{\sigma_1 - \sigma_3}{2} = \frac{37 + 27}{2}\text{MPa} = 32\text{MPa}$$

主单元体及应力圆（略）

（3）单元体（略）

1 点：$\sigma_1 = \sigma_2 = 0$，$\sigma_3 = -100\text{MPa}$；

2 点：$\sigma_1 = 30\text{MPa}$，$\sigma_2 = 0$，$\sigma_3 = -30\text{MPa}$；

3 点：$\sigma_1 = 58.6\text{MPa}$，$\sigma_2 = 0$，$\sigma_3 = -8.6$；

4 点：$\sigma_1 = 100\text{MPa}$，$\sigma_2 = \sigma_3 = 0$。

（4）主应力

$\sigma_1 = \sigma_x = 80\text{MPa}$，$\sigma_2 = \sigma_y = 40\text{MPa}$，$\sigma_3 = 0$

应力圆（略）

（5）50.31kN

（6）主应力大小 $\sigma_1 = 52.17\text{MPa}$、$\sigma_2 = 50\text{MPa}$、$-42.17\text{MPa}$

最大剪应力

$$\tau_{\max} = \frac{\sigma_1 - \sigma_3}{2} = 47.2\text{MPa}$$

第三相当应力 $\sigma_{r3} = 94.4\text{MPa}$

第四相当应力 $\sigma_{r4} = 93.33\text{MPa}$

（7）三个主应力为 $\sigma_1 = 0$、$\sigma_2 = -24\mathrm{MPa}$、$\sigma_3 = -80\mathrm{MPa}$。

最大剪应力 $\tau_{max} = \dfrac{\sigma_1 - \sigma_3}{2} = \dfrac{80}{2}\mathrm{MPa} = 40\mathrm{MPa}$。

（8）$\sigma_{r1} = \sigma_1 = 22.7\mathrm{MPa} \leqslant [\sigma_t]$

$\sigma_{r2} = \sigma_1 - \mu(\sigma_2 + \sigma_3) = [22.7 - 0.25 \times (0 - 13.64)]\mathrm{MPa} = 26.11\mathrm{MPa} \leqslant [\sigma_t]$

（9）由第三强度理论得 $[\tau] = 0.50[\sigma]$

由第四强度理论得 $[\tau] = 0.577[\sigma]$

（10）$\sigma_{max} = 64.3\mathrm{MPa}$

（11）16号工字钢

（12）$\sigma_{max} = -0.0198\mathrm{MPa}$，$\sigma_{min} = -0.121\mathrm{MPa}$

（13）$\sigma_{tmax} = 5.09\mathrm{MPa}$，$\sigma_{cmax} = 5.29\mathrm{MPa}$

（14）$x = 5.2\mathrm{mm}$

（15）1）开槽前 $\sigma_{cmax} = \dfrac{F}{a^2}$，开槽后 $\sigma_{cmax} = \dfrac{8F}{3a^2}$

2）对称开槽后 $\sigma_{cmax} = \dfrac{2F}{a^2}$

（16）$h = 372\mathrm{mm}$，$\sigma_{cmax} = 4.33\mathrm{MPa}$

（17）$F = 6.4\mathrm{kN}$

（18）$d \geqslant 97.6\mathrm{mm}$

第9章

9-1 选择题

（1）D　（2）C　（3）C　（4）A　（5）D

9-2 计算题

（1）1）$F_{cr} = 37\mathrm{kN}$，2）$F_{cr} = 52.6\mathrm{kN}$

3）$F_{cr} = 178\mathrm{kN}$，4）$F_{cr} = 320\mathrm{kN}$

（2）$F_{cr1} = 2540\mathrm{kN}$，$F_{cr2} = 4705\mathrm{kN}$，$F_{cr3} = 4725\mathrm{kN}$

（3）$\sigma = 24.5\mathrm{MPa}$，$\varphi[\sigma] = 31\mathrm{MPa}$

（4）满足强度条件，不满足稳定条件

（5）$[F]_{st} = 395.4\mathrm{kN}$

（6）$F_{max} = 114.2\mathrm{kN}$

（7）$d_{AC} = 24.2\mathrm{mm}$，$d_{BC} = 37.2\mathrm{mm}$

（8）梁 $\sigma_{max} = 163\mathrm{MPa}$；柱 $\sigma = 79.6\mathrm{MPa}$，$\varphi[\sigma] = 86.4\mathrm{MPa}$（结构安全）

附录 A

A-1 判断题

（1）对　（2）错　（3）对　（4）错　（5）错

A-2 选择题

（1）B

（2）B

（3）B

（4）B

（5）B

A-3 计算题

（1）$S_y = \dfrac{2}{3}R^3$, $S_z = 0$; $y_c = 0$, $z_c = \dfrac{4R}{3\pi}$

（2）a）$I_z = \dfrac{1}{24}(H - h)B^3 + \dfrac{1}{12}h(B - b)^3$

 b）$I_z = 5.09 \times 10^7 \mathrm{mm}^4$

（3）$I_x = \dfrac{a^4}{12}$

（4）$I_y = \dfrac{\pi D^4}{64} - \dfrac{\pi d^4}{64}$, $I_z = \dfrac{\pi D^4}{64} - \dfrac{5\pi d^4}{64}$

（5）$a = 111\mathrm{mm}$

（6）x 轴，y_c 轴，$I_{yc} = 6.67 \times 10^{-5}\mathrm{m}^4$, $I_x = 6.67 \times 10^{-5}\mathrm{m}^4$

参 考 文 献

[1] 单辉祖,谢传锋. 工程力学:静力学与材料力学 [M]. 北京:高等教育出版社,2004.
[2] 刘鸿文. 材料力学Ⅱ [M]. 6 版. 北京:高等教育出版社,2017.
[3] 哈尔滨工业大学理论力学教研室. 理论力学 [M]. 7 版. 北京:高等教育出版社,2009.
[4] 孙训方,方孝淑,关来泰. 材料力学 [M]. 5 版. 北京:高等教育出版社,2009.
[5] 龚志钰,李章政. 材料力学 [M]. 北京:科学出版社,1999.
[6] 欧贵宝,朱加铭. 材料力学 [M]. 哈尔滨:哈尔滨工程大学出版社,1997.
[7] 戴少度. 材料力学 [M]. 北京:国防工业出版社,2000.
[8] 李世清,舒昶. 材料力学 [M]. 重庆:重庆大学出版社,1998.